视频卫星监测技术

杜 博 邵 佳 武 辰 王力哲 张良培 编著

科 学 出 版 社
北 京

内 容 简 介

本书分别从数据、算法、示例的角度系统阐述视频卫星监测技术。第 1 章概述卫星视频监测技术；第 2 章介绍视频卫星及其影像特点；第 3 章详细介绍视频超分辨率重建的基本概念、难点、关键技术及面向视频卫星影像设计的快速时空残差网络和其改进网络；第 4～6 章层层递进地阐述面向视频卫星目标跟踪的关键技术：特征提取、目标跟踪模型及提高跟踪鲁棒性的后处理方法；第 7 章进一步展示典型的卫星视频目标跟踪算法，包括基于光流特征的多帧差跟踪算法、基于背景剪除策略的跟踪算法、混合核相关滤波跟踪算法、高分辨率孪生网络跟踪算法及传统跟踪领域中具有代表性的 10 种算法；第 8 章对视频卫星监测技术发展趋势进行展望。

本书按照"示例教学"理念，尽可能多地展示算法示例与对比分析。本书可供遥感卫星视频超分辨率重建、运动目标识别与跟踪等相关研究人员和学生使用。

图书在版编目（CIP）数据

视频卫星监测技术/杜博等编著. —北京：科学出版社，2021.12
ISBN 978-7-03-070413-9

Ⅰ.① 视… Ⅱ.① 杜… Ⅲ.① 卫星监测-应用-测绘学 Ⅳ.① P228

中国版本图书馆 CIP 数据核字（2021）第 225931 号

责任编辑：杨光华/责任校对：高 嵘
责任印制：彭 超/封面设计：苏 波

科学出版社 出版
北京东黄城根北街 16 号
邮政编码：100717
http://www.sciencep.com
武汉精一佳印刷有限公司印刷
科学出版社发行 各地新华书店经销
*
开本：787×1092 1/16
2021 年 12 月第 一 版 印张：11 1/4
2021 年 12 月第一次印刷 字数：280 000
定价：108.00 元
（如有印装质量问题，我社负责调换）

前 言

近 30 年，随着航天技术迅猛发展，已形成资源、气象、海洋、环境、国防等系列构成的对地观测遥感卫星体系。在“高分辨率对地观测系统”国防科技重大专项建设的加持下，我国遥感在传感器研制、多星组网、地面数据处理等方面取得重大创新，同时空间分辨率、时间分辨率、数据质量也得到大幅度提升，更好地为现代农业、防灾减灾、资源环境、公共安全等重要领域提供信息服务和决策支持。随着遥感应用深入，应用需求已从定期的静态普查向实时动态监测方向发展，利用卫星对全球热点区域及目标进行持续监测，已经成为迫切需求。

视频卫星可对某一区域进行“凝视”，以“录像”方式获得更丰富的动态信息，特别适用于实时动态监测。视频卫星影像也正成为一种重要的时空大数据资源，世界大国纷纷加入竞争行列。2011 年，欧洲发展了 3 m 分辨率静止轨道光学成像视频卫星；2013 年，美国发射了 1 m 分辨率的业务型视频卫星；2014 年，国防科技大学自主研制的“天拓二号”视频微卫星发射升空，为我国发展视频成像卫星奠定了技术基础；2015 年，中国科学院长春光学精密机械与物理研究所设计的 1.12 m 分辨率的“吉林一号”发射成功，主要开展高分辨率视频成像技术在轨验证，提供热点地区动态影像服务，如监视空中飞行器、海面舰船。

通过卫星来获得高分辨率的海量动态视频已经得以实现，然而，由于视频卫星平台高、地面成像环境复杂、目标地物信息微弱，传统视频处理方式难以应对“大数据，小信息”的矛盾日益突出。同时，如何结合大数据、图像处理等技术来实现和推广视频卫星的应用尚需要进一步的研究，这是包括美国国防高级研究计划局（DARPA）在内的发达国家研究机构高度重视的前瞻性研究课题。2015 年 12 月，DARPA 战略技术办公室（STO）发布广泛机构公告，寻求创新方法，在激烈对抗环境下监测隐蔽目标。因此，发展视频卫星监测技术是实现海量视频卫星数据智能服务的关键。

本书按照“示例教学”的理念，围绕视频卫星监测技术，系统论述其概念与特点、主要应用及视频卫星对地观测中的关键技术，如超分辨率重建、特征提取、目标跟踪及后处理方法等，并对视频卫星监测技术的发展趋势与应用前景进行展望。

本书内容基于国家自然科学基金项目（61822113、41871243）和湖北省新一代人工智能重大专项（2019AEA170），涉及以下主要研究内容和方法。

（1）超分辨率重建。视频卫星在投入具体应用之前，需要接受一系列预处理，如超分辨率重建、视频去噪等，才能更好地匹配应用需要。视频卫星的超分辨率重建主要是尽可能恢复视频原来包含的信息，使清晰度、真实度和细节纹理共同提升，以获得质量更优和可读性更强的卫星视频影像，为后续目标识别、跟踪等操作提供优质的数据来源。因此，如何进行高效超分辨率重建是卫星视频预处理过程中不可或缺的一步。本书第 3

章将详细地介绍视频超分辨率重建的基本概念、难点、研究现状、关键技术及面向视频卫星影像设计的快速时空残差网络和对其进一步改进的快速时空残差注意力网络。

（2）动态目标实时跟踪。海上舰船、空中飞机等大型目标动态跟踪是一项具有重要军事和民用价值的应用，这也正是视频卫星相对于传统遥感卫星的优势所在。尽管基于传统影像的目标跟踪存在大量研究，但将其推广到动态卫星视频目标跟踪，仍存在极大挑战。首先，目标跟踪的精度难以保证。视频卫星的地表空间分辨率和影像清晰度达不到高分辨率遥感卫星的精度，而且过度压缩的模糊效应损失了很多纹理结构信息，造成物体表观属性视觉区分度下降，给目标的提取和匹配带来困难。其次，跟踪的鲁棒性大大降低。由于跟踪目标面积更小、辨识精度更低，加上诸如光照、云团等复杂自然环境因素的干扰，在遮挡、多个目标靠在一起再分离时，更容易出现跟丢、跟错、轨迹混淆等问题。再次，目标跟踪的实时性和效率亟待提高。卫星视频的单帧图像大，通常达到 3 600×2 000 像素，影像处理和匹配将消耗大量的运算资源。因此，如何进行精准长时的动态目标跟踪是视频卫星监测技术落地的关键。本书第 4～6 章层层递进地阐述面向视频卫星目标跟踪的关键技术：特征提取、目标跟踪模型及提高跟踪鲁棒性的后处理方法。第 7 章进一步展示本书提出的卫星视频目标跟踪算法，包括基于光流特征的多帧差跟踪算法、基于背景剪除策略的跟踪算法、混合核相关滤波跟踪算法、高分辨率孪生网络跟踪算法及传统跟踪领域中具有代表性的 10 种经典跟踪算法。

本书由杜博、邵佳、武辰、王力哲、张良培共同编著。特别感谢魏天、罗海容、吴爽、蔡诗晗、黎圣整理材料并辅助编辑相关章节内容。本书在撰写过程中参考了许多文献，引用的例文和图片尽可能地注明了出处。此外，向所有参考文献的原作者表示衷心的感谢和致敬，向负责本书编辑、印刷、出版的工作者们表示衷心感谢，感谢他们尽职尽责的努力、耐心和支持，使本书顺利出版。

由于作者水平有限，书中难免存在疏漏之处，敬请读者批评和指正。

作　者

2021 年 7 月

目　录

第1章 绪 论

1.1 概 述

1.1.1 视频卫星监测技术的由来

航天器对地观测在世界各国的航天技术研究与应用中占有非常高的地位，随着空间技术的不断发展，从配备遥感图像功能的卫星到视频卫星，从配备多光谱传感器的卫星到配备高分辨率光谱成像仪的卫星，对地观测技术手段在不断发展进步。视频卫星监测技术正是基于视频卫星而产生的一系列相关技术手段。

在介绍视频卫星监测技术前，需先对视频卫星和其成像特点进行介绍。视频卫星是近年发展起来的一种新型对地观测卫星，与传统对地观测卫星相比，其最大特点是可以对某一区域进行“凝视”观测，即光学成像系统可以始终锁定某一目标区域，并以“视频录像”的方式，将一定时间间隔的图像序列组成视频，获得传统静态遥感卫星难以捕捉的目标运动速度和方向等动态信息，进而以“天之眼”从太空中对热点目标和事件进行实时监测与分析。视频卫星提高了卫星遥感系统的动态观测能力，视频卫星动态影像也正成为一种重要的空间大数据资源，捕捉传统静态卫星影像难以获取的动态信息。

视频卫星凝视成像是指在对地观测过程中，卫星的光学传感器始终盯住某一目标区域并进行连续拍摄，获取目标区域的视频数据。对地凝视成像是视频低轨道卫星的主要功能，如图 1.1 所示，卫星的姿态控制系统通过实时调整星体的姿态，使光学传感器的光轴始终指向地面目标区域并进行连续摄像。凝视控制问题实质上是一个动态的姿态跟踪问题，其关键技术在于如何保证卫星光学传感器的光轴在运动过程中始终对观测目标区域进行高稳定跟踪。

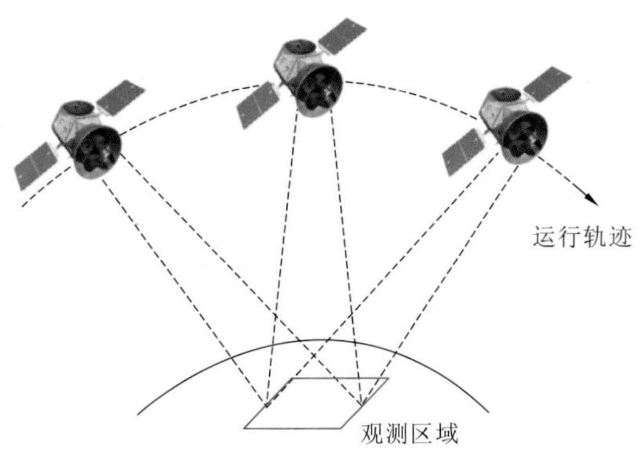

图 1.1 视频卫星“凝视”示意图

视频低轨道卫星的应用前景得到了多个国家的重视，其研发技术也逐渐走向成熟，经过早期发射的视频低轨道卫星的技术试验，现已出现多颗业务型应用的视频低轨道卫星。国外视频低轨道卫星的地面分辨率已由 5 m 左右提高到 1 m，可以实现对动态事件的快速检测与评估。美国 Skybox 公司正在发展由 24 颗低轨道卫星组成的 SkySat 星座，通过将互联网与高分辨率卫星星座结合，可以实现每天 8 次对地面目标区域的重访，并将时间分辨率较高的亚米级彩色影像和地球高清视频组合，可实时监测目标的变化情况。与国外较为成熟的技术相比，国内的视频卫星技术发展紧跟其后，目前发射了“天拓二号”“吉林一号”“珠海一号”等一系列科学和商用视频卫星，对视频卫星相关技术的研究还有待进一步发展。而本书介绍的武汉大学视频数据集主要来自“吉林一号”卫星。

这里以“吉林一号”为例，如图 1.2[1]和图 1.3[1]所示，它的视频成像模式为凝视成像，分辨率为 1.13 m，其每次拍摄地面的覆盖范围为 4.6 km×3.4 km。由此可以看出，因为卫星视频数据的特殊性，很多传统的视频监测方法在不经改变的情况下，很难运用到卫星视频数据处理中。同样，适用于遥感图像的监测技术也因为多模态的结构不同而难以直接适用于视频卫星监测。

图 1.2 “吉林一号”视频卫星单帧影像（香港维多利亚港）

图 1.3 “吉林一号”视频卫星单帧影像局部影像放大图（香港维多利亚港）

近些年随着视频卫星技术的不断发展，从印度尼西亚的第一颗 LAPAN-TUB SAT 遥感卫星的 200 m 分辨率的黑白视频到 2014 年发射的“天拓二号”的 5 m 分辨率的黑白视频，再到“吉林一号”的 0.92 m 分辨率的彩色视频，视频卫星的数据质量得到巨大提升，这也促进发展了有趣的民生和军事应用。

为了更加清晰地阐述视频卫星监测技术的概念、来源、发展和更深层次的内容，本章将对视频卫星监测技术、传统的视频技术和遥感图像处理技术做出对比和分析。通过比较可以更为直观地了解视频卫星监测技术的独特之处。需要强调的是，研究视频卫星监测技术的算法模型是为了适应不同类型、不同应用的视频卫星数据的偏好，所以视频卫星监测技术不能仅仅只研究遥感方面的算法，更需要研究基于视频的算法，并结合视频卫星数据的特性做出适当改进。总之，只有通过不断学习和借鉴，视频卫星监测技术才能更好地蓬勃发展。

1.1.2 视频卫星监测技术的基本概念和特征

视频卫星监测技术是指通过视频卫星采集到的遥感影像数据，进行对地或者对空实时监测的一系列技术总称。

不同于一般摄像头所采集的视频数据，视频卫星所拍摄的影像中每个像素蕴含的信息更加丰富。卫星视频中很多具有意义的目标，如小车，其在卫星视频中一般只用几个像素表示，导致在进行物体表征和语义学习时，会带来一些传统算法不曾遇到的困难。除了上面提及的小目标表征问题，还涉及如大气散射、云层遮挡等遥感图像存在的问题。视频卫星监测除了要解决一些遥感图像存在的问题，还要解决一些视频监测本身存在的问题，如大量冗余信息的消除、模型目标信息的传递、跨序列的语义信息的表达等。这些问题导致视频卫星监测不同于传统的视频监测和遥感图像监测。

本书的视频卫星监测技术根据现有的应用，基于超分辨率重建技术、特征提取技术、目标跟踪及相关的后处理技术进行对地监测。其中，超分辨率重建技术主要用于应对卫星视频分辨率较低导致后续应用无法展开的问题。而特征提取技术则是通过研究卫星视频的固有表征特性，为目标识别、检测和跟踪等提供鲁棒性的特征支撑。目标跟踪则是视频卫星监测的主要应用之一，相关的后处理技术则作为提高应用系统整体鲁棒性和精准度的方法。

由于视频卫星数据本身的特性，除了与传统视频因为观测角度和视频语义信息的差异，还因为不同的应用背景，对算法速度、虚警率与精度的平衡要求有差异，而这些差异导致视频卫星监测算法和传统的目标探测、识别、跟踪算法有所区别，以致绝大部分算法在卫星视频数据集上效果较差。而且遥感视频本身因为单幅图像巨大，对算法速度要求较高，这一切对开展视频卫星监测技术的研究产生了很大的阻碍。为了应对各种视频卫星任务上的挑战，视频卫星监测技术应具有以下几点特性。

1. 实时性

卫星视频应用领域对算法速度的要求较高，不过和图像任务不同的是，卫星视频任务中的实时性一般指算法技术能够实时地处理新得到的视频。例如，对于一个 24 帧/s 的视频来说，算法只需要每秒能处理 24 帧即可，如果监测技术有大于 24 帧/s 的处理速度，那么将不会影响监测技术的应用效果，但如果技术的处理速度小于 24 帧/s，实时性便大打折扣，影响视频卫星监控的应用效果。

2. 鲁棒性

鲁棒性是用于衡量视频卫星监测技术泛化性能的特性指标，由于监测算法模型可能存在一些假设前提或者训练数据存在一些分布性差异问题，算法技术可能无法对不同硬件或者不同场景下的数据进行有效的监测。例如对卫星视频硬件的监测，一般是针对不同分辨率或者不同分布干扰噪声下的卫星视频数据，而对不同场景下的数据监测，一般是针对云层遮挡、目标遮挡等。算法鲁棒性至关重要，在某些领域中，鲁棒性也可以被称为泛化性能。在现代深度学习中，很多算法性能上的提升本质上都是对某个单一数据集或者某个数据分布的过拟合。一般而言，较大的数据集可以克服这个问题。但现有的数据集并不能完全反映算法效果的提升。因为现有数据集都是人为采集的，其中存在人为感官上的偏好，所以不能满足独立同分布理想数据集的采样原则。

3. 可适应性

几乎所有应用算法对输入和输出的数据结构有一定的要求，只有当输入数据满足一定的条件时，算法才能直接进行处理。对于深度神经网络来说，如果使用高光谱视频图像进行训练，网络结构需要重新设计。不仅如此，除了这种因为数据维度的变化带来的网络架构的不适用，还有三通道的卫星视频图像和文本等数据之间的多模态融合，也将导致深度网络可能需要重新设计。而对这种数据结构变化的适应性，叫作视频卫星监测技术模型的可适应性。

4. 可解释性

视频卫星监测技术的可解释性来源于对各个功能模块作用的解释。视频卫星监测技术可以分为机器学习模型和基于深度学习的模型。在机器学习模型中，可解释性一般指机器学习模型所依赖的统计上的区分能力和其数学基础模型，通过对机器学习模型进行分解，可以很容易地发掘每个子模块的具体功能。因为模型的训练过程相当于黑盒模型，所以基于深度学习的模型一般缺乏可解释性。但是可以通过如模型热力图、每层的特征图和权重图等来可视化出模型的学习情况。

5. 可拓展性

视频卫星监测技术的可拓展性是指某个模型和其他模型在进行集成时效果提升的能力。一般模型在不同类数据集（或者不同分布数据）上运行的结果不同，便称为模型对某类数据分布进行了学习。根据 boost 理论，当几个弱分类器可以对数据进行独立同分布区分时，它们可以组合形成一个强的分类器。所以，算法模型的可拓展性十分重要。现在对可拓展性并不好直接进行定量描述，一般来说，相对于复杂的模型，元模型（指相对简单的模型，如支持向量机算法等假设条件少的模型）可拓展性较好。

视频卫星监测技术的特性还有很多，基于不同的特性方向，很多难题亟须解决。本书旨在描述一些现有的通用方法，并对其应用于卫星视频数据所需进行的一些改进做出相关介绍。

1.2 视频卫星监测的关键技术

卫星视频数据存在分辨率低、数据量大、目标小的特点，所以应用前需要对卫星视频数据进行一定的质量提升工作，包括去噪、清洗、超分辨率重建等预处理，本书首先以超分辨率重建技术为例，引入视频质量的概念和相关超分辨率重建的方法。然后为了获取更为鲁棒的卫星视频表征，奠定后续识别、监测、跟踪的基础，本书将讨论相关特征提取技术。为了更好地理解如何构建卫星视频跟踪器，后续从卫星视频跟踪任务的特点与挑战出发，分别介绍一些卫星视频跟踪模型和提高跟踪鲁棒性的后处理方法。

1.2.1 超分辨率重建技术

超分辨率重建这一问题的研究始于 20 世纪 60 年代，由 Goodman[2]提出的复原单帧图像超过光学系统限带传递函数之外的信息，以提高图像分辨率，称为频谱外推法。然而，由于单帧图像的有限信息及这一问题的病态性，超分辨率重建并未取得很好的效果。直到 1984 年，Tsai[3]为解决遥感图像分辨率低的问题时，才首次明确提出超分辨率重建这一概念并取得成功。自此，无数科研工作者投身其中，使该领域成为现今最活跃的研究领域之一。随后，除了傅里叶变换这一典型频域处理方法，离散余弦函数和小波变换等其他频域处理方法也相继出现。然而，由于这些方法往往数学模型简单，难以加入先验信息，重建效果难有突破，使得超分辨率重建技术发展缓慢。

近年来人工智能的研究火热，基于学习的超分辨率重建逐渐进入人们的视野并取得了很好的效果。2017 年，由谷歌研究院发布的快速精确图像超分辨率（rapid and accurate image super resolution，RAISR）技术更是在提高分辨率的基础上，使重建速度提升数十倍。然而，基于学习的超分辨率重建往往是单帧图像的超分辨率重建，鲜有多帧图像或者视频的超分辨率重建。在遥感领域，更是鲜有这一方法的应用，少数应用效果也不明显。所以，应用这些方法进行视频卫星的超分辨率重建，技术手段仍不成熟。

利用超分辨率重建技术能够通过融合多幅低分辨率图像的互补信息，增加图像中每个单位面积上的像素数目，因此能为后续处理提供更详尽的细节信息，提高遥感数据空间分辨率。Skybox 公司的 SkySat-1 和 SkySat-2 卫星数据传回地面后，通过超分辨率重建技术来提高卫星数据的空间分辨率，使得最终的产品达到亚米级水平。超分辨率重建中序列影像间的运动估计和超分辨率重建算法是两个关键问题。运动估计基于不同的分类原则可分为全局配准和局部配准、刚体配准和非刚体配准、空间域方法和频率域方法等。也可将现有的主要亚像素图像配准算法分为三类：插值法、扩展的相位相关法和解最优化问题法。目前，超分辨率重建方法主要分为频率域方法和空间域方法两大类。频率域方法的观测模型仅局限于全局平移运动模型和线性位移不变模型，适用范围有限，因此目前研究方法基本集中在空间域方法。空间域方法也叫空域法，主要包括非均匀插值法、迭代反投影法、自适应滤波法、凸集投影法、最大似然法、最大后验估计法、正则化方法和基于马尔可夫随机场等[4-9]。

从模型发展的变化来看，超分辨率重建技术经历了插值、重建、学习三个发展阶段，其中近年来发展的基于稀疏字典学习的超分辨率重建技术是公认的最有发展前景的技术。稀疏表达认为图像块能够被一个合适的过完备字典稀疏地线性表示，对输入的低分辨率图像块在低分辨率字典上进行稀疏投影，基于高低分辨率图像块流形空间的一致性假设，将低维系数映射到对应的高分辨率字典，合成出高分辨率图像块。然而，由于高低维流形结构不同及维度流形结构固有的不一致性，将低分辨率稀疏系数直接作用于目标的高分辨率重建的简单处理方式，会导致合成的高分辨率图像的自然度、保真度存在较大的感知失真。

国内基于 2015 年 11 月“吉林一号”对墨西哥杜兰戈成像的视频数据，实现了视频卫星的超分辨率重建，提高了“吉林一号”视频图像的空间分辨率。目前卫星视频场景中存在特有的静态背景和复杂动态目标共存的现象，经典的超分辨率重建方法容易出现运动目标“拖尾”等问题，因此解决视频卫星场景中复杂运动目标的超分辨率重建将成为今后的主要方向。本书将在第 3 章详细介绍视频卫星超分辨率重建的相关工作。

1.2.2 特征提取方法

由于不确定的星际成像环境及星地传输条件造成卫星视频质量不稳定，畸变和噪声普遍存在。视频卫星超视距摄像使得地表目标空间分辨率有限，仅仅能观测到目标轮廓而缺乏细节信息，弱视觉表观信息使得同一目标在不同视频帧中描述的特征点集有所不同。这些因素使得卫星视频的目标匹配跟踪超出了国际主流算法的处理极限。然而，视频卫星具有对目标凝视成像的特征，对同一区域的长时间持续成像，有利于对凝视区域内运动目标的运动特性进行分析。

由于视频卫星的特殊观测方式，可能会存在下述数据处理难点。

（1）由于观测角度差异，目标在不同帧之间的大小不一致。

（2）由于观测时间和角度的差异，不同帧的亮度不一样。

（3）由于卫星运动，产生视频抖动和模糊。

在应对上述数据难点的处理时，不考虑额外的去噪或者图像质量提升手段，而直接假设数据已经经过了一定的预处理。

在考虑适合视频卫星监测的相关特征提取方法前，需先了解常用于视频的图像特征和运动特征。图像中常见特征分为原始特征、手工特征和深度特征。原始特征主要分为灰度图或者 RGB 图，手工特征则一般是人为设计且满足一定规则，如常用于人脸表征的 Haar-like 特征，基于梯度的方向梯度直方图（histogram of oriented gradient，HOG）特征、更适合表示图像的 Fhog 特征，基于颜色的 Color-name 空间特征，还包括通过结合角点和方向信息的 Sift 特征等。深度特征则是基于神经网络获得特有的特征表达能力，一般指通过卷积网络，把目标图像中的信息进行蒸馏和挤压，去除和任务无关的特征，从而得到适合于表达目标的鲁棒性特征。在具体操作中一般是指通过把在其他任务中训练好的深度模型的前几层分离出来，进行相关的图像特征提取。

除图像特征外，还有捕获运动的特征，比如光流特征。光流是指运动物体在成像平面上像素运动的瞬时速度。光流法是指利用图像序列中像素在时间域上的变化即在相邻帧之间找到对应关系，从而计算出物体的运动信息。通常将二维图像平面特定坐标点上的灰度瞬时变化率定义为光流矢量。这里需要注意的是，光流虽然代表瞬时速率，在时间间隔很小时，比如视频的连续前后两帧之间，也等同于目标点的位移。

以上就是主要的特征提取方法，但受限于特征提取方法的不同，每个特征所包含的信息量、对不同噪声的鲁棒性和提取到的特征张量的维度信息可能不同。这会导致在实际应用中对不同特征的选择可能会有所不同。如深度特征和 HOG 特征在早期的目标跟踪算法中因为维度的原因不能很好地进行融合，这也导致了很多融合模块的出现。还有一个值得注意的问题，多个不同的特征融合在什么情况下能提升算法的性能。如果用主体来代表算法的核心模块，则提升需要满足以下两个要求。

（1）不同特征提取方法需不相关，即不同特征提取方法需要有不同的统计偏好。

（2）主体方法的统计偏好要能够兼济不同算法的偏好。

而在实际算法的设计中，第一个要求会比较容易满足，而第二个要求的满足会很困难。对于第一个要求，它迫使算法特征的设计尽量无关，比如从梯度和颜色的角度。对于第二个要求，其希望设计的主体算法尽量鲁棒，且使用较少的先验条件和假设。

随着神经网络技术的不断发展，不同架构的网络对特征的提取能力都在变强，深度网络提取的特征被称为深度特征，从 AlexNet 到 VGGNet 再到 ResNet，深度学习已经通过其强大的性能和高效的泛化能力，证明了其在表征学习方面的强大能力。不管是通过对神经网络进行端到端的训练或者是作为单独的特征提取器用于给上层分类模型提供特征，深度特征和其对应的表征学习方法都是发展视频卫星监测技术的重要研究方向。

需要注意的一点，即提取的相关特征不仅能作为数据输入模型，部分相关特征还可作为一个权重图或者注意力模型，增强应用的最终效果。第 4 章将详细介绍一般特征提取方法及面向卫星视频数据的特征提取方法。

1.2.3 目标跟踪模型

目标跟踪是计算机视觉领域最重要和最活跃的研究方向之一，同时也十分具有挑战。广义上的目标跟踪，目标可以是任何物体，跟踪目标仅由它的初始状态（即跟踪目标的位置及范围）所定义。基于初始帧中所给定目标的位置和范围，使用各种目标跟踪算法，对输入的连续视频图像序列进行分析和研究，对跟踪目标进行检测、识别后，估计在后续视频图像序列中跟踪目标的状态（位置和范围），以达到跟踪的效果，实现对跟踪目标的分析。因此，目标跟踪适用于计算机视觉的众多应用，具有重要的学术意义及应用价值。它的应用范围，包括从简单的运动分析、可疑目标监控到复杂环境下的交通流量管控。目标跟踪能够实现对目标物体自动识别和长期跟踪，从而在一定程度上替代人类长时间的监视工作。

国外对于目标跟踪理论研究起步较早。在 20 世纪 50 年代初期，GAC 公司为美国海军研究和开发了自动地形识别跟踪（automatic terrain recognition and navigation，ATRAN）系统。1997 年，由卡内基梅隆大学牵头，联合 Sarnoff 公司研究中心，设立了视觉监控系统（video surveillance and monitoring，VSAM）项目。几十年来，在目标跟踪领域中，无论是对目标匹配的研究，还是对目标特征的选择与模型在线学习的策略，都不乏研究成果。

现有的目标跟踪算法主要分为基于神经网络的目标跟踪算法和基于机器学习的目标跟踪算法。其中，基于神经网络的算法有多种研究思路，有通过把跟踪变为目标检测问题的算法，有研究新的跟踪模型，如孪生网络，以及研究深度和在线学习结合的元学习跟踪算法。其中，基于目标检测方法是通过舍弃两帧之间的语义关系传播，直接使用目标检测的算法做跟踪，这会导致当有多个相同目标时存在漂移的问题。孪生网络在目标跟踪领域中占有很大比重，通过在两帧之间的匹配目标，达到跟踪视频不同帧之间的目标。元算法则通过设置新的优化目标的方式，通过学习一个更好的优化网络初始参数，利用早先数据集的知识和应对变化的在线学习模块，从而能够预测未来帧中目标的变化，达到更加鲁棒的效果，也防止对当前帧过拟合，在精度和速度上实现双重提升[10-14]。

除了深度网络，传统的机器学习算法也在通用的目标跟踪算法模型中占有重要地位，从早期模型配对的方式，通过构造鲁棒性的字典对目标进行表示，到后期基于判别模型和大卷积核计算的相关滤波方法，以及最近的使用循环最小二乘算法进行的目标跟踪。

本书在后续主要介绍基于判别模型的相关滤波跟踪方法。从最早经典的核相关滤波器（kernel correlation filter，KCF）算法，到鉴别尺度空间跟踪器（discriminative scale space tracker，DSST）算法，再到基于专注于前景的背景注意力相关滤波器（background aware correlation filter，BACF）算法，相关滤波算法在持续不断地进步。同样，机器学习和深度学习也并非割裂开来的，通过结合深度学习，如使用深度特征作为特征之一的全卷积操作的视觉跟踪（continuous convolution operations for visual tracking，CCOT）算法，再到把这些方法根据卫星视频的特性进行相应改进，达到对卫星视频中较小目标及噪声较多目标的鲁棒跟踪要求。

尽管近些年来，卫星视频目标跟踪有较大进步，但其依旧存在很多问题，如对卫星视频目标物体较大移动的跟踪容易漂移、对极小像素目标的特征表达和跟踪不够鲁棒、因目前卫星视频数据集过小而无法单独支持神经网络的训练和学习、数据集本身的设计存在一些问题，如缺少一些具有更加独特的干扰性信息的视频（如相似小车错车）。当然，此类问题还有很多，具体可以参考本书第 8 章。

1.2.4 后处理方法

不同于视频中对图像的预处理过程，如视频噪声消除、视频平移放大等一系列仿射变换过程，后处理方法一般指在预处理之后且不依赖额外数据的情况下能够提高算法性能的模型辅助方法。

在详细描述后处理方法前，先对模型进行说明。一个模型包括 3 个部分：预处理模块、主体方法模块、后处理模块。预处理在主体方法之前对数据进行一些简单的预处理，使得数据符合某种规律。主体方法模块是模型中的主要部分，负责算法的主体功能，即一般的算法模型。后处理则是在不依赖额外数据的情况下能够提高算法性能的模型辅助方法，在主体方法后或者和主体方法一起使用。

对于后处理方法，可以有很多不同的视角。这里主要从模型对数据区分的角度来描绘这个技术。在机器学习算法和深度学习算法理论框架里，所学习的算法必定具有某种强的数据偏好，算法模型基于统计规律或者说基于学习到的函数进行归纳，而这种归纳的学习主要集中在对这个数据分布的某些统计规律上，这种学习缺少了人类的知识推理或者说并不完全满足这些知识推理。而后处理方法则主要根据人的知识或者一些假定，基于集成学习的基本思想，把具有不同偏好的模型嵌入主体方法模型，从而提高算法整体的性能。

不同于主体模型有较强的对监测任务的使用性能，后处理方法可以作为一种偏好假设嵌入主体方法，或者作为对主体方法无法考虑的假设的补充方法，对主体方法的结果进行修正。因为后处理方法和主体方法是两个完全独立的过程，所以后处理方法可以比较容易地嵌入主体方法，提高方法的效果。

后处理方法有很多，以目标跟踪算法为例，深度学习方法一般都是提取基于图像像素的深层组合语义特征，而相关滤波方法则是基于大卷积的辨别能力，在下一帧中搜索与当前帧目标最符合的位置。在卫星视频实际运用中，可以很容易观察到：跟踪的目标发生形变的概率较小（运动目标均为刚性），运动方向变化小，而且大多都是较为规律的图像目标。现在假设目标的运动几乎全部具有固定的方向，那么可以依据惯性运动设计出对下一帧目标位置的估计和校准。如前文所述，主体算法并未使用这些假设，所以这种对运动估计的后处理算法或模块，会对最终的跟踪效果有一定提升。

1.3 视频卫星监测技术的发展、现状和难点

本节将主要介绍视频卫星监测技术的发展和现状，从硬件革新到推动算法改进，从模型驱动到数据驱动，分析视频卫星监测技术中的硬件、数据与算法之间的联系，梳理各种技术的发展，并介绍我国在视频卫星监测技术领域的贡献。

1.3.1 视频卫星监测技术的发展

1. 数据发展

视频卫星监测技术是近些年才开始逐渐兴起的技术。因载荷部署在卫星之上，且有相对较远的成像距离，与传统监测技术相比，视频卫星监测技术面临新的挑战。这些挑战大都来源于输入数据上。

近年来，国内外视频卫星的发展令人瞩目。美国的 Skybox 公司于 2013 年 11 月和 2014 年 7 月分别发射了分辨率约为 1 m 的商业用视频卫星 SkySat-1 和 SkySat-2，其中 SkySat-1 为全世界第一颗能够拍摄全色高分辨率视频的卫星；2013 年，加拿大 UrtheCast 公司在国际空间站上安装了分辨率为 1 m 的高清视频成像载荷 Iris，Iris 视频成像载荷能够提供时间长度为 60 s、帧率为 3 帧/s 的近实时高分辨率全彩视频；2014 年萨里卫星技术美国公司（SST-US）发布分辨率优于 1 m、帧频可达到 100 帧/s 的 V1C 型小卫星。

如图 1.4、图 1.5 所示，卫星视频的分辨率和图像通道均发生了极大改变。除此以外，由于技术的不断发展，卫星视频的噪声被大大降低，从早期的视频图像上较为明显的高斯白噪，到目前较为清晰的视频图像，数据质量显著变好，这一切促进了视频卫星应用

和监测技术的发展。如在信噪比较小的数据上，可能需要主体算法对大的噪声具有更好的鲁棒性。此外，视频分辨率的变化使得卫星视频目标跟踪成为可能。

图 1.4　早期噪声大的卫星视频图像

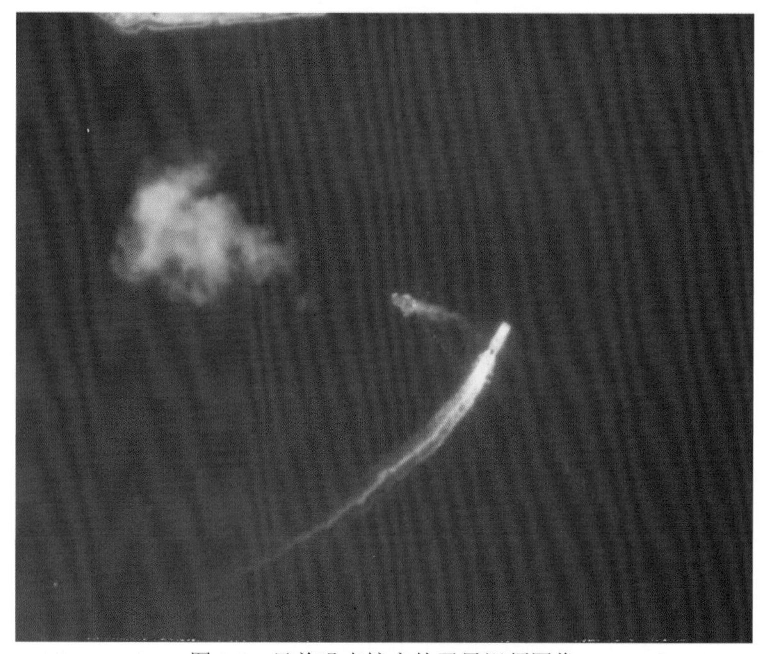

图 1.5　目前噪声较小的卫星视频图像

2. 算法发展

早期的图像和视频主要是人工设计，属于模型驱动的范畴。例如，图像匹配最早是美国在 20 世纪 70 年代从飞行器辅助导航系统及武器投射系统等应用研究中提出的。80 年代以后，其应用已逐步从原来单纯的军事应用扩展到其他领域。随着科学技术的发展，图像匹配技术已经成为现代信息处理领域中的一项极为重要的技术，在许多领域内有着广泛而实际的应用，如模式识别、自动导航、医学诊断、计算机视觉、图像三维重构、遥感图像处理等领域。视频卫星监测技术中很多子问题本质上是图像匹配问题（如目标跟踪）。由于视频卫星监测技术是近 10 年才开始发展研究的，这里以图像特征提取和图像匹配为例，分析视频卫星监测技术随着人工智能发展的变化。早期的图像特征提取方法见表 1.1，图像匹配方法则见表 1.2。

表 1.1　图像特征提取方法

算法	基本思想	实验结果
Harris 算法	是一种基于信号的点特征提取算子。这种算子受信号处理中自相关函数的启发，给出与自相关函数相联系的矩阵 $\boldsymbol{M}$。$\boldsymbol{M}$ 矩阵的特征值是自相关函数的一阶曲率，如果两个曲率值都高，则认为该点是特征点	Harris 算子计算量小，能在一定程度上抗尺度变化，当存在较大尺度缩放时稳定性较差。并且该算子对旋转及噪声敏感
SUSAN 算法	该算法用圆形模板在图像上移动，若模板内像素的灰度与模板中心像素灰度的差值小于一定阈值，则认为该点与核具有相同的灰度，由满足这样条件的像素组成的局部区域称为“USAN”。根据 USAN 的尺寸、质心和二阶矩，可检测边缘及角点等特征	SUSAN 算子可提取图像边缘和图像特征点，对明显角点提取的能力较强，较适合提取图像边缘上的拐点。SUSAN 算子提取的特征点抗图像旋转及噪声影响的效果较好
Harris-Laplace 算法	该算法首先使用尺度 Harris 角点算子在尺度空间中的每一幅二维图像中检测特征点，尺度维上获得选择大于某一阈值的局部极值作为候选角点，然后再验证这些点是否在 Laplacian 算子获得局部极大值。如果是，则确定为特征点，并将获得极大值的点所在的尺度作为特征尺度	该算法是对 Harris 算法的改进，使其具有更好的尺度不变性。该算法可提取图像特征点，也叫特征区域

表 1.2　图像匹配方法

名称	基本思想	实验效果
经典 SIFT 算法	基本思想为建立高斯差分尺度空间，在高斯差分尺度空间中检测出极值点作为特征点，然后用梯度方向直方图对提取的特征点进行描述，最后利用欧氏距离作为度量对两幅图像中的特征点进行匹配	经典 SIFT 算法具有平移、尺度缩放及旋转不变性，同时对光照变化、仿射及投影变换也有一定不变性
多视角图像匹配方法	不同视角图像的匹配问题是图像匹配的一个难点。针对这个难点，提出了两种图像匹配方法。一种方法是结合全局信息（global context，GC）的SIFT特征匹配算法，可以称之为SIFT+GC方法。首先用SIFT方法在尺度空间检测出特征点，然后构建结合局部信息（SIFT向量）和全局信息（边缘信息）的特征描述向量。另一种方法是采用SIFT描述子和HarrisLBPs描述子加权结合的方法对提取出的特征点进行匹配，可以称之为SIFT&HL方法。首先提取特征点所在邻域的Harris角点图；然后在这个角点图上求出各角点的LBP向量，转变成十进制数；最后将各角点十进制数组成一个一维向量，这个向量就作为该特征点的描述子，该描述子具有尺度不变、旋转不变和亮度不变的特性，将SIFT描述子与HarrisLBPs描述子按照加权平均的方法进行匹配	这两种方法都对尺度、旋转及亮度变化，特别是存在视角变化（仿射变化）的图像匹配效果很好，优于经典SIFT算法
多曝光图像匹配方法	多曝光图像匹配是针对待匹配图像对中存在较大的光照变化提出的。在经典 SIFT 算法的基础上，建立亮度变化空间的全新概念。亮度变化空间是指把输入的原始图像，包括参考图像和待匹配图像分别采用对比度拉伸函数进行亮度变换，得到两组不同亮度对比度的系列亮度变换图像，形成相应的两个亮度变换空间的图像。在亮度变化空间上结合 SIFT 提出的方法在每个亮度层上分别提取出尺度不变的特征点。这样经过亮度变换的两组图像就很容易找到同一空间上的对应的特征点，再对特征点进行特征描述，从而实现多曝光匹配	该方法特别适用于存在剧烈光照变化的图像匹配问题，优于经典 SIFT 算法

可以观察到，传统的图像特征提取和图像匹配算法多为人工设计的模型。而随着人工智能的发展，特别是深度学习的发展，这种基于人工设计的图像模式识别技术发生了重大变革，从而促进视频卫星监测技术随之发展，很多相关技术初具雏形。

3. 硬件助力下的技术发展

人工智能起源于1956年美国达特茅斯学院举办的夏季学术研讨会。在这次会议上，达特茅斯学院助理教授约翰·麦卡锡（John McCarthy）[15]提出的“人工智能 （artificial intelligence，AI）”这一术语首次正式使用。之后，人工智能的先驱艾伦·图灵提出了著名的“图灵测试”。但在电子计算机诞生的早期，有限的运算速度严重制约了人工智能的发展。20世纪80年代，人工智能再次兴起。传统的符号主义学派发展缓慢，有研究者大胆尝试基于概率统计模型的新方法。但这一时期的人工智能受限于数据量与测试环境，尚处于学术研究和实验室中，不具备普遍意义上的实用价值。人工智能的第三次浪潮缘起于2006年Hinton[16]等提出的深度学习技术。ImageNet竞赛代表了计算机智能图像识别领域最前沿的发展水平，2015年基于深度学习的人工智能算法在图像识别准确率方面第一次超越了人类肉眼，人工智能实现了飞跃性的发展。

从人工智能的发展浪潮中，不难看出相关技术框架的升级。从基于模型的人工智能算法，到数据驱动的学习模型，最后到深度模型框架，这一切都和数据存储、数据计算关系密切。更强的计算能力和更多的数据获取通道，直接促使了第三代人工智能算法的兴起，这一切都和计算机硬件技术密切相关。视频卫星监测算法也从早期的基于模型匹配的算法发展到基于数据驱动的算法，同时也渐渐从机器学习算法过渡到深度学习算法，前者可以不需要训练数据，而深度学习相比于机器学习，对数据数量的要求更高。现今深度学习的高速发展主要是因为信息技术的发展让搜集“大数据”成为可能，使算法的训练有了足够多的样本。诸如阿尔法围棋的棋步算法、洛天依的声音合成，以及无人驾驶、人脸识别、网页搜索等高级应用中用到的深度学习和增强学习，乃至最具潜力的对抗学习及其对应的深度神经网络、卷积神经网络、对抗神经网络等，都与大量的数据有关。尽管深度学习在其优化过程中缺乏足够的可解释性及对结果的可知性，但从实际研究和测试上来看，深度学习已开始逐步超过非深度学习算法。视频卫星监测技术直接跳过了早期SIFT特征和Harris算子特征，进入了机器学习和深度学习领域。在视频卫星监测领域，机器学习算法在测试集上的效果已经很难比得上深度学习算法。

这是否就意味着机器学习模型完全就退出了历史舞台呢?答案是否定的，主要有两个方面的原因：①机器学习在模型解释上的优势；②机器学习和深度学习更深层次的结合。

尽管目前深度学习中很多任务的最优模型在进行端到端改良时，都可以拥有比之前更好的效果，但是依然有一些算法，在使用非端到端架构时更加合适。端到端的优点之一在于仅使用一个模型、一个目标函数，就规避了前面的多模块固有的缺陷；另一个优点是减少了工程的复杂度，一个网络解决所有步骤。而其缺点包括贡献分配问题和灵活性降低的问题。贡献分配问题是指在多模块解决方案中，可以比较清晰地看到和检测每一个模块的性能，也就是贡献。而在端到端模型中，很难确定模型中“组件”对最终目标的贡献是什么样的，换一句话说，模型变得更加“黑盒”了，即降低了网络的可解释性。模型灵活性降低则是指原本多个模块中数据的获取难度不一样时，可能不得不依靠额外的模型来协助训练。

在介绍了相关技术的发展后，现在重新回到视频卫星监测技术。作为一系列技术的组合体，视频卫星监测技术也遵循和通用算法类似的发展轨迹。由于数据数量、计算能力和算法的进步，视频卫星监测技术也得到了极大发展，经历了从手工设计模型到机器学习模型再到深度学习模型的过程。此外，新的卫星数据的产生，使得很多早先被考虑的问题在后续研究中慢慢可以被忽略（如视频图像噪声问题等），同时也促进了很多有趣问题的开展，如卫星视频中的目标跟踪（在早先的 LAPAN-TUB SAT 视频卫星上，单个图像像素 200 m 的分辨率使得小车跟踪完全无法进行）。数据上除了卫星视频硬件带来的变化（分辨率等），大部分后出的数据集在数据量和难度上会有所加大，更多更难的数据，可以更好地反映真实世界的数据分布和算法模型的性能。同时，更多且质量更优的数据集可以为深度网络训练带来更好的泛化性能。通过不断引入通用算法和模型设计模式，视频卫星监测技术也可获得性能上的增强。但因为卫星视频独有的分布特点，通用的监测方法不能直接采用。依托于卫星视频目标独有的表征形态，通过引入相应的先验信息，可得到适宜的视频卫星监测算法模型。

1.3.2 国内外视频卫星监测技术现状

国内外视频卫星监测技术的发展几乎在同一起跑线上。本小节主要介绍我国在视频卫星监测领域中已经形成的技术积累，详细的视频卫星监测关键技术的研究现状将在各章节单独介绍。

目前我国已经具备了设计视频卫星的能力，如国防科技大学掌握的微卫星载荷技术、中国科学院长春光学精密机械与物理研究所的光学成像技术。此外，武汉大学国家地球空间信息技术协同创新中心、清华大学信息科学与技术国家实验室、中国空间技术研究院等单位也在跟进研究视频卫星地面数据处理服务技术。

在超分辨率重建方面，我国从事视频监控、卫星遥感的专家学者对监控视频、遥感卫星影像的超分辨率技术进行了大量研究，西安电子科技大学、武汉大学、南京理工大学、中国科学院西安光学精密机械研究所、中国科学院遥感应用研究所等单位都有很好的工作积累。例如，武汉大学针对实际图像降质过程极其复杂难以建模的问题，提出多层迭代超分辨率方法，逐层字典学习累进逼近最佳高分辨率估计，很好地解决了监控环境下所关注的目标分辨率增强的难题。武汉大学张洪艳博士[17]等提出了高光谱遥感图像超分辨率重建技术，首次将超分辨率重建技术推广到光谱维度上，其技术被许多国内外同行引用并被作为基准对比算法。哈尔滨工业大学李金宗教授团队[18]重点研究了单帧图像复原与超分辨率处理技术，可将空间分辨率 3 m 的遥感图像分辨率提高 1.6 倍以上，将真实遥感图像的对比度改善 8 dB 以上。南京理工大学韦志辉教授团队[19-20]开展了基于压缩感知的高分辨率遥感图像重构的研究。

对国外的卫星视频超分辨率重建的研究，Liu 等[21]提出了在涉及相邻帧之间运动信息的最大后验框架中，需要有合理的图像先验，从而对解空间进行正则化，生成相应的高分辨率帧。最终 Liu 等提出了一种基于局部时空相似度和非局部时空相似度建模的有效卫星视频超分辨率框架。He 等[22]提出了一种可以适用于任意尺度卫星视频超分辨率重建的网络。

在卫星视频目标跟踪方面，武汉大学杜博团队一直致力于推动相关技术的发展和进步，从传统的相关滤波算法到深度学习算法，再到卫星视频数据集的构建，引领着相关领域的不断进步。国外则如 Yang 等[23]，他们仅仅把相关滤波方法用于目标跟踪。目前，卫星视频目标跟踪的发展还是稍显缓慢，高质量的卫星视频数据集和跟踪基准（benchmark）亟须建立。

1.3.3 视频卫星监测技术的难点

卫星视频数据满足了对动态地表目标进行检测的需求，提供了从静态遥感观测到动态遥感跟踪所需的数据，拓展了卫星信息的应用领域。监测技术在卫星视频数据上的应用具有很好的发展前景。但视频卫星监测也面临以下新的挑战与技术难点。

（1）视频图像数据质量低、噪声普遍存在。视频卫星成像过程历来受到各种因素的制约，诸如超远距离摄像限制了影像的空间分辨率，传感器噪声、大气层扰动、相对运动等进一步造成图像退化降质。作为对地观测卫星的一种，视频卫星自然也不例外。但更为特别的是，视频卫星拍摄的是连续动态视频，为提高时间分辨率，相比于传统遥感卫星，光学成像系统牺牲了空间分辨率，客观上降低了像素的稠密度。以美国正在发展的“莫尔纹”项目视频卫星为例，地面分辨率是 1 m，但高分辨率侦察卫星 KH-11 的分辨率早已达到 0.1 m；与此同时，随着视频卫星采集的连续视频数据量的急剧攀升，为适应星地信道传输能力（视频卫星的原始数据量已达到 Gb/s 级别，而信道传输能力只有 Mb/s 级别），星载通信系统不得不加大压缩比或降低回传视频的空间分辨率，导致压缩视频的清晰度进一步受损。而且在视频摄像头凝视拍摄过程中，卫星极易发生抖动，导致卫星视频数据中，连续两帧之间图像出现多个像素距离的抖动。因此，视频卫星监测技术将面临更为严峻的图像质量低、噪声普遍存在的难点。

（2）目标小、特征少，监测模型构建困难。传统视频数据中目标大部分为人物或者是具有明显特征的物体，以视频跟踪为例，通过提取目标轮廓、角点及颜色等特征，从而达到跟踪目标与背景的精准区分。而对于卫星视频数据，监测目标非常小、特征少，当跟踪一辆行驶的列车时，列车在卫星视频影像上表现为不规则的白色长线条，其目标背景则为颜色相近的火车轨道。局部分辨率低、环境背景导致了监测目标特征失真，目标与背景的相似度变大，使得跟踪目标与图像背景的可辨别性进一步减弱。此外，由地球公转导致太阳光线变化和反射角度变化，或者视频卫星相机主光轴空间指向的变化，都可能导致因强烈的反射而亮度剧烈提升，或者因为反射角度变化而导致目标亮度减弱，与背景融为一体难以识别。这些都将导致视频监测算法的性能大大降低。

（3）数据集小且分布集中，大规模神经网络训练困难。目前除了因为卫星视频数据获取上受限于光学硬件而带来的遥感卫星的固有问题，还因为视频卫星监测技术大多属于新兴方向，所以完整的、足够大的适合于卫星视频训练和测试的数据集并不存在。一个优异的卫星视频数据集需要从多个卫星广泛地搜集相关数据，能够同时适应不同噪声分布、不同分辨率的视频卫星监测技术。除此以外，考虑标记数据所带来的成本，还需要构建能用于测试无监督学习或者迁移学习的视频卫星监测的数据集。

（4）缺乏视频卫星测试标准。不同于非遥感的监测技术，遥感监测技术的推行应该有自己的独立标准。以卫星视频目标跟踪为例，现有的卫星视频目标跟踪算法以短程跟踪为主，而在实际运用中，却是一个长程跟踪问题。在结合通用监测技术和视频卫星监测技术的过程中，可能需要构建新的标准来衡量算法的具体性能。

综上所述，现有的视频卫星监测技术具有分辨率低、跟踪目标特征少、背景簇影响因素较大和训练测试集太小等难点。由于上述难点，很难将现有的监测技术直接应用于视频卫星监测中。当前视频卫星监测技术仍处于发展阶段，其技术的诸多方面仍有待提升。提升海量卫星视频数据智能服务水平的前提是解决好一些共性的数据处理的技术问题，尤其体现在卫星视频数据的高倍率压缩、影像空间分辨率增强、动态目标实时跟踪等方面。

总之，发展超高空、大尺度范围、复杂成像环境下的鲁棒性的视频卫星监测技术任重道远。在世界范围内视频卫星监测技术尚不成熟，还需要更多人的深入研究。

1.4　视频卫星监测技术的主要应用

视频卫星自诞生以来便发展迅速，正日益广泛地在科学技术、国防建设、航空航天、空间探测、娱乐传媒、信息传播、公共安全、交通管理、特殊场所安保、突发事件监控及国民经济的其他领域发挥着重要作用，有着重大的实用价值和广阔的发展前景，目前其典型应用领域包括公共安全监控、突发事件监控、智能交通系统、武器精确制导、宇宙探测、虚拟现实等。

视频卫星的出现实现了时空分辨率的大幅提升，能够持续观测地表动态变化。目前国内外学者在该方面的应用还属于探索阶段，主要集中在利用卫星视频数据进行车辆目标检测。本节将结合视频卫星成像原理和实际应用需求，展望视频卫星未来在三维重建、大型商业区车辆实时监测、自然灾害应急快速响应、重大工程监控和军事安全等领域的应用潜力。

1.4.1　三维重建

利用多角度多基线拍摄的卫星视频影像进行三维重建是视频卫星应用的一个重要方面，早期主要是基于轮廓信息进行多视图的三维重建，该方法通过凸壳法为物体三维模型提供一个粗略估计。近年来随着凸壳法逐渐成熟，实现了基于多视角图像的绘制系统及动态建模，在虚拟现实等领域得到成功应用。随后多视图立体（multi-view stereo，MVS）匹配法在三维建模研究中得到了广泛应用，并获得巨大成功。该方法使用单个或多个摄像机采集场景（或物体）在不同视角下的多幅图像，再利用这些多视角图像的立体匹配信息恢复场景的三维模型。光度立体重建法主要研究对象是朗伯（Lambertian）反射曲面，这种方法是通过采集不同光照条件下的多幅灰度图像来重建物体表面的法线分布。利用已获得的法线分布并结合给定的初始条件或边界条件，就可以重建出物体表面的三维深度。近年来，研究者通过结合参考曲面和朗伯反射曲面进行三维重建取得了进一步改进，能够处理一些具有特殊反射性质的表面，大大扩展了光度立体重建法的应用范围。视频卫星具有敏捷的机动成像能力，可以获取地面多角度拍摄的影像信息。因此，可以利用多角度拍摄的卫星视频影像进行三维重建，结合多幅影像的冗余信息来改善匹配的可靠性，有助于解决相似纹理、遮挡等困难区域匹配的多义性与误匹配等问题。此外，利用视频卫星进行多角度拍摄时，如果基线较短则有利于同名特征提取，但深度方向的解算精度较差；如果基线较长则不利于立体相对的特征点匹配。因此，如何选择视频卫星成像时刻的基线条件是亟须解决的问题。

图 1.6 为九寨沟地震后“吉林一号”视频卫星拍摄的九寨沟县城三维重建示意图[1]。

图 1.6 “吉林一号”视频卫星拍摄的九寨沟县城三维重建示意图

1.4.2 大型商业区车辆实时监测

大量的商业情报信息具有典型时效性。目前，遥感获取信息的能力在时间分辨率上还存在局限性，因此，遥感的时效性成为了遥感应用在现实商业和生活中的瓶颈。通过遥感对地观测手段，可挖掘出商业活动和遥感影像的联系。视频卫星具有高时间分辨率和高空间分辨率，可对特定商业对象进行实时监测，对商业活动进行实时价值评估，从商业活动价值评估进而预测商业行为。如对商业区室外停车场车辆进行实时监测，分析该商业区停车场的车辆停放状况，总结出该商业区停车场车辆的空间化规律，对车辆数量、停车场停放情况与商业区繁华程度进行关联研究，进而对商业区的营业情况进行分析预测。雅典国家技术大学的 Kopsiaftis 和 Karantzalos 对 SkySat-1 拍摄的拉斯维加斯商业区的视频影像进行了车辆目标提取。拉斯维加斯商业区的交通热力图如图 1.7 所示[24]，从中提取出 259 辆车辆信息。从卫星视频影像中可以计算出车辆密度，图 1.7 作为 SkySat-1 第一帧视频提取出的交通热力图，色调越暖交通流量密度越高，色调越冷交通流量密度越低。

图 1.7　拉斯维加斯商业区的交通热力图

1.4.3　自然灾害应急快速响应

在自然灾害应急快速响应方面，视频卫星可在自然灾害诱发期、灾害发展期、救灾与重建期进行全方位动态监测。如果遇到地震、台风、林火等突发性自然灾害及渔船遇险等情况，视频卫星实时传回的动态观测影像能帮助救灾部门快速判断、决策。视频卫星还可以实时监视大洋环流、海面温度场的变化、鱼群的分布和迁移、污染物的运移等，有助于海洋渔业部门和生态环境部门采取相应的措施。目前视频卫星摄像机的波谱范围已扩展到红外波段，对发生火情的森林进行观测，通过温度感应，判断火灾蔓延情况和趋势，查找火源地点。高空气球搭载的摄像机拍摄的 2013 年 9 月美国北达科他州威利斯顿的红外时间序列影像如图 1.8[17]所示，该影像为未来红外视频卫星的研制和应用提供了重要参考依据。该影像可明显识别出位于密苏里河西侧城市中的高亮火点。具有红外探测波段的视频卫星可进行热异常监测，实现对火区的实时监测、查找火源点、分析火情蔓延情况并制订相应措施。

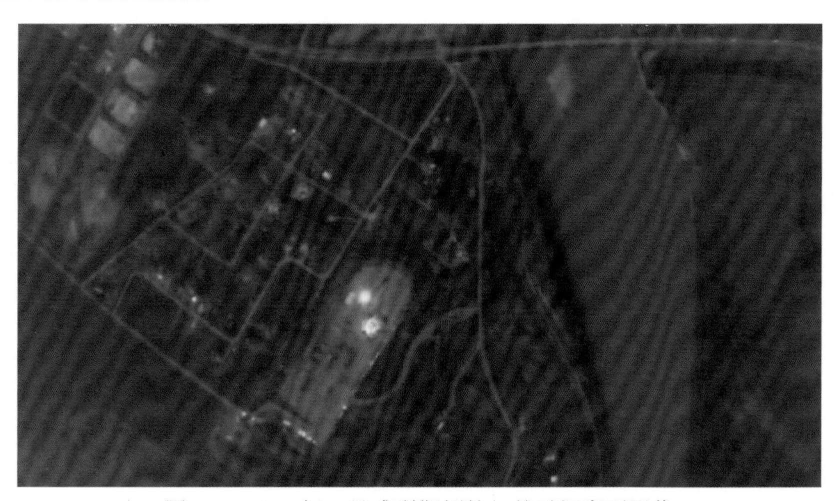

图 1.8　2013 年 9 月威利斯顿的红外时间序列影像

1.4.4 重大工程监控

遥感影像时序监测常用于城镇用地变化监测，可用其计算变化面积及类型转移情况，编制不同时期的土地利用变化图及统计表；也可用于调查城镇扩展进程及演变规律，分析城镇扩张态势。与传统遥感卫星相比，视频卫星目标观测区域小，但时效性好，可实现小区域的定点、定范围遥感监测，使其在一些重大工程领域中有着得天独厚的应用优势，可为及时了解重大工程的进展、工程建设，以及对周边生态环境的影响等提供实时的视频信息支持。普通的遥感卫星重返时间为几天到十几天，无法满足对地区实时监测的需要，另外云雾、雨雪等气象因素也会导致观测区域的有效成像覆盖时间不确定。而视频卫星所拍摄的视频可以全面了解地区的运作现状和环境的动态变化状况，预测未来的变化趋势，为有关部门的决策提供依据。

1.4.5 军事安全

战场态势和攻防布阵瞬息万变，双方都需要快速、及时的战区情报侦察信息。最初为了军事应用研制出了遥感卫星，后来遥感从军事专用领域扩展到了民用领域。进入21世纪后，军用遥感成像卫星“快门控制权”更为明显，只要有国家或机构对地表的任意一处场景感兴趣，就可以拍摄地球上任何地方的细节。高分辨率视频侦察卫星可以快速、实时、动态地监测对手的基本态势，了解其军事部署和重要军事目标的情况，提高了国家的战略侦察能力。

目前最高精度的军用遥感卫星为美国的“锁眼12号”卫星，其空间分辨率达到0.1 m。对于时间分辨率，只能通过采用分布式星座缩短卫星的重访周期、扩大视场宽度等手段来提高。而视频卫星的出现直接将时间分辨率提升至秒级。因此，视频卫星的研发将是各个国家未来军事备战的重中之重。谷歌地图中也门军事区被导弹炸毁的地面凹陷如图1.9[17]所示，可利用视频遥感卫星影像进行实时监测。

图 1.9　也门军事区被导弹炸毁的地面凹陷

如图 1.10 所示，美国 SkySat-1 视频卫星记录了一架飞机飞过迪拜上空的过程[25]。在军事中，视频卫星可以对飞机、航母、港口、坦克、装甲车等具有军事意义的目标，实施实时侦察、监测或跟踪，以收集地面、海洋或空中军事目标的军事、安全情报。视频卫星在军事侦察、军事测绘、海洋监视中将发挥巨大作用，可对热点地区、边境线连续监视，为边境小规模冲突处置、突发性群体事件处置提供参考依据。

图 1.10 SkySat-1 对迪拜飞机实时监测

1.5 本 章 小 结

本章从视频卫星监测的理论基础、关键技术、发展现状、主要应用 4 个小节对视频卫星监测技术进行了详细介绍。在 1.1 节中介绍了视频卫星监测技术，并引出了超分辨率重建技术、特征提取方法、目标跟踪模型、后处理方法 4 个关键技术，然后在 1.2 节中对上述技术做出了相应介绍，并结合人工智能，对各部分进行了一定分析。1.3 节基于数据、硬件和算法，对视频卫星监测技术的发展现状做出了对应思考。1.4 节介绍了视频卫星监测技术的主要应用，从宏观的角度先简要介绍了具体的应用方向，然后基于目前视频卫星监测中的实例，向读者展示了具体的应用。

第2章 视频卫星

2.1 视频卫星概述

2.1.1 视频卫星概念

遥感是指远距离的非接触的探测技术。遥感卫星则是用作外层空间遥感平台的人造卫星。遥感技术是对地面进行观测，获取地表信息的必要手段，具有快速、准确、经济、大范围、可周期性地获取陆地、海洋和大气资料的能力。自20世纪60年代以来该技术逐渐走向成熟，并广泛地用于各个领域，为推动社会发展和文明进步做出了巨大贡献。高分辨率遥感影像的出现给遥感技术带来了新的应用前景，在道路提取，车辆、船舶识别，应急灾害，地物监测，海洋环境资源检测及三维重建等领域都有着极大的潜力与丰富的应用，极大地满足了人们的生活需求。墨西哥加利福尼亚湾高分辨率遥感影像如图2.1所示。

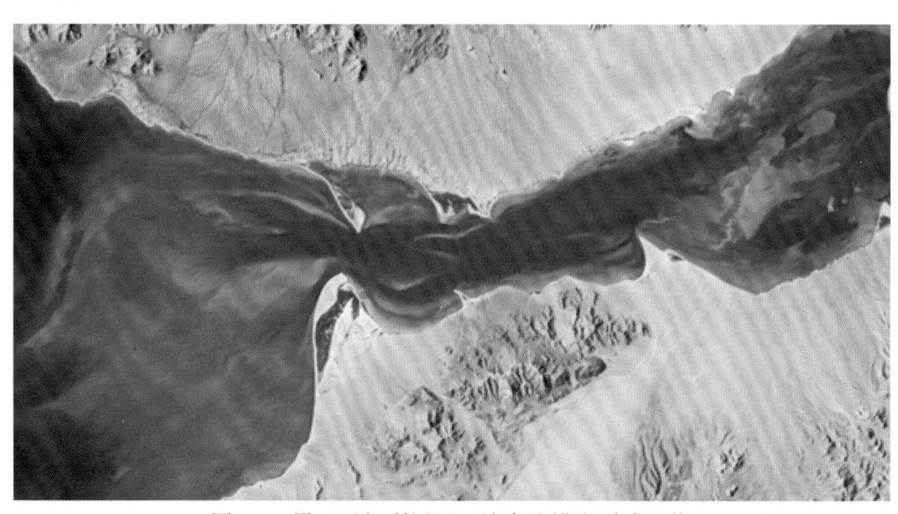

图2.1 墨西哥加利福尼亚湾高分辨率遥感影像

近年来，随着遥感卫星的不断发展，遥感视频卫星相关的应用逐渐变得火热，卫星视频与普通的高分辨率影像在实际应用上存在差异。视频卫星可广泛应用于交通热力图识别、灾害应急响应、热点事件实时观测及军事安全等领域。

视频卫星将一定时间间隔的时序图像组成视频，并使用这些视频对动态目标进行分析，获得目标的速度和方向，而这些重要信息从传统静态图像中是难以获得的。这些不同时间的同一地点的图像则通过“凝视”获取。所谓“凝视”是指卫星在沿轨道运动的过程中，通过调整卫星的姿态角度和姿态角速度，克服目标区域和卫星相对位置关系的不断变化，使光学成像系统始终盯住地球上的某一目标区域，可以连续观察视场内的变化[26]。视频卫星“凝视”示意图如图1.1所示。

2.1.2 视频卫星分类

视频卫星主要有两种手段实现“凝视”，基于不同的手段可以将视频卫星分为两类，一类是位于同步轨道上的地球静止轨道视频卫星，另一类是采用具备较高姿态敏捷能力或具备图像运动补偿能力的低轨道视频卫星。

1. 地球静止轨道视频卫星

地球静止轨道指的是地球赤道面上方 36 000 km 左右的圆形轨道，卫星的轨道周期等于地球在惯性空间中的自转周期（23 小时 56 分 4 秒），且方向亦与之一致，即卫星与地面的位置相对保持不变。因此，在地面观测者看来，这样的航天器是在天空固定不动的，在该轨道上的卫星以此特征实现“凝视”。不过以目前的技术来说，在地球静止轨道的卫星并不能提供高分辨率的影像。典型的静止轨道视频卫星有美国的“莫尔纹”和欧洲的“静止轨道监视系统”，其特点是具备足够大的镜头口径以保证在高轨实现米级地面分辨率。目前美国、欧洲国家正在积极研制大口径（至少大于 4 m）光学成像系统。“莫尔纹”项目通过对薄膜衍射成像技术的研究，实现了超大口径的成像镜头设计。“静止轨道监视系统”由 Astrium 公司于 2011 年在巴黎航展上进行了展示，其主径达 4 m，可以实现 5 帧/s 的视频拍摄。其所设计的卫星具有三种视频工作模式：快速连拍模式、持续视频模式及时延视频模式[27]。我国的第一颗地球同步轨道遥感卫星是“高分四号”，它采用面阵凝视方式成像，具备可见光、多光谱和红外成像能力，在夜间也可以观察天气变化。其于 2015 年 12 月发射，单景成像幅宽优于 500 km，分辨率优于 50 m。

2. 低轨道视频卫星

低轨道卫星则有着不同的特点，一般指轨道高度为 200～2 000 km 的卫星。低轨道卫星的轨道高度使得数据传输延时短，路径损耗小。具备“凝视”能力的低轨道卫星又可以进一步分为两类。一类是具备高敏捷能力、采用传统线阵探测器的卫星，以美国 WorldView 和法国 Pleiades 为代表。另一类则是微小型高敏捷视频卫星，采用面阵探测器，综合利用平台的高敏捷能力从而实现“凝视”。这种类型的视频卫星比传统的视频卫星的制造成本大大降低，发射成本也大大降低，多颗组网后可以联合进行“凝视”作业。典型代表为 2007 年发射的印度尼西亚与德国合作研制的“印度尼西亚国家航空航天研究所-柏林技术大学卫星”（LAPAN-TUBSAT，也称 LAPAN-A1）及美国 Skybox 公司在 2013 年和 2014 年分别发射的 SkySat-1 卫星和 SkySat-2 卫星，国内的有 2014 年发射的“天拓二号”卫星和 2015 年发射的“吉林一号”卫星等。“吉林一号”是一组被部署在太阳同步轨道上的卫星。目前，“吉林一号”共有 25 颗卫星，长光卫星公司计划在 2035 年之前使“吉林一号”卫星数量达到 138 颗，组成一张覆盖全球的卫星网络之后我国可以做到对地球任何地点每隔 10 min 进行一次重访。常见的两类视频卫星相关资料如表 2.1 所示。

表 2.1　两类视频卫星典型代表

名称	（国家）机构	视频类别	视频分辨率/m
“珠海一号”01 组	（中国）珠海欧比特宇航科技股份有限公司	彩色	1.98
“吉林一号”视频 01/02 星	（中国）长光卫星技术有限公司	彩色	1.13
Iris（国际空间站）	（加拿大）UrtheCast	彩色	1.00
LAPAN-TUBSAT	（印度尼西亚）国家航空航天研究所-（德国）柏林技术大学	黑白	200
SkySat-1	（美国）Skybox Imaging 公司	黑白	1.10

2.1.3　视频卫星技术指标

1. 空间分辨率

空间分辨率是指对遥感影像空间细节信息的辨别能力，指传感器能够分辨的最小目标地物大小，是实际卫星观测影像中的一个像素所对应的地面范围。例如，WorldView-2 卫星全色图像空间分辨率是 0.5 m，指的是影像中的一个像素所对应的实际地面大小为 0.5 m×0.5 m，高空间分辨率图像对于影像目标地物的识别和目视解译等具有重要的作用。国际空间站上的 Iris 的空间分辨率为 1 m，“天拓二号”视频微卫星的空间分辨率为 5 m。

2. 光谱分辨率

光谱分辨率是对影像中地物波谱细节信息的分辨能力，是卫星传感器接收地物射波谱时所能辨别的最小波长间隔，当间隔较小时，光谱分辨率相应就会越高，在同样的波谱范围下，通常影像波段数越多，光谱分辨率越高，如高光谱影像往往比多光谱影像具有更高的光谱分辨率，高光谱分辨率对于影像地物的分类识别等具有重要意义。“珠海一号”遥感微纳卫星星座 03 组的光谱分辨率达到 2.5 nm，具有 256 个波段。

据统计，超过 70%的光学对地观测卫星和航空摄影系统同时提供全色图像与多光谱图像，其中：全色图像具有高空间分辨率，但其只有一个波段；而多光谱图像具有多个光谱波段，具有较高的光谱分辨率，然而其空间分辨率相对较低。因此，全色-多光谱融合技术得以提出和发展，该技术通过集成全色和多光谱影像之间的空、谱互补优势，融合得到高空间分辨率多光谱影像。

3. 时间分辨率

时间分辨率指对同一地点的重复观测能力，也就是指在同一区域进行的相邻两次遥感观测的最小时间间隔。在传统遥感卫星中时间分辨率是指重访同一地点的频率，而在视频卫星中可以用帧率来表征时间分辨率，时间分辨率越高，帧率越高。高时间分辨率对地物的动态变化检测等具有重要作用。

传统卫星中根据回归周期的长短，时间分辨率可分为三种类型。短周期时间分辨率可以观测到一天之内的变化，以小时为单位。中周期时间分辨率可以观测到一年内的变化，以天为单位。长周期时间分辨率，一般观测以年为单位的变化。例如，美国的WorldView卫星平均重访周期为1.7天。

视频卫星中帧率则显得更加突出。帧率是以帧为单位的位图图像连续出现在显示器上的频率。当连续的图像变化频率超过每秒24帧时，根据视觉暂留原理，人眼无法辨别单幅的静态画面，看上去就是平滑连续的视觉效果，这样连续的画面叫作视频。不过目前视频卫星对帧率指标并没有明确的限制，新一代的视频卫星大多超过了24帧/s，而一些旧的视频卫星帧率只有10帧/s左右。比如SkySat-1达到了30帧/s，“吉林一号”有25帧/s，LAPAN-A2达到50帧/s，GO-3S只有5帧/s。

4. 轨道高度

高轨卫星在静止轨道，离地面有36 000 km。低轨卫星则处于距离地面200～2 000 km的轨道。近几年发射的视频卫星一般都是低轨卫星。例如LAPAN-TUBSAT卫星的轨道高度为635 km，LAPAN-A2卫星的轨道高度为650 km，SkySat-1和“吉林一号”视频卫星分别运行在500 km和650 km的太阳同步轨道上。

2.1.4 视频卫星的发展

自2007年印度尼西亚发射了第一颗微小型敏捷视频卫星以来，许多国家陆续发射了多颗具有视频拍摄功能的小卫星。卫星的分辨率也由最初的6 m提高到0.72 m，拍摄时长由30 s提高到90 s。

2007年1月，印度尼西亚与德国柏林技术大学合作研制发射了具备凝视成像模式的LAPAN-TUBSAT卫星，该卫星三轴稳定，位于太阳同步轨道。之后该项目于2014年发射了后续卫星LAPAN-A2。该卫星运行在近赤道轨道，倾角8°，在俯仰和滚动向可侧摆机动±30°。

2013年，加拿大UrtheCast公司在国际空间站上安装了高清视频成像载荷Iris与中分辨率摄像头Theia，Iris视频成像载荷能够提供时间长度为60 s、帧率为30帧/s的近实时高分辨率全彩视频。国际空间站是目前在轨运行最大的空间平台，也是目前唯一的第四代空间站。它距离地面400 km，是一个由16个国家合作建造和使用的空间实验室，用于进行多种学科在太空环境下的科学实验。自1998年正式建站以来，各国不断向国际空间站加入舱段与模块，最终在2010年完成建造，转入了运行阶段。加拿大的UrtheCast公司于2011年10月被批准在国际空间站安装UrtheCast摄像机，2013年该公司发射了两部光学成像相机，由俄罗斯货运飞船送到了国际空间站，在Zvezda模块安装了被命名为Iris的高分辨率高清摄像头，同时与地面站点连接，通过压缩数据传输提供超高清视频服务，为用户带来近实时的高清视频流。Iris被安装在双轴可转向的平台上，所以它可以对感兴趣的目标地区做到“凝视”。Iris使用CMOS传感器捕获全彩高清视频。它在2015年7月2日拍摄的RGB高分辨率视频被提供到2016年的IEEE GRSS数据融合竞赛中，原视频经过完全校正并重采样到1 m后展现了几乎是俯视的视角，地面上的背景特征几乎是固定的。Iris具体参数指标如表2.2所示。

表 2.2　国际空间站 Iris 摄像头主要参数指标

参数	说明
视频长度 /s	>60
倾斜角度 /(°)	<40
帧率 /(帧/s)	30
帧格式	4096×2160 像素（超高清），1920×1080 像素（高清）
地面采样距离	重采样至 1 m
高宽比	16∶9
覆盖范围	3.8 km×2.2 km（超高清），1.9 km×1.1 km（高清）
重采样核	三次卷积
动态范围/bit	16
视频格式	超高清和高清（H.264 编码）
文件格式	MPEG-4

2013 年 11 月，美国 Skybox 公司发射的 SkySat-1 可提供持续时间达 90 s 的全色卫星视频，引发了国内外对视频卫星的研究热潮。该卫星是全球首颗能够拍摄全色高清视频的卫星。该公司于 2014 年发射了视频卫星 SkySat-2，并计划建成由 24 颗小卫星组成的 SkySat 卫星星座。SkySat 系列卫星均具有视频拍摄和静态图像拍摄两种工作模式。SkySat-1 卫星和 SkySat-2 卫星可以向地面传送时长 90 s、帧率为 30 帧/s、空间分辨率为 1.1 m 的视频。

2014 年萨里卫星技术美国公司（SST-US）发布分辨率优于 1 m、地面幅宽为 10 km、具有彩色视频成像能力、帧频高达 100 帧/s 的 Surrey-V1C 型小卫星。该卫星基于萨里公司新近推出的 SSTL-X50 卫星平台研制，具有星上大数据存储能力。

2018 年 1 月 12 日英国 Earth-i 公司建造的全球首个全彩色视频商业遥感卫星星座 Vivid-i 已成功发射。Vivid-i 星座可以提供地球任意位置的优于 1 m 分辨率的高帧频图像；在超高清晰度彩色视频中拍摄移动车辆、船只和飞机等物体；可以对感兴趣区域每天进行多次重访。

国外视频卫星研发技术不断取得进展时，我国的研究所和高校在视频卫星技术的研究开发上，也取得了高速的进展，将视频卫星逐步应用于环境、水文、地质和交通信息采集等领域。根据智研咨询发布的《2017—2022 年中国遥感卫星行业市场深度调查及未来前景预测报告》显示，2015 年我国遥感卫星行业市场规模已经达到了 56.12 亿元，并已经逐渐形成了具有一定基础的遥感视频卫星系统。我国首颗视频成像体制微卫星，国防科技大学自主设计研制的“天拓二号”视频微卫星于 2014 年 9 月 8 日发射升空，实现了动态目标监测，为我国发展视频成像卫星奠定了技术基础。

长光卫星技术有限公司自 2015 年 10 月 7 日首发，截至 2020 年 4 月，“吉林一号”已有 16 颗卫星组成星座。“吉林林业一号”（原名为“吉林一号”灵巧视频 03 星）在 2017 年发射。它的主要任务是获取全球范围内高分辨率对地观测可见光视频数据，卫星采用星载一体化设计，充分继承“吉林一号”灵巧视频卫星 01 星和 02 星的研制技术方案与成熟产品，并根据用户及市场的反馈，对中心计算机、载荷、电源、数传分系统进行了升级，提高视频卫星的业务运行能力，并增加了喷气推进系统用于轨道维持。“吉林林业一号”获取高分辨率可见光影像、多光谱影像、夜景影像和凝视视频等，成像侧摆角度可根据用户需求定制，广泛应用于经济调查、防灾减灾、社会发展研究等领域，主要指标如表 2.3 所示。

表 2.3　“吉林林业一号”卫星主要指标

技术指标	参数
星下点地面像元分辨率/m	0.92
光谱通道/nm	红色 B1：580～723 绿色 B2：489～585 蓝色 B3：437～512
量化位数/bits	8
标准景大小（星下点）	11.0 km×4.6 km
轨道高度/km	535
无控定位精度（CE90）/m	200

2020 年 9 月 15 日，我国在黄海海域用长征十一号运载火箭成功将 9 颗“吉林一号”高分 03 系列卫星发射升空。其中包含由长光卫星技术有限公司自主研发的“哔哩哔哩视频卫星”“央视频号”卫星在内的 3 颗视频卫星（高分 03C01～03 星）。该系列卫星采用了一贯的轻量化结构设计，并将系统元件与低成本相机高度集成，使得整星重量控制在 40 kg 量级，具有低成本、低功耗、低重量、高分辨的特点。高分 03C 系列视频卫星的星下点地面像元分辨率优于 1.2 m，可获取彩色视频影像。至此，“吉林一号”卫星星座数量增至 25 颗，具备每年覆盖全国 7 次、每年覆盖全球 2 次的能力。“吉林一号”高分 03C 星图如图 2.2 所示。

图 2.2　“吉林一号”高分 03C 星图

珠海欧比特宇航科技股份有限公司运营的“珠海一号”两颗首发卫星 OVS-1A 和 OVS-1B 于 2017 年 6 月 15 日搭载 CZ-4B/Y31 运载火箭成功发射。两颗首发卫星均为视频微纳卫星，且具有凝视视频和条带成像两种工作模式，提供卫星拍摄的视频和图像数据产品。其成像范围涵盖了全球主要城市和 85%以上人口，对全球中低纬度地区具有较高的重访特性，有利于提升监测我国从内陆到沿海地理、生态环境、国土资源变化等的时效性。两颗卫星由欧比特宇航科技股份有限公司委托航天东方红卫星有限公司研制，历时一年完成，具有集成度高、质量轻、成本低等特点，采用动态视频编码技术，具有很高的数据压缩效率，节约视频数据的存储量和数传下传时间。包括“珠海一号”高光谱卫星（orbita hyper spectral，OHS）与“珠海一号”卫星星座的 02 组（OVS-2）的 5 颗卫星（4 颗高光谱卫星，1 颗高分辨率卫星）于 2018 年 4 月 26 日在酒泉卫星发射中心通过长征十一号运载火箭以“一箭五星”方式成功发射。单颗卫星质量为 71 kg，轨道高度为 500 km。2019 年 9 月 19 日，由珠海欧比特宇航科技股份有限公司自主建设和运营的“珠海一号”遥感微纳卫星星座 03 组卫星在酒泉卫星发射中心通过长征十一号遥七固体运载火箭以“一箭五星”方式成功发射升空。03 组卫星包括 4 颗高光谱卫星和 1 颗 0.9 m 分辨率的视频卫星。5 颗卫星进入预定轨道，与在轨的 7 颗卫星形成组网，实现 12 颗卫星在轨运行，大幅度提高了星座采集遥感数据的能力。OVS-1 视频微纳卫星与 OVS-2 视频卫星如图 2.3 所示。

（a）OVS-1视频微纳卫星

（b）OVS-2视频卫星

图 2.3　OVS-1 视频微纳卫星与 OVS-2 视频卫星

随着凝视视频卫星快速发展，高分辨率影像数据也在急剧增加。与此同时，一些挑战逐渐出现，近年随着电子、通信、光学、卫星制造和运载等技术的不断发展与遥感通信和空间试验需求的快速增长，在轨卫星的数量呈现井喷态势，尤其是 1 000 km 以下的近地轨道已日益拥挤。例如，美国“鸽群”遥感星座群在轨数量已达 140 多颗，仅 2017 年 2 月 15 日一次发射就入轨了 88 颗卫星，这 88 颗卫星组成名为“Flock-3p”的地球成像星座。另外美国 SpaceX 公司于 2019 年 5 月 24 日成功发射并部署了首批 60 颗星链（StarLink）卫星入轨，并计划建立 12 000 颗卫星的庞大近地轨道星座，从而给全球范围内提供互联网连接服务。到目前为止，在地球上方不同高度有着上千颗人造卫星。如果再加上那些已经报废的卫星及大型卫星的碎片，那么这个数字还会更多。这些太空垃圾不仅回收困难，还会对正常运行的人造卫星构成威胁，影响轨道卫星的安全。报废卫星根据轨道高度不同有不同的处理方式：对于那些近地轨道卫星（地面上空几百千米）可以在燃料耗尽之前使它们进入一个更低的轨道，在回落地球的过程中被大气燃尽，如果体积过大的话，可提前调整轨道使未燃尽的碎片降落至南太平洋。对于远离地球的卫星来说回到地球需要大量燃料，这种情况下，就不会让它们减速到低轨道，而是将它们推向更高的轨道，即墓地轨道。墓地轨道位于地球上方 36 050 km 处，这就保证了它们处于一个安全高度，在百年内不会影响到正常运行的卫星。

2.1.5 视频卫星的应用

视频卫星由于其观测范围广，不受地形、区域、天气等限制，并且成本相对低等优点，可以对地面任意区域进行全天候、全天时、全覆盖的“凝视”观测。基于新型视频卫星数据对目标跟踪与检测、超分辨率重建、夜光遥感应用等领域进行探索，具有前瞻性和迫切性，是视频卫星应用的关键技术，可广泛应用于国防建设、公共安全、城市管理、灾害监控应急等军民应用领域。典型应用场景如下。

1. 智慧城市的交通热力图识别

交通热力图识别是智慧城市落地最为重要的一环。视频卫星可较为容易地对一座城市的整体交通状况进行全天候实时监测。实时掌握交通路况信息，能够有效缓解交通拥堵、事故等问题，从而实现道路的“信息化”“智能化”管理。在进行可视化处理后，图片上的道路会展现出不同颜色来表示各路段的交通流量状况，根据该特性能够实时对整座城市的交通状况进行可视化与监测，并总结各个时段的交通流量规律，为城市的智慧运行提供决策和支持。

2. 军事目标连续跟踪

当前战争局势和攻防手段瞬息变化，掌握先进的军用遥感技术，如同掌握快门控制权，可以对任何感兴趣的区域进行快速监测，获取敌军的军事部署及重要的军事目标位置。在 2020 年，长光卫星技术有限公司发布了“吉林一号”视频卫星捕捉飞行中 F22 隐形飞机的监测视频引起了国内讨论。而在更早的 2018 年，长光卫星技术有限公司就发布过拍摄美军核动力航母靠港的视频。由此可见，在军事方面卫星视频也展现了极大的潜力。

3. 超分辨率重建

超分辨率重建是利用视频多帧影像数据进行超分辨率重建和增强处理，实现空间分辨率和影像质量的提升，得到质量更优、信息更丰富的影像。卫星视频存在空间分辨率降低的现象，在一定程度上限制了卫星视频数据的应用。因此，如何提高卫星视频数据的空间分辨率已成为研究热点。通过改进传感器设备来获取更高空间分辨率的方法成本高，开发超分辨率重建影像处理方法相对来说更加实用。如图 2.4 所示，通过使用新的中值平移并添加（new median shift and add，NMSA）方法[28]对 SkySat-1 视频卫星在迪拜拍摄的视频进行超分辨率重建的效果。

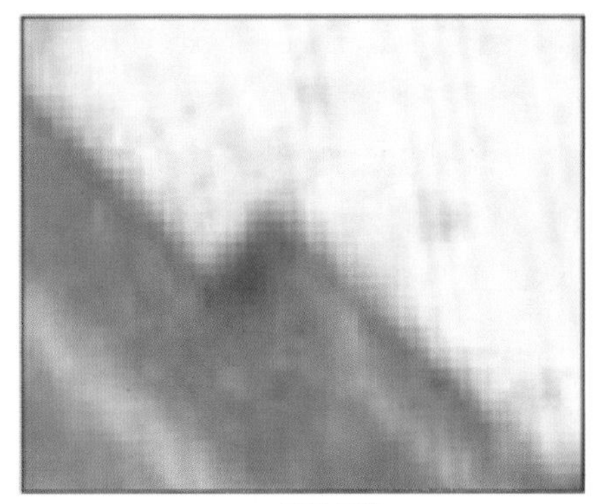

(a) 原始图像　　(b) 使用NMSA方法之后的结果图像

图 2.4　原始图像与使用 NMSA 方法之后的结果图像

对比视频卫星近十年的发展历程可以发现，随着对地观测领域需求更加细分和卫星传感器、平台等技术的不断提升，能获取高时间分辨率、高空间分辨率、高光谱的影像或视频的传感器和卫星已经越来越多，卫星视频大数据以其高动态、信息丰富和潜力大等优势，已经广泛应用于交通、减灾、国防等方面，可以预见的视频卫星应用有以下几种。

（1）卫星凝视视频成像和多星组网提高视频卫星时间分辨率，改变了传统静态遥感认知地物的方式；持续改进地面快速接收和处理能力，缩短视频响应时间，快速接入视频卫星动态变化信息有助于扩展视频卫星的应用场景。

（2）发展一星多用、一星复用，卫星可以提供推扫、视频、夜光多种数据类型，最大限度发挥了遥感卫星的使用效能，极大丰富了卫星数据源，因此，亟待开展多源数据融合研究和工程化应用工作。

（3）随着高低轨视频卫星、SAR 等视频卫星的发射，视频卫星星座在线功能、应用模式上应当与传统光学卫星星座充分结合互补，通过星座路由或者组合观测的方式，最大限度地挖掘遥感卫星静态和动态信息。

2.2　卫星视频数据特性

2.2.1　卫星视频数据类型

随着光谱分辨率的不断提高，光学遥感的发展过程可分为全色、彩色、多光谱、高光谱。视频卫星最终收集的数据也是这些类型的视频。在生活中最常见的是全色视频和彩色视频。视频卫星获取的数据也由这些类型组成，这些图像的性质如下。

（1）全色图像是指单通道的灰度图像，全色是指全部可见光波段 0.38～0.76 μm，全色图像为这一波段范围的混合图像。因为是单波段，所以在图上显示为灰度图像。全色遥感影像一般空间分辨率高，但无法显示地物色彩。全色图像在视频中表示为单通道的图像。全色卫星视频图像如图 2.5（a）所示。

（2）彩色视频则通常由 RGB 三原色构成，比灰度图像更能显示各种信息，但也止步于人眼能识别的信息。彩色视频是一种特殊条件下的多光谱，对应红、绿、蓝三个波段。彩色图像在视频中表示为三通道的 RGB 图像。“吉林一号”卫星拍摄的东京彩色视频图像如图 2.5（b）所示。

（a）全色卫星视频图像

（b）彩色卫星视频图像

图 2.5　全色卫星视频与彩色卫星视频图像示例

（3）多光谱是指将地物辐射电磁波分割成若干个较窄的光谱段，以摄影或扫描的方式，在同一时间获得同一目标不同波段信息的遥感技术。多光谱的图像通道有时只有几个，有时多达上百个。不同地物有不同的光谱特性，同一地物则具有相同的光谱特性。不同地物在不同波段的辐射能量有差别，获得的不同波段图像上有差别。多光谱遥感不仅可以根据影像的形态和结构的差异判别地物，还可以根据光谱特性的差异判别地物，扩大了遥感的信息量。航空摄影用的多光谱摄影与陆地卫星所用的多光谱扫描均能得到不同谱段的遥感资料，分谱段的图像或数据可以通过摄影彩色合成或计算机图像处理，获得比常规方法更为丰富的图像，也为地物影像计算机识别与分类提供了可能。多光谱图像的通道数多达几十至上百个，在视频中展现出了这些信息的连续变化。

（4）高光谱遥感起源于 20 世纪 70 年代初的多光谱遥感，它将成像技术与光谱技术结合在一起，在对目标的空间特征成像的同时，对每个空间像素点经过色散形成几十乃至几百个窄波段以进行连续的光谱覆盖，这样形成的遥感数据是包含丰富的辐射、空间及光谱信息的综合载体。高光谱遥感技术已经成为当前遥感领域的前沿技术。

相比多光谱，高光谱的波段更多，可以为每个像素点提供十几、数百甚至上千个波段，其光谱范围窄，波段范围一般小于 10 nm。波段连续，有些传感器可以在 350～2 500 nm 的太阳光谱范围内提供几乎连续的地物光谱。随着光谱分辨率的提高，波段数的增加，高光谱的数据量呈指数增加。不过由于相邻波段高度相关，高光谱的冗余信息也相对增加。与传统遥感技术相比，其所获取的图像能够以相同的空间分辨率记录下成百上千个光谱通道数据，从而有效丰富了图像空间几何信息及光谱信息，将这些信息叠合之后就形成了高光谱立方体。因为这些特点，高光谱卫星通过星载光谱仪对地成像，获得地表空间图和地物的连续光谱信息，从而实现地物成分信息反演与地物探测，在分析、研究地物方面更加具有优势。比如光谱分辨率为 2.5 nm 的“珠海一号”高光谱卫星在遥感信息的定量分析和更精细化的地物识别上具有优势。

2.2.2　遥感视频与自然视频的比较

与自然视频相比，遥感影像（包括卫星视频）具有自己独特的特性。

1. 背景复杂

遥感影像通常是在距离地面几百千米的上空获取，所以它的成像幅宽与视场比自然视频大得多，卫星拍摄的影像幅宽基本以千米为单位，能够俯视拍摄地球表面更多的地物信息。而对于自然视频来说，拍摄的场景范围非常有限（比如建筑物或者人物）。过大的幅宽导致遥感影像中背景道路信息更加复杂，而自然视频的背景大多并不复杂。

造成背景复杂的原因还来源于其他因素。一是视频卫星超视距摄像使得地表目标空间分辨率有限，同时还存在云层遮挡等自然因素影响。二是不确定的星际成像环境，比如卫星摄像头拍摄过程中发生的偶然性抖动导致卫星视频数据中连续两帧之间图像出现多个像素距离的抖动，且目标的抖动往往是无规律的，很难找出一种通用处理方法。三是星地传输条件，在光学成像系统、电子信号转换、数据传输等环节会出现些许失真像素。这些原因造成最终卫星视频质量不稳定，噪声普遍存在，从而导致目标（如小车、列车、飞机等）与背景极为相似，难以分离出来。

2. 目标小

对于影像中的目标而言，遥感影像中目标数量巨大，同时比自然视频中的目标小得多。自然视频中目标占全图的比例一般为 1/1 000～1/4，可以让人快速地辨别和锁定。而遥感影像中目标占全图的比例为 1/10 000～1/1 000，不能获取明显的目标特征并且难以与复杂的背景相区分。按照大小、变形、纹理等因素，可将遥感影像中的目标分为三类：点状动目标、面状刚体动目标和面状非刚体动目标。点状动目标指的是实际不发生变形、包含像素数目少（一般在 6×6 像素以内）、内部无（或少）纹理的目标，例如汽车、小型渔船、快艇等；面状刚体目标指的是实际不发生变形、包含像素数目多于 6×6、内部有少量纹理的目标，例如大型游轮、军舰等；面状非刚体目标指的是实际发生变形的、包含像素数目较多的流体目标，例如大型人群、烟雾、河流、泥石流、火山熔岩等。卫星视频与自然视频的对比图如图 2.6 所示。

（a）自然视频

（b）卫星视频

图 2.6　自然视频与高分辨率卫星视频对比

3. 数据量大

卫星视频数据的另一特点是高清，视频信息量大，甚至在数据传输方面，拥有高时空分辨率的高清视频数据的获取急速提升了数据的采集速率，使其远高于星地间实时传输带宽，阻碍了高码率视频数据的实时下传，制约了卫星视频的实时应用。如表 2.4 所示：在自然视频数据中，每帧图像宽度为 300～800 像素，高度为 200～500 像素，图像文件大小为 20～200 KB；在无人机视频数据中，单帧图像宽度为 1 200～3 000 像素，图像高度为 1 000～2 000 像素，整个单帧图像的大小为 400 KB～1 MB；而卫星视频数据的每帧图像宽度为 3 600～4 000 像素，高度为 2 000～3 000 像素，包含超过六百万个像素点数据，是一般目标跟踪视频图像的 100 倍以上，是无人机视频单帧图像的 1.5 倍以上。此外，卫星视频图像文件大小为每帧 500 KB～1.5 MB，因而图像数据的读入和分析难度极大增加，在跟踪任务中，读入视频图像数据和进行图像全图扫描都会耗费大量的时间，导致目标跟踪的实时性需求无法得到满足。

表 2.4　自然视频数据、无人机视频数据、卫星视频数据的大小比较

数据类型	图像宽度/像素	图像高度/像素	图像文件大小	目标与全图比例
自然视频数据	300～800	200～500	20～200 KB	1/100～1/4
无人机视频数据	1 200～3 000	1 000～2 000	400 KB～1 MB	1/1 000～1/100
卫星视频数据	3 600～4 000	2 000～3 000	500 KB～1.5 MB	1/100 000～1/10 000

4. 受光照影响大

光照阴影变化及采集影像数据时天气条件的多时相性引起目标亮度特征变化容易导致监测、跟踪出现失误。在自然视频中，光照影响因素多来自阴影影响或室内光照变化。而在卫星视频数据中，视频数据为开阔地面环境，并且多为天气条件较好（晴朗）时拍摄。然而，地球公转导致的太阳光线变化和反射角度变化，或者视频卫星相机主光轴空间指向的变化，都可能导致因强烈的反射而亮度剧烈提升，或者由反射角度变化而导致目标亮度减弱、目标色彩惨淡，与背景融为一体难以识别，即使跟踪目标为表面具有较强反射能力的火车或汽车。

这些因素都可能导致目标在连续两帧图像内发生数个亮度量化等级差异，甚至出现同一视频所获取的同一目标在不同帧之间存在数十个亮度量化等级差异的情况。对视频进行归一化、均衡化等预处理可以减轻相关干扰。卫星视频中不同帧的亮度变化对比图如图 2.7 所示。

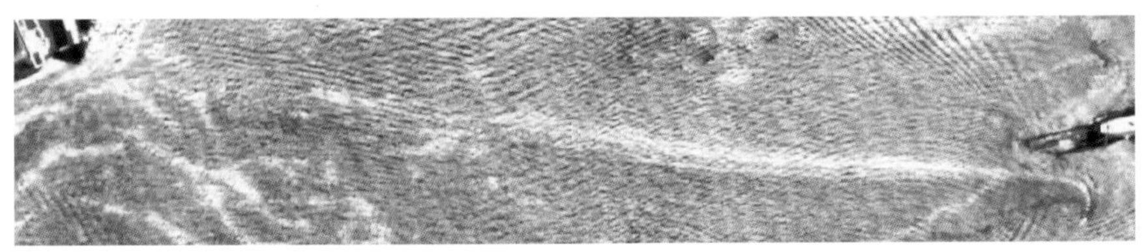

（a）该卫星视频第39帧时的图像

（b）该卫星视频第210帧时的图像

图 2.7　不同帧的亮度变化对比图

2.2.3 卫星视频与传统遥感影像比较

1. 实时性

与传统遥感卫星影像相比，视频卫星在时间分辨率方面有着明显的优越性。卫星视频包含更丰富的地物信息，不仅能获取与传统卫星一样的高分辨率、大视野影像，视频卫星还可以捕捉地表目标的动态时空信息（如移动的火车或者飞行中的飞机），而传统遥感卫星则只获取静态单景影像。视频卫星的时间分辨率提升到秒级，有益于提高信噪比，传统遥感卫星的时间分辨率一般为数小时到数天，对于快速变化的场景来说，视频卫星可以在实时应用领域发挥更大的作用，如车流量监控、军事行动等方面。

2. 多角度性质

与传统的遥感影像相比，高敏捷视频卫星具有敏捷的机动成像能力，可以获取地面多角度拍摄的影像信息，即对于视频中目标的同一点，会存在不同的视角影像。

利用多角度多基线拍摄的卫星视频影像进行三维重建是视频卫星应用的一个重要方面。利用多角度拍摄的数据特征，高敏捷卫星可以在立体定向后的卫星视频影像进行三维建模，结合多幅影像的冗余信息来改善匹配的可靠性，有助于解决相似纹理、遮挡等困难区域匹配的多义性与误匹配等问题[29]。

SkySat 卫星视频的多角度对比如图 2.8 所示。可以看出不同帧中同一物体的角度有明显变化。

（a）SkySat卫星视频前10 s内的景象

（b）SkySat卫星视频20 s后同一地点的景象

图 2.8 SkySat 卫星视频不同角度对比

3. 成像质量

与传统遥感影像相比，卫星视频的成像质量更低，与其他普通视频拍摄设备一样，这主要是因为视频成像处理需要更大的计算量。

2.3 现有视频卫星数据集

卫星视频数据的获取目前是一个难点，大多数与视频卫星相关的跟踪算法仅使用数个剪辑卫星视频来进行实验。武汉大学 Sigma 小组现有 20 段卫星视频数据，其他数据集则是完整的单个视频。

2.3.1 武汉大学 Sigma 小组现有视频数据

该数据集内容主要来源于“吉林一号”03 星与国际空间站，其中包含的视频数据达到 20 个，均为经过裁剪的卫星视频，包括在各种不同影像情形下的目标变化。目前卫星视频资源难以获取，并没有太多整合的卫星视频数据集，大多相关论文都只选择了 1～3 个卫星视频作为实验结果展示，在国内，“吉林一号”卫星视频获取相对简单。以下是该数据集中的视频。

视频数据 Afghanistan-1 由“吉林一号”03 星获取，拍摄于北纬 34.56°、东经 69.22° 的阿富汗喀布尔。从原始视频中截取出 930×200 像素的视频，总帧数达到 375 帧，起始帧为第 1 帧，终结帧为第 375 帧，星下点地面像元分辨率为 0.92 m。视频展示了飞机从右上角穿过摄像头到左上角的过程，飞机移动速度较快，视频中存在残影，对于目标检测及跟踪存在挑战，没有遮挡、旋转和视频模糊的情况。该视频第 1 帧截图如图 2.9 所示。

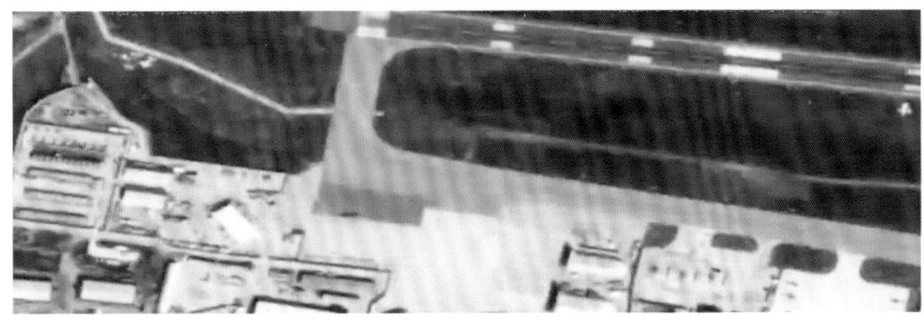

图 2.9　Afghanistan-1 视频第 1 帧截图

视频数据 Vancouver-1 由国际空间站获取，拍摄于北纬 49.29°、西经 123.11° 的加拿大温哥华巴拉德湾。从原始视频中截取出 200×500 像素的视频，总帧数达到 418 帧，起始帧为第 582 帧，终结帧为第 999 帧，星下点地面像元分辨率约为 1 m。视频展示了该地区列车与汽车的移动情况，视频中不存在残影、遮挡、旋转和视频模糊的情况。目标几乎显示为全白色，与背景的对比度较大，缺少纹理信息，列车为线条状，小汽车为点状，在视频中移动速度缓慢且方向没有快速改变，整体形状没有快速的形变。该视频剪辑后的第 1 帧截图如图 2.10 所示。

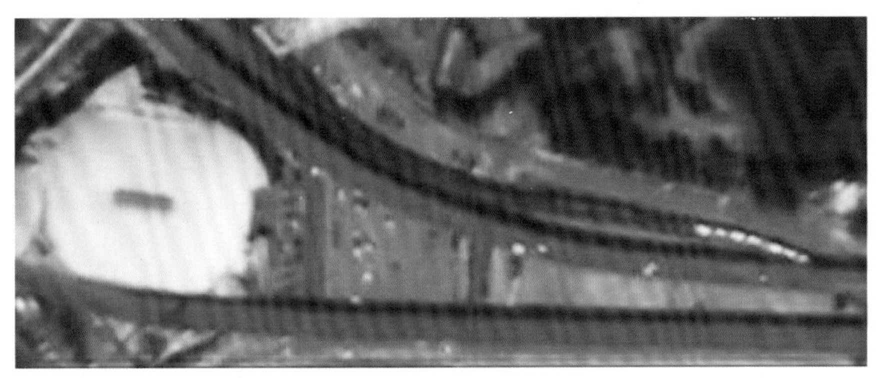

图 2.10　Vancouver-1 视频第 1 帧截图

视频数据 Jeddah-1 由“吉林一号”03 星获取，拍摄于北纬 21.50°、东经 39.17°的沙特阿拉伯吉达港。从原始视频中截取出 270×250 像素的视频，总帧数达到 171 帧，起始帧为第 1 帧，终结帧为第 171 帧。整个视频展示了该地区某转盘中的车辆移动情况。作为检测目标的汽车正绕着转盘进行旋转移动，方向的不断改变导致目标的形变。目标汽车移动速度较慢，没有残影。目标车辆显示为白色，与地面对比度较高，但视频中途有云飘过，存在一定遮挡模糊效果，使汽车周围背景难以分辨，对跟踪效果有一定影响。该视频出现白云遮挡的中间帧截图如图 2.11 所示。

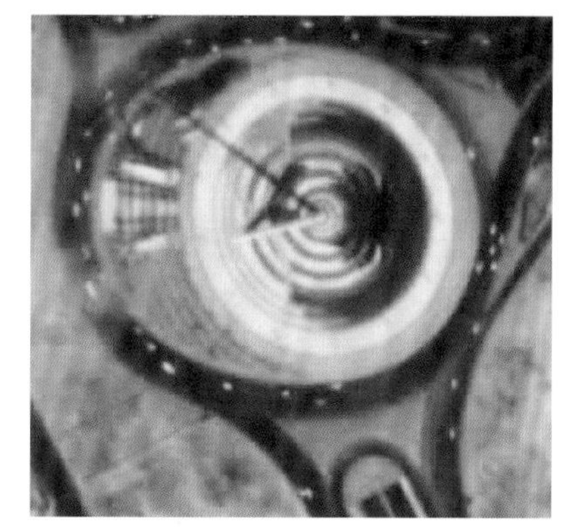

图 2.11　Jeddah-1 视频中间帧截图

视频数据 Jeddah-2 由“吉林一号”03 星获取，拍摄于北纬 21.50°、东经 39.17°的沙特阿拉伯吉达港。从原始视频中截取出 290×390 像素的视频，总帧数达到 168 帧，起始帧为第 4 帧，终结帧为第 171 帧。整个视频展示了该地区某条道路的车辆移动情况。在第 1 帧中，视频的右下角有一块云层遮挡阳光的阴影，而在后续帧中因为云层的移动而导致阴影消失，在这一块区域的背景亮度变化较大。目标汽车均显示为白色，但分辨率低难以获得特征，目标基本没有残影、旋转和遮挡的情况。该视频的第 1 帧与第 171 帧的截图对比如图 2.12 所示。

（a）Jeddah-2的第1帧

（b）Jeddah-2的第171帧

图 2.12　Jeddah-2 第 1 帧和第 171 帧截图对比

视频数据 Jeddah-3 同样由“吉林一号”03 星获取，拍摄于北纬 21.50°、东经 39.17°的沙特阿拉伯吉达港。从原始视频中截取出 280×400 像素的视频，总帧数达到 168 帧，起始帧为第 4 帧，终结帧为第 171 帧。整个视频展示了该地区某交叉路口的路况。大量汽车在路上移动，没有残影。但视频中途有云飘过，遮挡了一半的道路，使跟踪难以继续进行，对跟踪效果有较大影响。该视频的第 1 帧与出现白云遮挡的中间帧截图对比如

图 2.13 所示。

（a）Jeddah-3的第1帧

（b）Jeddah-3的中间帧

图 2.13 Jeddah-3 第 1 帧与中间帧截图对比

视频数据 Naples-1 由“吉林一号”03 星获取，拍摄于北纬 40.86°、东经 14.30°的意大利那不勒斯。从原始视频中截取出 190×470 像素的视频，总帧数达到 500 帧，起始帧为第 1 帧，终结帧为第 500 帧。整个视频展示了该地区某条道路上的车辆运动。特殊点在于这条道路中间有一架天桥，路过的车辆会被天桥遮挡，对目标的跟踪存在影响。该视频的第 1 帧截图如图 2.14 所示。

图 2.14 Naples-1 视频第 1 帧截图

视频数据 Valencia-1 由“吉林一号”03 星获取，拍摄于北纬 39.47°、西经 0.37°的西班牙瓦伦西亚。从原始视频中截取出 370×150 像素的视频，总帧数达到 750 帧，起始帧为第 1 帧，终结帧为第 750 帧。该视频的第 1 帧与第 750 帧截图如图 2.15 所示，整个视频展示了该地区某条道路上的车辆移动情况，通过对比看出整个背景在不断向上缓慢变化，背景的形状与阴影都有所变化，这提升了跟踪难度。

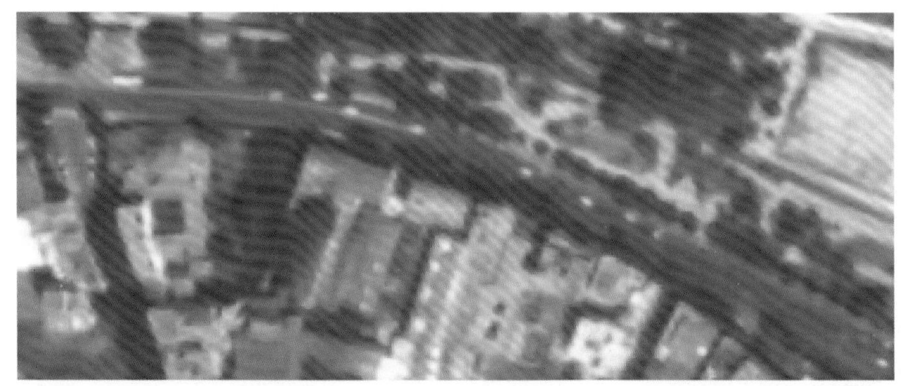

（a）Valencia-1的第1帧

（b）Valencia-1的第750帧

图 2.15　Valencia-1 第 1 帧和第 750 帧截图

2.3.2　SkySat 视频数据集

SkySat 卫星系列是美国 Planet 公司发射的高频成像对地观测小卫星星座，主要用于获取时序图像，制作视频产品，并服务于高分辨率遥感大数据应用。该数据集来自该公司的 YouTube 账号所发布的相关视频，具体为 SkySat-1 卫星在 2014 年 3 月 25 日拍摄的美国拉斯维加斯高分辨率影像。

SkySat-1 为 SkySat-C 世代卫星中 Skybox 公司制作的第一颗商业地球观测卫星，位于地面上方 450 km 的太阳同步轨道，全色视频的分辨率达到了 0.8 m。该卫星于 2013 年 11 月 21 日在俄罗斯亚斯内通过第聂伯（Dnepr）火箭发射升空，主要被用于能源、农业、林业、国防、环境监测。

从原始视频中剪辑出 400×400 像素的视频，总帧数为 200 帧，该视频帧率为 30 帧/s，空间分辨率为 1.5 m，且是只有灰度通道的全色视频。原始视频持续时间为 90 s，视场大小为 2 km×1.1 km，视频中显示了拉斯维加斯城市的影像，背景十分复杂，视频中存在反光和大量阴影，因为拍摄时间与拍摄视角的关系，随着视频的进行，整体的亮度、阴影与房屋形状都在变化，这使得基于背景分离目标更加复杂。该视频数据适合进行关于车流量检测、目标跟踪检测的实验。原始视频截图如图 2.16 所示。

图 2.16　SkySat 视频数据中间帧截图

SkySat 卫星还提供过其他视频，比如澳大利亚矿场、美国拉斯维加斯 15 号洲际公路、叙利亚阿勒颇和日本东京等地都有相关的卫星视频。

2.3.3　UrtheCast 数据集

UrtheCast 公司曾发布过一些从国际空间站拍摄的高清全彩地球视频。Iris 在 2015 年 8 月于国际空间站拍摄的加拿大温哥华港口的高清视频截图如图 2.17 所示。除此之外还有英国伦敦与朝鲜平壤的卫星视频，时长至少有 30 s。

图 2.17　UrtheCast 视频数据中间帧截图

2.4 本章小结

视频卫星是可以对地面目标区域进行“凝视”的人造卫星。视频卫星根据“凝视”方式大致分为两种，一种为地球静止轨道卫星，在静止轨道上与地面保持同步以进行“凝视”，另一种为低轨道视频卫星，通过调整摄像头角度与卫星姿态来对某地进行“凝视”，经常与同系列卫星组网来提高时间分辨率。卫星视频有全色、彩色、高光谱等不同成像方式，高光谱因为其获取大量信息的优势正在逐渐变得流行起来。不过卫星视频幅宽大、目标小、背景变化复杂，这些与普通视频相异的特点造成了新的挑战，尚需深入发展视频卫星处理及应用研究，拓展视频卫星的应用领域。

随着卫星视频数据的普及，政府可以通过卫星视频数据对突发状况（交通堵塞、火灾、群体事件等）掌握动态信息；安全部门能够实时跟踪社会安全情况并以此进行预测、预防和应对；国防部门能够通过动态信息，对重点区域进行长期监测。因此，发展视频卫星运动目标实时跟踪技术，占领对地观测技术的最新制高点，对于社会管理、经济建设和国防安全都具有重要的实际意义。

目前来说，通过卫星来获得高分辨率的海量的动态视频已经得以实现，然而，由于视频卫星平台高、地面成像环境复杂和目标地物信息微弱，传统视频处理方式难以应对，“大数据，小信息”的矛盾日益突出。同时，如何结合大数据、图像处理等技术来实现和推广视频卫星的应用尚需要进一步的研究，这是包括美国国防高级研究计划局（Defense Advanced Research Projects Agency，DARPA）在内的发达国家研究机构高度重视的前瞻性研究课题。2015 年 12 月，DARPA 战略技术办公室发布机构公告，寻求创新方法，在激烈对抗环境下发现隐蔽目标，其中涉及结合现有的或新的传感器方式、新的自动目标识别（automatic target recognition，ATR）技术、新算法、新系统的概念和处理技术。提升海量卫星视频数据智能服务水平的前提是解决好一些共性的数据处理技术问题，尤其体现在卫星视频数据的高倍率压缩、影像空间分辨率增强、动态目标实时跟踪等方面。

未来视频卫星将成为遥感卫星发展的热点，低轨卫星类视频、高轨卫星类视频、SAR 视频等新型视频成像技术将成为视频卫星发展的新方向，丰富高分辨率视频卫星动态监测手段。

第 3 章　超分辨率重建

3.1　超分辨率重建概述

3.1.1　超分辨率重建的基本概念

超分辨率，又称超分辨率重建，其概念是由 Tsai[30]首次提出的，他们将超分辨率定义为用低分辨率的图像重建出高分辨率的图像的技术。由于提升图像分辨率的过程是一个对已知信息进行扩展的过程，且其输出解不是唯一的，即超分辨率是一个高度不适定问题。根据所超分的低分辨率图像数量，超分辨率可以分为单图超分辨率（single image super-resolution，SISR）和多图超分辨率（multi-image super-resolution，MISR），而超分辨率的应用一般又分为图像超分辨率和视频超分辨率。图像超分辨率的目标一般是在保证图像真实性的前提下，尽可能优化图像细节，补充图像信息，提高图像的视觉观感和细腻程度。而视频超分辨率的特点是将超分辨率重建技术应用于连续的多个视频帧上，并可以利用视频帧的时序信息，优化超分辨率过程，其目标是在图像超分辨率的基础上，还需要保持超分后视频前后帧之间的连贯性和一致性。相比于多图超分辨率，单图超分辨率（图 3.1[31]）拥有更高的效率，因此图像超分辨率算法一般研究以单图超分辨率为主。视频超分辨率（图 3.2[32]）有同一场景连续多帧图像可以作为超分辨率参考，可以获得更高的超分辨率效果，因此视频超分辨率算法研究以多图超分辨率为主。

（a）真实数据　（b）双三次插值　（c）超分辨率残差网络　（d）超分辨率生成对抗网络

图 3.1　单图超分辨率

图像和视频超分辨率一直是计算机视觉的一个基础研究工作与经典问题，一直以来是计算机视觉的研究热点之一，近年来涌现了许多优秀的超分辨率技术。图像超分辨率通常基于单帧低分辨率输入进行分析得到一个高分辨率的输出。视频超分辨率可以看作图像超分辨率的一种特例。视频通常由连续帧组成，视频超分辨率可以采用单帧图像超分辨率的方式逐帧进行超分辨率，但这种简单的方法没有应用到视频的前后帧之间的关联即时序信息，容易导致画面抖动等问题。利用连续帧的时序信息可以辅助视频超分辨

图 3.2 视频超分辨率

图中展示了视频中一行像素随时间的连续变化情况

率，从而可以实现更佳的超分辨率效果。因此，更先进的算法往往综合利用视频的时空信息来进行超分辨率重建。

超分辨率的一种重要应用是恢复压缩后的低分辨率图像信息。在传输图像或视频前，为了提高传输效率，通常要对其做压缩处理。而超分辨率可将经过压缩处理的低分辨率图像作为算法的输入，尽可能恢复出原高分辨率图像。图像的压缩会使图像损失部分信息，进行超分辨率重建时，输入的图像已不包含原图像的所有信息，进而经过算法处理得到的输出高分辨率图像也仅根据剩余信息重建得到，该重建过程会产生伪影（artifacts），如何尽可能减少伪影是超分辨率重建的关键之一。

超分辨率重建对卫星视频的处理有着非常重要的意义。通常卫星拍摄视频的原文件很大，而地星传输的速度不能达到将完整视频发回地面的程度，因此必须在卫星端将视频先进行大倍率的压缩，然后再将压缩后的视频发回地面。压缩过程使得图像丢失大量信息，因此这些视频需要先经过有效的超分辨率重建得到高分辨率的视频，然后才能得到更有效的利用。

3.1.2 超分辨率重建的基本方法

在深度学习之前，传统上超分辨率方法可以分为三种类别，分别是基于插值、基于重建和基于学习的方法[33]。插值算法是其中最简单的算法，常用的插值算法有最近邻插值、双线性插值、双三次插值[34]等，但其超分辨率效果并不太好。基于重建和学习的超分辨率有效地提升了超分辨率的质量，其效果往往优于基于插值的超分辨率算法。伴随着深度学习发展的热潮，超分辨率算法的研究也迎来了重大突破，这类算法不仅在客观评价方面如峰值信噪比（peak signal to noise ratio，PSNR）、结构相似性（structural similarity，SSIM）上有了明显提升，在视觉上也有了较大的改观。

在图像超分辨率中，基于插值、重建和学习的方法都得到了广泛的研究和应用；在视频超分辨率中，基于学习的方法利用三维卷积等技术，可以有效学到视频在时间维度上的信息，得到过渡更流畅的视频超分辨率结果。后面内容会对超分辨率的主要方法做介绍。

3.1.3 超分辨率重建的应用

超分辨率重建技术有着极其广泛的应用场景，在数据传输、安防设备、卫星成像和医学影像等领域都有着重要的研究和应用价值。近年来，随着显示设备的分辨率迅速提升，城市安全监控领域快速发展，特别是短视频、视频通话需求持续上升，高分辨率、高质量的图像需求变得越来越强烈。但是由于网络传输瓶颈、存储限制、图像源质量低等原因，高分辨率的图像难以直接获得，而超分辨率重建技术可以提供相应的解决方案以弥补这些缺陷，提供更高质量的图像，进而有效提升用户体验。因此，超分辨率重建技术得以广泛研究和应用。

具体来说，超分辨率重建技术都是在一定的条件下，以提高图像质量为目的，突破各种硬件或者数据源图像分辨率的限制，通过一定的技术手段提供高分辨率、高品质的视频结果。针对不同的领域，超分辨率重建技术都有着广泛的需求，并且被广泛地应用。

1. 视频娱乐系统

随着显示设备的分辨率迅速提升和网络带宽的逐步提高，显示设备对视频片源的需求越来越高，由于片源质量和网络传输的限制，往往难以直接获得高清片源直接播放。为了解决这个问题，超分辨率重建技术通常被各大应用厂商广泛应用，进而改善视频娱乐系统的体验等。

2. 视频编解码

视频编码过程使用低分辨率的图像进行保存，然后在解码过程中引入超分辨率重建技术，可以有效减少编码使用的存储空间，有利于进行视频传输，有效降低网络传输负担。

3. 安防监控领域

随着城市现代化发展，城市安防对于城市安全的重要性与日俱增，城市监控系统是城市安防的一个重要组成部分。在实际视频监控中，由于监控摄像头本身硬件分辨率限制或者目标角度距离等原因，需要对目标图像进行放大重建，利用超分辨率重建技术可以提供有效的解决方案，提供更加优异、更加符合需求的视频质量。

4. 遥感图像增强

遥感卫星在高空拍摄图像时，通常由于资金、技术限制，或者成像条件等限制，无法直接获取高清遥感成像，因此为了获取更高清晰度的遥感成像，常在成像过程中采用超分辨率重建技术获取更高分辨率的成像结果，最大程度上优化成像效果，对于国防安全、农业生产都有着重要的作用。

5. 医学图像分析

医疗领域的疾病监测很大程度上都依赖于现代医疗成像系统，比如核磁共振成像、超声波成像等，医生通过对患者医疗影像进行分析判断，更全面地了解患者情况。但是出于硬件设备技术限制、成像角度影响，或者组织大小影响，直接依靠医学成像系统往往难以直接获得可以满足医疗诊断的高清图像，超分辨率重建技术可以有效解决这个问题，用于提高医疗图像的质量，帮助医生更好地诊断和治疗患者。

6. 移动设备成像

网络通信技术的发展带来了移动设备的迅速发展，人们对移动设备的拍照成像要求也越来越高，但是移动设备存在便捷性和低功耗等要求，在成像性能上往往无法与单反相机等设备抗衡，为了满足用户对于拍照的需求，超分辨率重建技术往往被厂商广泛采用，为用户提供物超所值的体验。

当然，超分辨率重建技术的应用还远不止以上这些，其有着广泛的应用前景。目前，现有最先进的视频超分辨率的深度学习方法已经可以达到不错的效果，但是目前要达到较好的效果需要设计复杂的网络结构、仍需较大的计算量[35]，容易导致计算设备资源消耗过多、设备卡顿、严重发热等现象，因此还无法应用到实际的有实时性要求的产品中。

3.1.4 国内外研究进展

下面将按照单图超分辨率和多图超分辨率两个部分对其国内外研究现状进行简要介绍。

1. 单图超分辨率研究进展

1）基于插值的单张图像超分辨率

基于插值的单张图像超分辨率是指使用插值方式直接估计未知像素点像素值，以此获取超分辨率得到的高分辨率图像，插值方式主要有双线性插值、双三次插值、Lanczos重采样[36]、非均匀插值[37]等。基于插值的方法从原理上看简单直接，而且效率高、速度快，但是超分的效果较差，容易产生伪影、模糊、振铃等现象，一般用其作为研究中的基线对比方法。

2）基于重建的单张图像超分辨率

基于重建的单张图像超分辨率是指利用先验知识限制潜在解空间，然后逆推求解出高分辨率图像。基于重建的方法主要有迭代反向投影（iterative back projection，IBP）[38]、梯度轮廓先验[39]、最大后验概率估计[40]等。基于重建的方法具有很高的灵活性，设计不同的退化模型，采用不同的先验知识，可以用于解释不同的图像降质过程，从而可以针对性地复原高分辨率图像，生成清晰的细节。但是随着放大倍数的提升，基于重建方法获得的高分辨率图像质量迅速下降，而且这类方法往往比较耗时，因此实际使用过程中有一定的局限性。

3）基于学习的单张图像超分辨率

基于学习的单张图像超分辨率指主要应用机器学习算法对低分辨率到高分辨率数

据对之间的映射关系进行统计和分析，并将学习到的这种关系应用于超分辨率过程中，从而达到超分辨率的效果。基于学习的方法种类也比较多，主要有基于马尔可夫随机场的方法[41]、基于随机森林的方法[42]、基于稀疏编码（sparse coding）的方法[43]等。这些方法还可以结合基于重建的方法进一步减少伪影，而且这类方法效果较好，拥有比较快的运算速度，因此研究和应用比较广泛。特别是随着深度学习的发展，基于深度学习的超分辨率方法[44-51]极大地超越了基于插值的方法和基于重建的方法，获得了极大的成功，是目前效果最佳的超分辨率方案。

2. 多图超分辨率研究进展

与单图超分辨率重建算法研究不同，多图超分辨率重建算法使用更多的低分辨率图像作为算法计算过程中的参考图像，这些低分辨率参考图像通常是视频序列，一般是由同一时刻在多个角度由多个摄像机对同一个场景拍摄得到的序列图像或者同一个场景在一段时间内连续拍摄得到的序列图像组成的。多图超分辨率重建算法通常是在单图超分辨率的方法基础上，添加多图特征融合等技术，充分利用多个角度或者序列信息辅助超分辨率，从而达到更优的超分辨率效果。

多图超分辨率重建算法多用于视频超分辨率，在视频超分辨率过程中，将前后序列看作辅助帧，对当前帧进行超分辨率，使用合适的算法可以获得更优的复原效果。因此在视频超分辨率的过程中，充分利用这些前后帧的冗余信息对更好地提升视频超分辨率效果具有至关重要的作用。传统视频超分辨率算法，按照观测模型的不同，主要可以分为两类：基于频域的方法和基于空域的方法。

基于频域方法的观测模型主要是基于傅里叶变换的移位特性[52]。频域法视频超分辨率理论比较简单，运算的复杂度较低，可以并行处理，不过这类方法只能适用于降质模型为全局平移运动和线性空间不变的情形当中，因此算法包含空域先验知识能力有限，存在一定的局限性。

基于空域方法的观测模型主要涉及全局和局部运动、帧内运动模糊、空间变化点扩展函数、压缩伪像、光学模糊、非理想亚采样等，具有很强的包含空域先验约束能力，应用范围更广，因此研究更广泛，是视频超分辨率的主流方法。基于空域方法的超分辨率模型采用的空域法主要有非均匀插值[53-54]、迭代反投影方法[55]、凸集投影法[56-57]、滤波器法[58-59]、最大后验估计法[40,60]、最大似然估计法[61]等。

近年来，随着深度学习的兴起，视频超分辨率领域同样得到了蓬勃发展。区别于单图超分辨率深度学习算法，视频超分辨率通常会引入视频帧对齐、融合操作[32,48]，或者使用循环结构处理帧间信息[62-63]，不断刷新视频超分辨率的超分效果。但是这些方法的结构越来越复杂，计算复杂度也越来越高，难以应用到实际场景当中，制约了视频超分辨率的应用。另外，二维卷积变换为三维卷积，可以直接赋予深度学习网络学习时空信息特征，简单直接地对视频数据进行超分辨率，但是直接使用三维卷积会导致计算量极剧增大，导致算法运行速度低下，降低超分辨率的效率。

3.2 视频卫星超分辨率重建难点

目前，传统的视频卫星超分辨率重建仍有诸多难点尚未攻克，如算法执行效率低、在视频的细节和纹理恢复上仍不能达到很好的水平。而卫星视频具有的如图像尺寸大等特点，使得视频卫星的超分辨率重建又有着比普通视频超分辨率重建更多的难点。诸如视频卫星平台高、地面成像环境复杂和目标地物信息微弱等特点，使得传统视频处理方式难以应对卫星视频具有的“大数据，小信息”的矛盾。本节将对视频卫星超分辨率重建的现有难点进行剖析。

3.2.1 重建效率低下

由于超分辨率重建是对原视频分辨率进行扩充的过程，其计算量与视频的尺寸直接相关。视频尺寸越大、帧数越多，超分辨率重建需要的时间也就越长。通常，用于重建的低分辨率视频的宽度和高度一般仅在数百像素或数十像素。相比之下，由于卫星是在高空拍摄的，本身距离拍摄物就很远，为了同时能够清晰地拍摄到地面的细节，卫星需要拍摄基础分辨率很高的视频，以尽可能细腻地获取信息。因此卫星视频的图像尺寸很大，其采样分辨率可达到亿级像素，以 25 帧/s 实时采样估计，数据率将达到 60 Gbit/s。图 3.3 显示的为加拿大温哥华海港数据集的一帧，是从卫星视频整体中裁剪出的部分区域，其拍摄的地理跨度较一般视频而言是巨大的。这样的输入视频大小会给传统的超分辨率重建方法造成巨大的压力，使算法运行时间大大增加，重建时间延长，导致重建效率低下，更难以达到实时超分辨率的效果。

图 3.3 加拿大温哥华海港数据集的一帧

3.2.2 细节重建质量低

在传统的超分辨率重建中，视频细节和纹理的恢复一直是研究的重点。只有将视频中物体的边缘等细节尽可能真实地恢复，才能获得更细腻的视觉体验，也便于从视频中挖掘更多有用的信息，方便利用视频进行目标跟踪等操作。

卫星视频的拍摄环境复杂，且受到众多因素干扰，成像质量比一般视频低，使得卫星视频细节的恢复更加困难。卫星视频图像与一般视频相比更加模糊，物体边缘锐度更低，物体的特征也更少，图像整体的相似度更高。因为卫星是在高空拍摄，所以其受到光照因素的影响也更大，光照影响的具体体现如图 3.4 所示。倘若遇到大气层扰动，拍出的视频会更加模糊；海浪、云团等复杂的自然环境因素也会对卫星视频成像产生干扰。

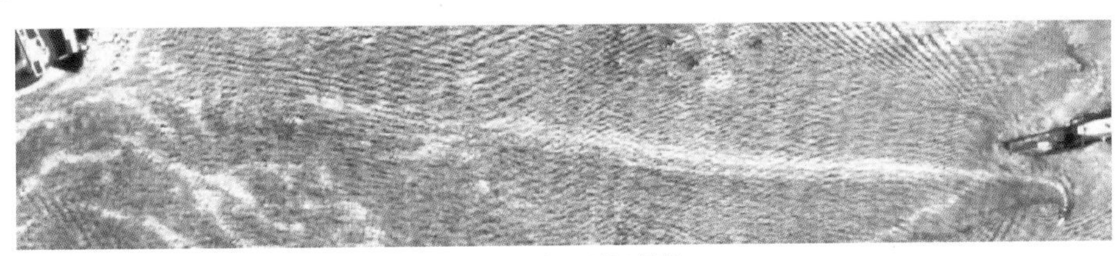

（a）正常卫星视频帧

（b）受光照影响的卫星视频帧

图 3.4 光照因素对视频卫星的影响

在视频传输方面，虽然视频卫星数据率可达到 60 Gbit/s，但卫星通信信道的带宽通常只达到百兆比特每秒的数量级，而且视频卫星只有进入建有卫星地面接收站的上空才能回传数据，其他时段只能将压缩视频暂存，折算到连续视频传输的带宽也只能在 Mbit/s 级别，因此星载通信系统需要对卫星视频进行大尺度压缩才能满足视频的回传要求，这进一步降低了卫星视频的质量。

此外，虽然卫星视频的整体分辨率很高，但与其拍摄的广大地理跨度相比，其空间分辨率反而相对较低。诸如超远距离拍摄、传感器噪声、卫星和地面的相对运动都会导致卫星视频的空间分辨率降低及图像的退化降质。更为特别的是，视频卫星拍摄的是连续动态视频，为提高时间分辨率，相比于传统遥感卫星，光学成像系统牺牲了空间分辨率，客观上降低了像素的稠密度，使得单个目标的特征更加不明显。以美国正在发展的“莫尔纹”项目视频卫星为例，地面分辨率是 1 m，但高分辨率侦察卫星 KH-11 的分辨率早已达到 0.1 m。综上所述，卫星视频的种种限制造成了其模糊效应，损失了很多纹理结构的信息，造成物体表观属性视觉区分度下降，给目标的提取和匹配带来困难，想要根据卫星视频确认目标并进行目标跟踪更是难上加难，必须经过有效的超分辨率重建才能使跟踪更加高效与精准。但卫星视频本身线条边缘就很模糊，再加上一般拍摄的同一场景的色彩对比不够鲜明，从而很难从卫星视频中提取出用于超分辨率的有效特征，因此重建后的视频往往也不够清晰，锐度远不如对应的高分辨率卫星视频。如何设计出针对视频卫星超分辨率重建的有效算法以提升重建视频的细节质量，是卫星视频处理领域的主要问题。图 3.5 为超分辨率重建前后的卫星视频，从两张图的对比既可以看出对卫星视频进行超分辨率重建的重要性，又体现了目前的超分辨率重建对于细节处理的效果仍待提升。

（a）原始卫星视频图像　　（b）重建图像

图 3.5　卫星视频超分辨率重建前后对比

3.2.3　基于学习的超分辨率重建存在的问题

图像视频的超分辨率重建技术经历了插值、重建、学习三个发展阶段，其中近年来发展的基于稀疏字典学习[43]的超分辨率重建技术是公认的最有发展前景的技术。稀疏表达认为图像块能够被一个合适的过完备字典稀疏地线性表示，对输入低分辨率图像块在低分辨率字典上进行稀疏投影，基于高低分辨率图像块流形空间的一致性假设，将低维系数映射到对应的高分辨率字典，合成出高分辨率图像块。然而，由于高低维流形结构存在固有的不一致性，且图像传感器处于复杂的摄像环境、不确定的光照条件和恶劣气候条件下时，成像过程会受到器件性能、光照变化、大气散射、目标运动、压缩失真等多重复杂因素的影响，这些因素严重削弱了图像高低维流形空间的一致性，造成高低分辨率字典投影系数间存在较大差异，因此将低分辨率稀疏系数直接作用于目标的高分辨率重建的简单处理方式，会导致合成的高分辨率图像的自然度、保真度存在较大的感知失真。这一问题产生的根源在于稀疏域高低维流形空间的一致性表示存在巨大的挑战。在字典训练过程中，卫星图像间随时间周期变化的多模态转化特性还容易导致字典尺寸过大、学习时间过长和表达不紧致等问题。

基于稀疏字典学习的超分辨率属于基于学习的超分辨率重建技术，目前基于学习的超分辨率重建技术主要针对单幅图像，将其推广到连续视频的超分辨率重建将面临多帧整体性稀疏表达困难、高低维字典的投影一致性难以保证、字典学习高度依赖环境等问题。

现实中，部分视觉监控场合拍摄的低分辨率图像，存在天然的伴生高分辨率图像，如果将伴生的高分辨率图像视为监督信息，则有可能利用相同环境下现存的高低分辨率图像对反演出环境依赖（光照、距离）的成像退化模型，从而指导目标观察图像的超分辨率病态逆问题的求解。

例如，“吉林一号”包含光学A星（1颗）、技术验证星（1颗）、视频星（2颗）3种卫星。“吉林一号”工作时会同时拍摄同一场景的高分辨率的光学星静态影像（地面分辨率0.7 m）和视频星动态视频，时域上欠连贯的光学星的空间分辨率高于视频星。因此，“吉林一号”摄像系统天然上存在伴随的高分辨率图像，得以构成高分辨率光学卫星/低分辨率视频卫星的影像对，这为高分辨率伴生影像监督下的低分辨率动态视频的超分辨率带来契机。

此外，采用基于学习的方法进行卫星视频超分前，需要根据不同卫星视频的画质特点，对相应的神经网络等进行有针对性地训练，才能使网络在该类视频超分上有较好的效果。训练过程包括寻找合适的数据集、数据预处理、网络训练等过程，整个过程较为烦琐。并且有些基于学习的超分方法鲁棒性不强，导致用于超分的卫星视频的画面特征必须与训练所用数据高度匹配，否则其生成的超分卫星视频就会存在大量伪影。因此，针对性选取超分算法和训练网络是采用基于学习的超分辨率重建方法时不可轻视的关键步骤。

目前视频卫星超分辨率重建的技术尚不够成熟，主要存在重建效率低、细节难恢复、学习时间长、网络难训练和图像感知失真等问题。基于目前视频卫星超分辨率重建存在的以上问题，希望能通过改进现有算法或提出新的思路，以期达到提升视频卫星动态影像的空间分辨率和观测目标的清晰度，重点提高局部高价值目标的分辨率，使得利用视频卫星进行目标监视或跟踪时，目标的细节信息更丰富、活动对象轮廓更清晰，显著提升卫星影像高精度解译效率和视觉大数据深度分析利用的效能，从而最大限度地提升视频卫星包含的信息量和信息价值。

3.3 视频卫星超分辨率重建的关键技术

为了了解评价视频卫星超分辨率重建方法优劣的标准，本节首先介绍主流的图像质量评价标准。然后，介绍两种基于插值的超分辨率算法，分别为最近邻插值算法和双三次插值算法。这些算法原理简单且通用性很强，既可用于图像超分辨率，又可直接作用于视频的单帧图像，以实现视频超分辨率。学习基于插值的方法有利于初步了解超分辨率的原理。同时，插值算法不仅可以用于图像上采样，还可用于下采样，利用高分辨率图像生成低分辨率图像以用于网络训练等。最后介绍4种基于学习的超分辨率算法，分别为超分辨率卷积神经网络[64]、超分辨率生成式对抗网络[31]、快速时空残差网络[65]和快速时空残差注意力网络[65]。其中，超分辨率卷积神经网络和超分辨率生成式对抗网络在提出时都是针对单图超分辨率算法的研究，但也可用于对视频帧逐一作单图超分辨率以实现视频超分；而快速时空残差网络和快速时空残差注意力网络是两种专用于视频超分辨率的模型。以上模型采用训练神经网络的方法来达到超分辨率的目的，其中超分辨率卷积神经网络是利用卷积神经网络进行单图超分辨率的开山之作，超分辨率生成式对抗网络利用生成对抗网络的原理，训练出能够生成在视觉效果上达到照片级真实效果的输出图像的网络。快速时空残差网络和快速时空残差注意力网络是两种专用于视频超分辨率的学习方法，它们更好地学习了视频的时序信息，其超分辨率效果优于一众先进的单图和多图超分辨率算法。

3.3.1 图像质量评价

要想得知各种超分辨率重建方法的效果，就要先了解图像质量评价的主流标准。图像质量作为图像在视觉感知的主要评价属性，其重点在于人类观看者对图像的感知评估程度。一般来说，图像质量评价（image quality assessment，IQA）方法通过评价方式的不同可以分为两大类：基于观察者的感知评价的主观方法和基于自动预测图像质量的计算模型的客观方法。然而，由于客观方法难以准确表达出人类视觉感知过程，这会导致主观方法和客观方法存在一定的差异，主观方法和客观方法评价方式得到的评价值不一定是一致的。具体来说，主观方法基于观测者对图像的判断，一般更符合人类的需求，但是这类方法不方便使用，与主观判断关系较大、耗时较多，难以交予计算机批量化处理，因此主流 IQA 方法都采用的是客观评价方法。客观评价方法可主要分为三种类型[66]：基于假定理想参考图像进行评估的全参考方法、基于图像特征之间进行比较的部分参考方法和无参考方法。本小节将对较常见的几类图像质量评价方法进行简要介绍。

1. 峰值信噪比

峰值信噪比（PSNR）是一种常见的用于衡量图像有损变换之后的图像质量的方法。PSNR 根据可能的最大像素值（L）和图像间的均方误差计算得到的，假设参照图为 I，重建得到的图像为 $\hat{I}$，两张图片都有 N 个像素点，那么均方误差（mean squared error，MSE）计算公式为

$$\mathrm{MSE}=\frac{1}{N}\sum_{i=1}^{N}[I(i)-\hat{I}(i)]^2 \tag{3.1}$$

式中：$I(i)$ 为参照图 I 的第 i 个像素；$\hat{I}(i)$ 为重建得到的图像的第 i 个像素。那么 PSNR 的计算公式为

$$\mathrm{PSNR}=10\lg\left(\frac{L^2}{\mathrm{MSE}}\right) \tag{3.2}$$

对于一般使用 8 bit 存储的图像来说，L 为 255，那么 PSNR 的值就只与相同位置的像素之间的 MSE 相关，也就是说 PSNR 仅会关注相同位置的像素值之间的差异，而不是人类的视觉感知，这导致 PSNR 这一衡量指标不能很好地反映超分辨率图像质量。但出于文献之间进行比较难以获得准确的感知指标，PSNR 是目前应用最广泛的超分辨率模型评价标准之一。

2. 结构相似性指数

由于人类视觉系统擅长从视野中提取结构信息，基于图像之间亮度（luminance）、对比度（contrast）和结构（structure）这三个相对独立的方面进行比较，提出了结构相似性指数（SSIM）[66]。对于图像 I，假设其具有 N 个像素点，那么图像的亮度 μ_I 和对比度 σ_I 可以分别估计为图像强度的均值和标准差：

$$\mu_I=\frac{1}{N}\sum_{i=1}^{N}I(i) \tag{3.3}$$

$$\sigma_I=\left(\frac{1}{N-1}\sum_{i=1}^{N}(I(i)-\mu_I)^2\right)^{\frac{1}{2}} \tag{3.4}$$

式中：$I(i)$ 为图像 I 的第 i 个像素的光强度（intensity）。参照图 I，重建图像 $\hat{I}$ 之间的亮度对比函数 $c_l(I,\hat{I})$ 和对比度 $c_c(I,\hat{I})$ 可以表示为

$$c_l(I,\hat{I})=\frac{2\mu_I\mu_{\hat{I}}+C_1}{\mu_I^2+\mu_{\hat{I}}^2+C_1} \tag{3.5}$$

$$c_c(I,\hat{I})=\frac{2\sigma_I\sigma_{\hat{I}}+C_2}{\sigma_I^2+\sigma_{\hat{I}}^2+C_2} \tag{3.6}$$

式中：$C_1=(k_1L)^2$ 和 $C_2=(k_2L)^2$ 均为维持稳定的常数；k_1 和 k_2 为小常数，且 $k_1\ll1$ 和 $k_2\ll1$；L 为最大可能像素值；$\mu_{\hat{I}}$ 为重建图像的亮度；$\sigma_{\hat{I}}$ 为重建图像的对比度；图像结构用归一化的像素值表示，也就是 $(I-\mu_I)/\sigma_I$ 和 $(\hat{I}-\mu_{\hat{I}})/\sigma_{\hat{I}}$，两者之间的相关性（内积）也就可以表示结构相似性，相当于参照图 I 和重建图像 $\hat{I}$ 之间的相关系数，因此结构对比函数 $c_S(I,\hat{I})$ 可以表示为

$$\sigma_{I\hat{I}}=\frac{1}{N-1}\sum_{i=1}^{N}[I(i)-\mu_I][\hat{I}(i)-\mu_{\hat{I}}] \tag{3.7}$$

$$c_S(I,\hat{I})=\frac{\sigma_{I\hat{I}}+C_3}{\sigma_I\sigma_{\hat{I}}+C_3} \tag{3.8}$$

式中：$\sigma_{I\hat{I}}$ 为协方差；C_3 为用于维持稳定的常数。最终，SSIM 可以表示为

$$\text{SSIM}(I,\hat{I})=[c_l(I,\hat{I})]^{\alpha}[c_c(I,\hat{I})]^{\beta}[c_S(I,\hat{I})]^{\gamma} \tag{3.9}$$

式中：α、β 和 γ 分别为用来调整三者权重的控制参数。实际使用中，一般取值为 $\alpha=\beta=\gamma=1$、$C_3=C_2/2$，所以，SSIM 一般可以具体表示为

$$\text{SSIM}(I,\hat{I})=\frac{(2\mu_I\mu_{\hat{I}}+C_1)(\sigma_{I\hat{I}}+C_2)}{(\mu_I^2+\mu_{\hat{I}}^2+C_1)(\sigma_I^2+\sigma_{\hat{I}}^2+C_2)} \tag{3.10}$$

可以看出 SSIM 取值范围为 0～1，当重建图与参考图完全一致时 SSIM 取得最大值 1。SSIM 从人类视觉感知方面对重建图像进行评价，更能满足感知评估的需求，因此同样被广泛地使用。

进一步地，由于图像的统计特征不均匀分布等原因，局部评估图像质量比全局评估更加可靠，在 SSIM 基础上还可以提出一些改进评价方式。比如平均结构相似度（mean structural similarity，MSSIM）[66]将图像分成多个窗口，对每个窗口求其 SSIM，最后将它们求均值作为评价图像的 MSSIM 值；多尺度结构相似性（multiscale-SSIM，MS-SSIM）[67]结合原始图像宽高以 2^{m-1}（m 为图像下采样的最大尺度）为因子缩小的多个 SSIM 取均值作为 MS-SSIM 取值。

3. 平均主观意见分

平均主观意见分（mean opinion score，MOS）测试是一种比较常见的主观图像质量评价方法。该方法由多个人类评分者对测试图像质量进行打分，通常分数区间从 1（最差）到 5（最优），再取均值作为 MOS 取值。MOS 存在一些固有缺陷，比如非线性感知尺度、评价标准存在偏差、不同的评分者的主观意识差异等，这些都会影响 MOS 的最

终取值，好在当评分者数量足够大时，MOS 仍然为一种可靠的图像质量评价方法，可以满足对图像质量评价的需求。而且，在实际中常见的客观图像质量评价方法往往与人类对图像质量的评价存在较大偏差，对于算法的性能评估存在较大影响，比如常见的使用 GAN 模型超分辨率方法[31]，其得到的 PSNR 和 SSIM 往往较低，但是图像质量对于人类观测者来说更加优异，因此 MOS 也得到广泛认可和应用。此外，若样本数较少，可以通过合理的统计方法消除不同评分者的不同评分基准造成的干扰，提高数据的可靠性。

3.3.2 残差块与残差网络

深度学习在众多图像处理工作中扮演着不可或缺的角色，而残差块和残差网络就是使深度学习得以发展壮大的重要技术。SRCNN 模型的卷积神经网络仅有 3 层，这种网络结构在当今的深度学习网络中是规模很小的。在之后的研究中，人们发现更深的网络往往能提取更高层次的图像信息，提供更优的性能，因此加深网络成为模型改进的关键方法。但深层次的网络也使网络的训练和运行时间大大延长。当时著名的深度模型 VGG 网络[68]也只达到了 19 层。但是现在可以轻松地搭建并运行几百层甚至几千层的神经网络，这主要得益于残差块（residual blocks）及残差网络（ResNet）[69]的发展。后文将要提出的三种超分辨率的基于学习的方法，都采用了残差块或残差网络。因此本小节，首先对残差块与残差网络做简要介绍。

首先仅加深网络并不一定意味着更优的网络性能。如果单纯通过堆叠网络层来加深网络，很容易导致“退化”问题，即随着网络加深，网络的性能（如图像识别网络的准确度）趋于饱和并迅速下降。然而这个现象并不是因为网络产生了过拟合。图3.6[69]展示了退化现象，该图描述了未引入残差块的普通 20 层网络和 56 层网络在 CIFAR-10 图像分类数据集上的误差，其中 56 层的网络有着更高的训练和测试误差。

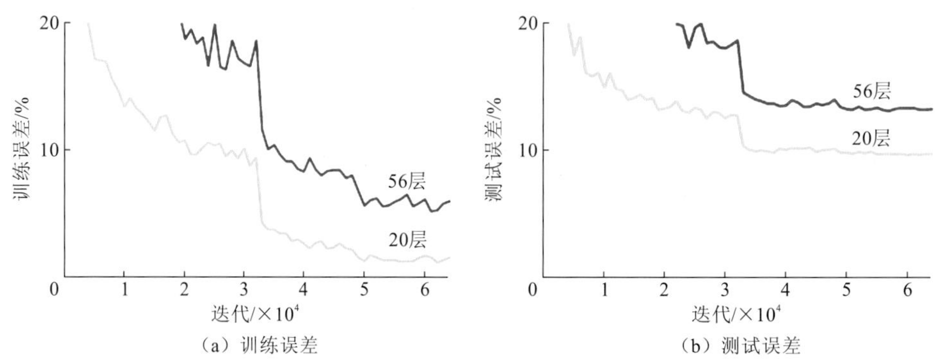

图 3.6 普通 20 层和 56 层堆叠网络在 CIFAR-10 数据集上的训练误差和测试误差

56 层的网络比 20 层的网络有着更高的训练误差和测试误差

解决这种退化问题的一种有效思路是，令在原本较浅的网络基础上增加的网络层学习到的映射为恒等映射 $H(x)=x$。例如，上例中的 56 层网络的后 36 层均为恒等映射时，该网络就等同于仅有前 20 层网络。这样就可以保证更深的网络的性能不差于较浅的网络。但是，普通的网络结构中的网络层往往表示某种非线性映射，它难以拟合为恒等映射。这样，问题就转化为如何拟合网络层为恒等映射的问题，也就可以以此为思路，引入一种深度残差学习框架。图 3.7[69]为一个残差块的结构，它与普通的网络结构的区别在于，残差块将其输入直接连接到输出上，即将输入 x 直接加在网络层的输出 $F(x)$ 上，使残差块的输出表示为 $F(x)+x$，这种连接方法称为“捷径连接”（shortcut connections）[70-72]，它可以跳过一个或几个网络层，将输入直接加在这些层的后面。这种结构既没有增加参数，又没有增加计算复杂度。这样，为了使残差块的输出为 $H(x)$，只需让 $F(x)=H(x)-x$，即可实现期望的恒等映射的效果。而这种 $F(x)$ 大大降低了拟合难度，使网络易于训练。在最优情况下，只需拟合为 $F(x)=0$，即让网络层的权重拟合至趋近于 0，就可以得到表示恒等映射的残差块。当期望得到的映射 $H(x)$ 为其他函数时，若 $F(x)=H(x)-x$ 相较于 $H(x)$ 更容易拟合，这种残差结构也同样适用。因此，残差结构相当于对网络层做了预先处理，使得当待拟合的最优函数接近恒等映射时，能够更高效地训练网络。

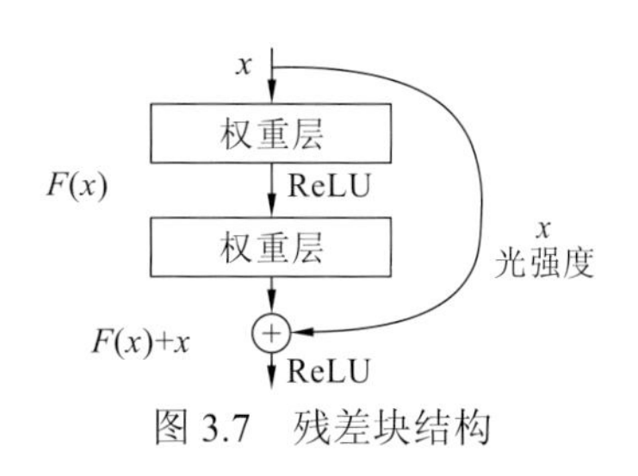

图 3.7 残差块结构

根据上述结构，可将一般的残差结构定义为

$$y=F(x,\{W_i\})+x \tag{3.11}$$

式中：x 和 y 分别为残差结构的输入和输出；函数 $F(x,\{W_i\})$ 为待学习的残差映射，W_i 为残差结构网络的权重。在图 3.7 的残差块中，该函数特定地表示为

$$F(x)=W_2\sigma(W_1x) \tag{3.12}$$

式中：σ 为线性整流函数（rectified linear unit，ReLU）[73]；W_1，W_2 分别为第一个和第二个网络层的权重，这里为简洁而省略了偏差项；$F+x$ 为元素级（element-wise）加法。如果 F 和 x 的维度不一致，还可以在做捷径连接时，在 x 上做线性映射 W_S，以获得正确的维度，此时对应的表达式为

$$y=F(x,\{W_i\})+W_Sx \tag{3.13}$$

在卷积神经网络中，这种残差结构可用于跳过多个卷积层，而元素级加法也变成在两个特征图上做逐通道的元素相加。

典型的残差网络如 ResNet-34[69]就是通过将多个残差块连接，从而构建出达到 34 层的深度卷积神经网络。残差块和残差网络的出现可以构建更深的网络，大大提升了网络的性能，且一定程度上降低了网络训练的难度，因而得到了广泛应用。后文中三种超分辨率模型均利用了残差块或残差网络的结构，在超分辨率效果上实现了突破。

3.3.3 最近邻插值

最近邻插值（nearest neighbor interpolation，NNI）是超分辨率方法中一种最简单直观的插值算法，也称作零阶插值。它不仅可以用在普通数列的插值中，还可用在二维数据或三维数据如图像的插值中。它的插值目标是单帧图像。以灰度图像为例，最近邻插值算法的思想是，在将低分辨率图像扩展到高分辨率图像时，新的像素点的灰度值直接赋值为与其距离最近的低分辨率图像中的像素点灰度值。这种方法在算法实现上也简单易行，且处理速度很快。但简单的思想导致插值效果不够理想。由于其只是简单地采用复制灰度值的方法来实现，这只能实现图像尺寸的扩大，并不利于恢复纹理细节，且会造成插值后的图像有锯齿，视觉效果不佳。

根据最近邻插值算法的简单“复制值”的原理，低分辨率图像的每个像素点对插值后图像的几个点“负责”，将自己的值赋给这些点以实现插值。那么，只需根据超分图像每个像素点的坐标求出对其负责的低分辨率图像的点坐标，即可确认该像素点的灰度值。如果低分辨率图像的尺寸为 srcWidth×srcHeight，需要输出的高分辨率图像的尺寸为 dstWidth×dstHeight，则超分图像坐标为(dst$X$, dst$Y$)的像素点对应于低分辨率图像的像素点坐标(src$X$, src$Y$)的计算公式为

$$\text{src}\,X = \text{dst}X \times \left(\frac{\text{srcWidth}}{\text{dstWidth}}\right) \tag{3.14}$$

$$\text{src}\,Y = \text{dst}Y \times \left(\frac{\text{srcHeight}}{\text{dstHeight}}\right) \tag{3.15}$$

其中，若计算得到的 src$X$ 和 src$Y$ 为小数，则通过四舍五入或直接向下取整来转化为整数。理论上在最近邻插值中，四舍五入得到的结果更接近真实情况，因为四舍五入可以取到真正的“最近邻”。

对卫星视频局部进行八倍最近邻插值，如图 3.8 所示，为方便对比已缩放为相同大小。

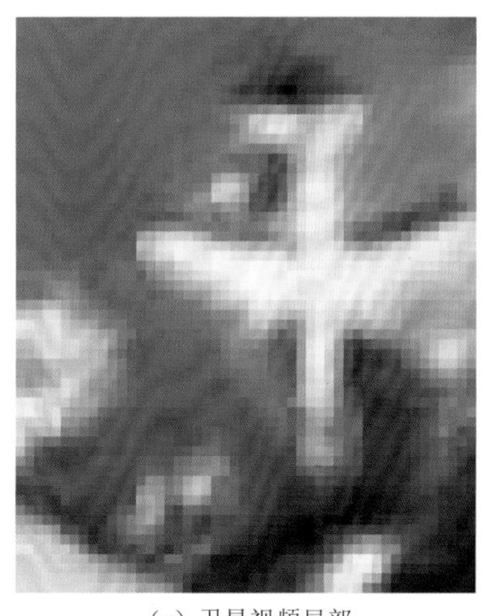

（a）卫星视频局部

（b）八倍最近邻插值结果

图 3.8　卫星视频局部和八倍最近邻插值的输出

从以上插值过程中可知，最近邻插值在对视频进行超分辨率时，只能在单帧图像上进行处理，无法利用视频连续的时空信息。且这种简单粗暴的插值方法可能使生成的图像包含许多灰度值相同的小方块，从而产生明显的锯齿效应，视觉效果不佳。这在超分倍数较高时尤为明显。最近邻插值也没有充分利用空间信息对图像缺失的部分进行有效预测，未对丢失的信息进行补充。综上，尽管最近邻插值有着简单、直观、快速的优点，但在实际超分辨率时，很少使用这种方法。

3.3.4　双三次插值

双三次插值（bicubic interpolation）[34]又叫双立方插值，是单帧图像超分的一种常用算法，也是数值分析在二维空间中常用的插值方法之一。双三次插值是在双线性插值的

基础上进一步改进得到的，它将基函数提升为三次函数，即用到两个三次多项式，分别对应 x 轴和 y 轴方向。双三次插值的基函数是连续的，它的一阶偏导数连续，且交叉导数处处连续。其插值效果相较于最近邻插值和双线性插值更加平滑真实。但在与大部分基于学习的超分算法比较时，双三次插值恢复的画面细节仍不够丰富、细腻，因此在超分辨率时，人们常常将双三次插值作为用于对比的基准方法，以及用于图像的下采样。

双三次插值时，输出超分图像中的每一个像素点由低分辨率图像中的 16 个点负责。利用双三次插值的基函数，可以分别求出这 16 个像素点的权重，最终超分图像像素点的值即为对应的 16 个点的加权和。因此，在求目标图像位于(dst$X$, dst$Y$)的像素点的灰度值时，需要将其对应到低分辨率图像中距离对应点(src$X$, src$Y$)最近的 4×4 共 16 个点上进行计算，这些点表示为 $a_{ij}(i,j=0,1,2,3)$，接下来分别计算这些点的权重。

双三次插值中像素的权重可表示为

$$W(x)=\begin{cases}(a+2)|x|^3-(a+3)|x|^2+1, & |x|\leqslant 1\\ a|x|^3-5a|x|^2+8a|x|-4a, & 1<|x|<2\\ 0, & \text{其他}\end{cases} \tag{3.16}$$

式中：x 为距离，这会在本节下文详细解释；a 为参数，取−0.5 时可以达到较好的效果，此时该函数的形状如图 3.9 所示。

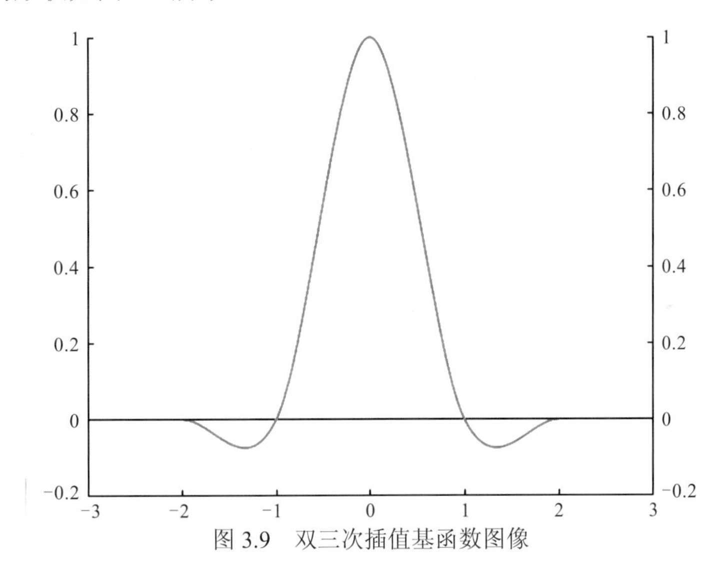

图 3.9　双三次插值基函数图像

因此，只需将 16 个点分别用式（3.16）求出其权重，即可根据它们的值来求得目标点的值。由于此函数是一维的，而每个点应在 x 轴和 y 轴方向上都有其贡献值，需要对每个点在 x 轴和 y 轴方向上分别求一个权重，将两权重相乘的结果作为其最终的总权重。综上，目标点的值可表示为

$$f(x+u,y+v)=\sum_{i=0}^{3}\sum_{j=0}^{3}a_{ij}W_{xi}W_{yj} \tag{3.17}$$

式中：设(src$X$, src$Y$)可表示为 $P(x+u,y+v)$；其中 x 和 y 为整数部分，u 和 v 为小数部分。16 个点对应 4 个横坐标，分别为 $x-1$、x、$x+1$ 和 $x+2$，纵坐标分别为 $y-1$、y、$y+1$ 和 $y+2$。这里以 x 方向为例进行分析，y 轴方向同理。这些横坐标与 $x+u$ 的距离分别为

$1+u$、u、$1-u$ 和 $2-u$，该距离就是 $W(x)$ 中 x 的取值，即表示这 16 个点在 x 轴方向上与 P 点的距离。代入计算即得各点在 x 轴方向上的权重 W_{xi}。同理在 y 轴方向也计算出 4 个权重 W_{yj}，则像素点 a_{ij} 对目标点的贡献可表示为 $a_{ij}W_{xi}W_{yj}$，再将 16 个点的贡献相加即得到目标点的值。

双三次插值相较于最近邻插值考虑了更多的临近点，使其在恢复出的图像过渡更加平滑，锯齿效应低，因此也被广泛应用于图像处理软件、打印机驱动程序和数码相机中，用于对原图像进行尺寸上的放大，以达到增大打印面积等目的。使用双三次插值进行超分辨率重建的效果如图 3.10 所示，其超分质量与最近邻插值相比有明显提高。

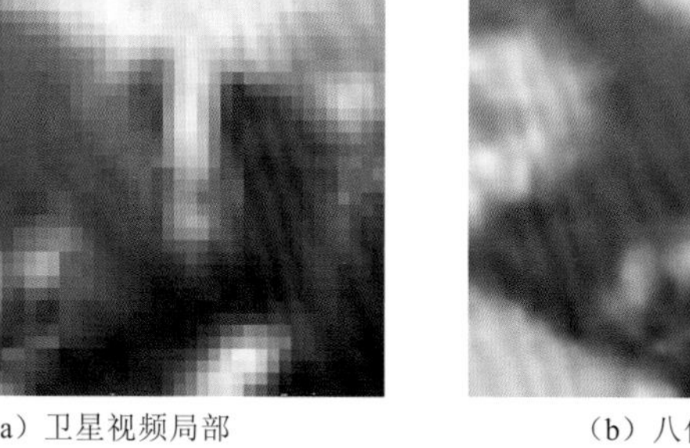

（a）卫星视频局部　　　　（b）八倍双三次插值结果

图 3.10　卫星视频局部和八倍双三次插值的输出

尽管如此，双三次插值在对高清图像重建时，其输出仍与原图片有着较大差距，通常表现为图像较为模糊、平滑。为了实现进一步突破，人们就将视线放到了神经网络上，希望能得到更优异的超分辨率重建性能。

3.3.5　超分辨率卷积神经网络

深度学习作为近年来人工智能中最热门的领域之一，为计算机视觉、语音识别、自然语言处理等各个领域都带来了巨大的突破。超分辨率同样受益于深度学习的发展，在近年来得到了广泛研究和持续突破。接下来，针对近年来主流图像和视频超分辨率深度学习方法进行讲解。

1. 模型简介

超分辨率卷积神经网络（super-resolution convolutional neural network，SRCNN）[64] 是最早用于图像超分辨率的深度学习方法，即使用卷积神经网络进行单图超分辨率的开山之作。其结构为一个三层深度全卷积网络。SRCNN 以低分辨率图像作为输入，用端对端的方式学习低分辨率和高分辨率图像之间的非线性映射关系，然后输出高分辨率图像。SRCNN 结构非常简单直接，主要由三层卷积网络组成，第一层用于特征提取，获取由输入图像提取得到的特征图，第二层卷积网络对特征进行非线性变换，将输入特征转换到高维特征向量，最后将得到的特征图使用最后一层卷积网络转换为目标超分辨率图像。SRCNN 使用网络生成的超分辨率图像和高分辨率图像之间的 MSE 作为网络优化函数，通过网络训练对 MSE 最小化，最后得到的网络参数即用来预测超分辨率的网络参数，这种简单直接的方式获得了当时最优的超分辨率算法结果，由此带来了超分辨率深度学习方法的蓬勃发展。

在 SRCNN 之前，主流的单图超分辨率方法采用基于样例的方法[74]，需要利用许多先验信息。这些方法或者挖掘图像内部的相似性[75-79]，或者从高低分辨率的图像对中学习一个用于超分辨率的映射函数[42-43,79-89]。这些方法中，基于稀疏编码的方法[43,89]应用较广泛，它的思想是，先从图像中密集截取图像块并预处理，然后用低分辨率字典对这些图像块编码，再将这些稀疏系数传入高分辨率字典中，获得高分辨率图像块，最后整合高分辨率图像块来得到超分辨率的输出图像。该方法的整个过程可用一个由分离的步骤组合而成的流水线来表示，但其中许多步骤没有得到很好的优化。

Dong 等[64]发现，上述方法的流水线过程等同于一个深度卷积神经网络，其流水线各级可转化为统一的隐藏层表示。且神经网络可直接进行端到端的超分辨率学习，极大减少了预处理和后处理过程，其优化过程也是对网络进行的整体优化，克服了基于稀疏编码等方法的缺点。基于上述发现，Dong 等[64]设计出单图超分辨率的卷积神经网络 SRCNN。

SRCNN 具有以下优点。

（1）网络结构简洁、超分辨率效果优越。

（2）网络采用的滤波器数和网络的层数适中，且网络是完全前馈的，使用时无须解决优化问题，因此算法执行速度快，在 CPU 上也可达到较快的超分辨率速度。

（3）仅通过使用更大、更多样化的数据集进行训练，以及采用更深的网络进行优化，可以有效提升 SRCNN 的超分辨率效果。

（4）可同时对彩色图像的 3 个通道进行处理。

2. 总体结构

在 SRCNN 中，首先将低分辨率图像通过双三次插值方法得到目标分辨率的图像，作为唯一的预处理过程。称插值后的图像为 Y，依然称 Y 为低分辨率图像。Y 对应的真实数据（ground truth）高分辨率图像为 X，算法的目标就是通过学习获得一个映射 F，利用 $F(Y)$对 Y 进行处理，得到尽可能接近 X 的图像。

F 可以表示为以下 3 个步骤。

（1）图像块提取和表示。从 Y 中提取相互重叠的图像块，将它们分别表示为高维向量。

（2）非线性映射。将上一步得到的高维向量非线性地映射为另一个高维向量，这些向量是对应高分辨率图像块的向量形式表示。

（3）重建。将上一步得到的高维向量所表示的高分辨率图像块整合，得到最终输出的超分辨率图像。

SRCNN 的网络结构如图 3.11[64]所示。

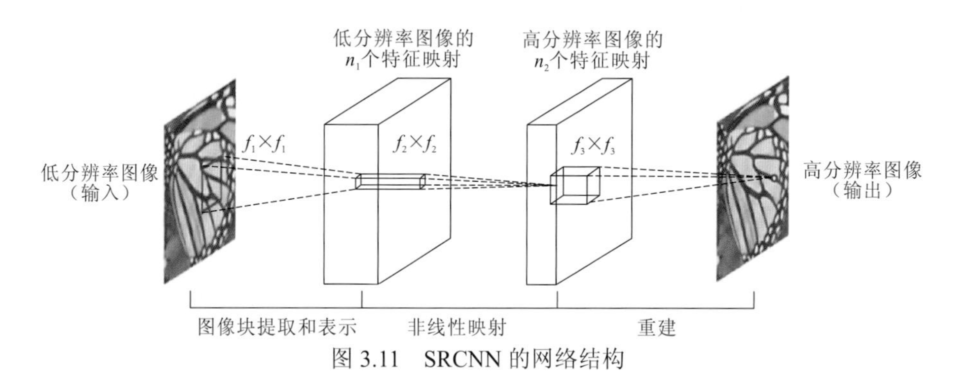

图 3.11　SRCNN 的网络结构

下面对上述 3 个步骤做详细说明。

（1）图像块提取和表示。在传统方法中，通常采用从图像中密集提取图像块，并将其用一系列经过预训练的基如主成分分析（principal component analysis，PCA）、离散余弦变换（discrete cosine transform，DCT）等来表示[90]，这一步等同于用一系列滤波器对图像做卷积运算，其中的每一个滤波器都可视为基中的一个基向量。而在 SRCNN 中，对这些基的优化就可以转化为对网络的优化。这一网络层可表示为

$$F_1(Y) = \max(0, W_1 * Y + \boldsymbol{B}_1) \tag{3.18}$$

式中：W_1 和 $\boldsymbol{B}_1$ 分别为滤波器的权重和偏差（bias）；$*$为卷积运算；W_1 对应于该层的 n_1 个滤波器，每个滤波器大小为 $c \times f_1 \times f_1$；c 为图像的颜色通道数；f_1 为滤波器的空间尺度；该层的输出由 n_1 个特征图组成。$\boldsymbol{B}_1$ 为一个 n_1 维的向量，其每一个维度对应于一个滤波器的偏差。进行上述运算后，还需要对结果应用 ReLU 函数[73]。

（2）非线性映射。第一层从每个图像块中提取了一个 n_1 维向量，而本操作中，将每个 n_1 维向量非线性地映射到一个 n_2 维的向量上，这一步相当于一个卷积层，其中包括 n_2 个滤波器，这种解释只在滤波器大小为 1×1 的情况下成立。但是同理，可以很容易地将其修改为 3×3 或 5×5 等大小的滤波器。第二层的操作可表示为

$$F_2(Y) = \max(0, W_2 * F_1(Y) + \boldsymbol{B}_2) \tag{3.19}$$

式中：W_2 包含 n_2 个大小为 $n_1 \times f_2 \times f_2$ 的滤波器；$\boldsymbol{B}_2$ 为 n_2 维的向量。该层输出的每一个 n_2 维向量可以表示一个高分辨率图像的图像块。

（3）重建。在传统方法中，重建是通过将上一步得到的高分辨率图像块取平均后得到的，而这个取平均的操作可以视为一个预定义的滤波器。因此 SRCNN 的该层可表示为

$$F(Y) = W_3 * F_2(Y) + \boldsymbol{B}_3 \tag{3.20}$$

式中：W_3 对应于 c 个 $n_2 \times f_3 \times f_3$ 的滤波器；$\boldsymbol{B}_3$ 是一个 c 维向量。

如果上一步输出的高分辨率图像块是处于图像域中，该层只需作为一个取平均操作的滤波器；而若其输出处于其他域中，如表示为一组基的系数，W_3 的操作类似于先将其映射到图像域中，再取平均值。无论何种情况，W_3 都是一系列的线性滤波器。

通过将上述 3 个操作统一表示为卷积层并组合在一起，SRCNN 形成了一个完整的卷积神经网络。该模型中，所有的权重系数矩阵 $\boldsymbol{W}$ 和偏差向量 $\boldsymbol{B}$ 都是待优化的参数。

3. 模型训练

训练 SRCNN 模型的过程，就是优化网络参数 $\Theta = \{W_1, W_2, W_3, \boldsymbol{B}_1, \boldsymbol{B}_2, \boldsymbol{B}_3\}$ 的过程。首先

定义一个损失函数，优化的过程就是通过调整参数，使损失函数的值达到最小的过程。损失函数应表示重建得到的图像 $F(Y;\Theta)$ 和原高分辨率图像 X 的差别大小。给定一个训练集，其中 $\{X_i\}$ 是高分辨率图像的集合，$\{Y_i\}$ 是其对应的低分辨率图像的集合，SRCNN 使用 MSE 作为损失函数，表示为

$$L(\Theta)=\frac{1}{n}\sum_{i=1}^{n}\left\|F(Y_i;\Theta)-X_i\right\|^2 \tag{3.21}$$

式中：n 为训练样本的数量。使用 MSE 作为损失函数有利于得到较高的 PSNR。实验证明，使用该损失函数训练出的 SRCNN 模型不仅在 PSNR 上达到了很好的效果，在其他评价标准如 SSIM 和 MSSIM 上也表现优异。

模型训练时采用随机梯度下降法（stochastic gradient descent，SGD）和标准反向传播算法[91]。权重矩阵按照下式进行更新：

$$\Delta_{i+1}=0.9\Delta_i+\eta\frac{\partial L}{\partial W_i^l},\quad W_{i+1}^l=W_i^l+\Delta_{i+1} \tag{3.22}$$

式中：$l\in\{1,2,3\}$ 为卷积层的序号；i 为迭代次数；η 为学习率。

滤波器权重初始化方法为从均值为 0、标准差为 0.001 的高斯分布中随机取值。前两个卷积层的学习率设置为 10^{-4}，最后一个卷积层的学习率设置为 10^{-5}，这是因为在最后一层中采取较小的学习率有利于网络收敛[92]。

训练时从原始图像集中生成高低分辨率图像对的方法为：先从原始图像集的图像中随机裁剪出 $f_{\text{sub}}\times f_{\text{sub}}\times c$ 的子图像（视为训练用的图像而不是网络运算时产生的图像块，用于数据增强），这些子图像为训练用的高分辨率图像集 $\{X_i\}$；然后用高斯滤波器将这些子图像模糊化，再根据目标上采样的倍数，先将生成的模糊图像按对应倍数进行下采样，然后使用双三次插值的方法将其上采样回到原分辨率，来得到相应的低分辨率图像集 $\{Y_i\}$。

为避免边缘效应，所有的卷积层都不应用填充，因此网络的输出图像大小为 $(f_{\text{sub}}-f_1-f_2-f_3+3)^2\times c$。MSE 损失函数只根据 X_i 和网络输出的中心区域像素之间的差距来计算。该网络训练过程使用的是固定尺寸的图像，但测试时，该网络可应用到任意分辨率图像的超分辨率上。

4. 实验

本节介绍 SRCNN 提出者对该模型开展的实验。为了探究 SRCNN 的超分辨率质量与数据集大小之间的关系，选取两个数据集用于训练网络，其中一个是较小的数据集[43,85]，包含 91 张图像，另一个是从 ImageNet 中选取的 395 909 张图像。分别将这些数据集做裁剪等预处理后获得大量子图像，利用子图像集训练网络，并将基于稀疏编码的方法[43]作为基线，其平均 PSNR 为 31.42 dB。

上述三种情况训练时的收敛曲线如图 3.12[64]所示，可以看出，使用 91 images 数据集和使用 ImageNet 数据集的训练时间相近，且它们训练出的 SRCNN 网络的 PSNR 值均远超过基于稀疏编码的方法。收敛时，SRCNN+ImageNet 组合的 PSNR 值达到了 32.52 dB，高于 SRCNN+91 images 组合，这有力地说明选用更大的数据集可以促进 SRCNN 产生更好的输出图像，但从图 3.12 中也可知，其提升效果是有限的。后序的实验中均采用 ImageNet 的数据集作为训练的数据集。

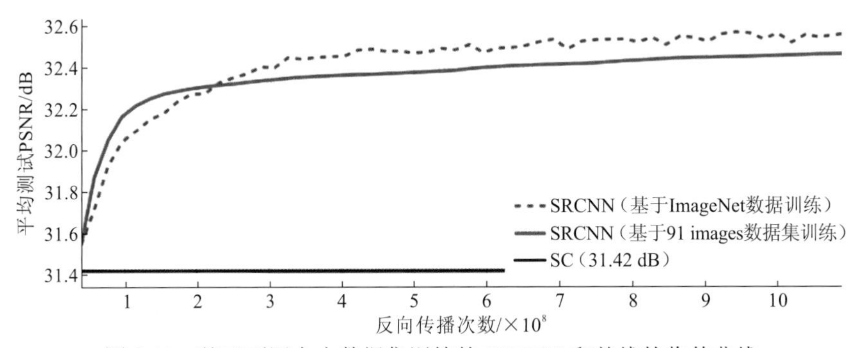

图 3.12 基于不同大小数据集训练的 SRCNN 和基线的收敛曲线

基于 ImageNet 数据集训练的 SRCNN 表现更好

通过将 SRCNN 训练出的滤波器可视化，可以观察到，每一个学习得到的滤波器发挥着不同的功能，如有些滤波器用于检测不同方向的边缘，有些滤波器用于提取纹理等。将网络第一层和第二层的特征图可视化如图 3.13 所示[64]，从图 3.13 中也可看出，第一层的特征图主要包含原图像中不同的结构，如不同方向的边，而第二层的特征图主要在光强上有所不同。

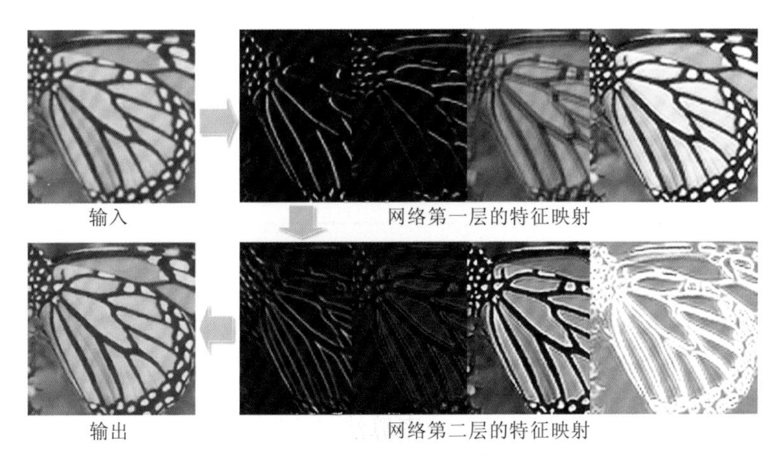

图 3.13 不同卷积层的特征图

接下来，修改网络，采用不同的滤波器数量以比较其训练得到的模型效果，这里主要比较在测试集上做超分辨率的 PSNR 值和运行时间。实验分三组，三组的滤波器数量分别取：① $n_1=128$，$n_2=64$；② $n_1=64$，$n_2=32$；③ $n_1=32$，$n_2=16$。

实验结果如表 3.1 所示。

表 3.1 使用不同滤波器数量的 SRCNN 比较

项目	$n_1=128$，$n_2=64$	$n_1=64$，$n_2=32$	$n_1=32$，$n_2=16$
PSNR	32.60	32.52	32.26
超分辨率时间/s	0.60	0.18	0.05

容易看出，三组实验都得到了远高于基线方法的 PSNR 值，且随着滤波器数量的增加，PSNR 值也逐渐上升。因此，采用更多的滤波器可以提升 SRCNN 的超分辨率效果，

但这种提升是以时间为代价的。

接下来探究滤波器大小对 SRCNN 的影响。之前，SRCNN 的滤波器大小被分别设置为 $f_1=9$，$f_2=1$，$f_3=5$，称这样的网络为“9-1-5”。首先，保持第二层滤波器大小为 1 不变，将另外两层的滤波器大小设置为 $f_1=11$，$f_3=7$（11-1-7），此时网络训练得到的 PSNR 为 32.57 dB，略高于原来的 32.52 dB。这说明使用更大的滤波器有利于模型获取图像中更多的结构信息，从而产生更好的输出。

接下来，改变第二层滤波器的大小，在保持 $f_1=9$，$f_3=5$ 的情况下，分别使 f_2 取 3（即 9-3-5）和 5（即 9-5-5），得到如图 3.14[64]所示的收敛曲线，再一次证明采用更大的滤波器可以显著提升 PSNR。但更大的滤波器大小意味着更多的待训练参数，也意味着更低的训练和运行效率。因此，综合本实验和上一个实验可知，在实际应用中，应在质量和效率之间做好权衡。有趣的是，虽然增加滤波器数量有助于提升性能，但增加 SRCNN 的层数却不一定能得到更好的效果。因此，对网络做改进时，仍应谨慎修改网络结构。

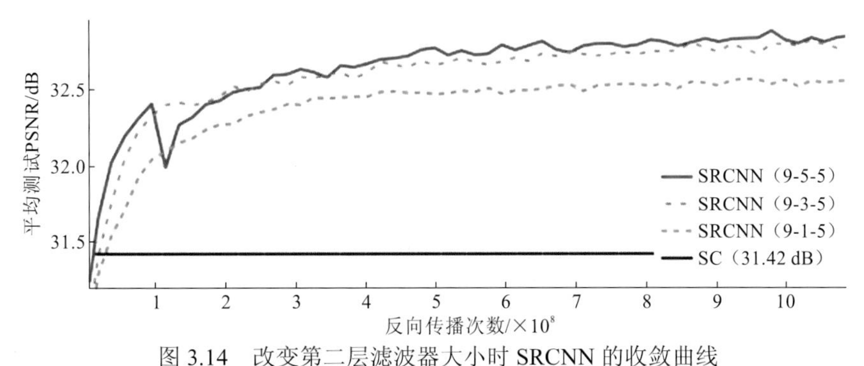

图 3.14　改变第二层滤波器大小时 SRCNN 的收敛曲线

图中数据表明使用更大的滤波器有利于得到更好超分辨率效果

此外，在与当时最先进的单图超分辨率算法[34,78,80,84-86]比较时，SRCNN 在各项指标上也获得了优秀的成绩。

在运行时间方面，SRCNN 在测试集的运行时间与图像数量呈线性关系，这是因为每张图像需要进行相同数量的卷积运算，这个性质也使其运行效率大大超过基于稀疏编码等方法的超分辨率模型。同时，滤波器较小的 SRCNN 模型的运行效率高于滤波器较大的 SRCNN 模型。

在之前的实验中，SRCNN 都将图像转化到 YCbCr 空间上，然后只在 Y 通道上应用 SRCNN，Cb 和 Cr 通道用双三次插值的方法实现超分辨率。下面探究同时对三个通道使用 SRCNN 作超分辨率的效果。这仅仅通过将输入图像的通道数 c 设置为 3 即可实现。此处比较一系列训练策略，这些策略在对颜色通道的处理上有所区别，包括只对 Y 通道运用 SRCNN 做超分辨率、用 SRCNN 同时在 YCbCr 通道上做超分辨率、在 Y 通道上做预训练，然后在 3 个通道上细调网络、在 CbCr 通道上做预训练，然后在 3 个通道上细调网络、在 RGB 3 个通道上用 SRCNN 做超分辨率，并将上述策略与另一种超分辨率方法 KK[84]进行对比，表 3.2 为实验结果。

表 3.2　不同训练策略在各颜色通道的平均 PSNR

训练策略	不同通道的 PSNR/dB			
	Y	Cb	Cr	RGB 彩色图像
双三次插值	30.39	45.44	45.42	34.57
只对 Y 通道上做超分辨率	32.39	45.44	45.42	36.37
同时在 YCbCr 通道上做超分辨率	29.25	43.30	43.49	33.47
在 Y 通道上预训练	32.19	46.49	46.45	36.32
在 CbCr 通道上预训练	32.14	46.38	45.84	36.25
在 RGB 3 个通道上做超分辨率	32.33	46.18	46.20	36.44
KK	32.37	44.35	44.22	36.32

结果分析如下。

（1）如果直接在 YCbCr 通道上训练，其 PSNR 值甚至不如双三次插值方法。这是因为 Y 和 Cb、Cr 通道天生有着不同的特性，使得训练过程陷入一个差的局部最优解。

（2）在 Y 或 CbCr 通道上做预训练使网络性能有所提升，但仍不如只在 Y 通道上运用 SRCNN 做超分辨率的情况，这从表格的最后一列得出。此现象说明在一体化的网络上训练时，CbCr 通道会对 Y 通道的超分辨率表现产生消极影响。

（3）在两种预训练模型中，在 Y 通道上预训练的策略与在 CbCr 通道上预训练的策略相比，可在 Cb 和 Cr 通道上得到更高的 PSNR 值。这是因为 CbCr 通道比 Y 通道看起来更模糊，所以它们受下采样过程的影响较小。如果在 Cb 和 Cr 通道上做预训练，则只有很少的滤波器被激活，从而其细调的训练过程会迅速陷入一个差的局部最优解。反之，在 Y 通道上做预训练则会得到较好的效果。

（4）采取在 RGB 上训练的策略时，在彩色图像上得到了最好的结果，这是因为 RGB 通道间是高度互相关的，SRCNN 可以很好地平衡三个通道间的互相关性以进行超分辨率。

（5）SRCNN 运用在 RGB 上的效果优于 KK[84]的效果和 SRCNN 只在 Y 通道上进行超分辨率的效果，但其 PSNR 值仅比在 Y 通道超分辨率的情况高 0.07 dB。因此可以得出 CbCr 在提升模型表现方面作用微小的结论。

5. 小结与讨论

SRCNN 将稀疏编码方法的思想转化为一个卷积神经网络，以轻量化的结构实现了超越传统超分辨率方法的性能，且这种结构具有鲁棒性和简洁性，同样适用于其他低层次的视觉问题如图像去模糊、同时进行超分辨率和去噪等，有着广泛的应用开发空间，其思想也很值得学习。

当然，SRCNN 中同样存在一些问题，留给了后人改进的空间。SRCNN 处理图像时，先将高分辨率图像下采样得到低分辨率小图，然后使用双三次插值上采样得到原大小图像作为输入低分辨率图像的过程，扩大了低分辨率图像的大小，从而增加了后续卷积操作等的计算量。为了解决这个问题，后上采样的方法被广泛采用。后上采样主要有反卷积[45]和亚像素卷积[48]两种方式，通过在网络后端进行上采样从而达到超分辨率的效果。基于此思想，后来提出的快速超分辨率卷积神经网络（fast super-resolution convolutional neural network，FSRCNN）[45]，极大地提升了超分辨率的运行速度和超分辨率效果。FSRCNN 与 SRCNN 非常类似，最大的不同点是输入的是低分辨率的图像，同时网络采取了不同的滤波器设置，并将 ReLU 替换为带参数的线性整流单元（parametric rectified linear unit，PReLU）[93]，最后在网络的最后一层采取反卷积操作使输出超分辨率结果和目标结果大小一致。

3.3.6 超分辨率生成对抗网络

1. 背景与模型简介

SRCNN 之后，大量用于单图超分辨率的卷积神经网络出现。尽管这些网络采用更深的结构，在 PSNR 等指标方面达到了更优的效果，且硬件性能的提升也使得超分辨率速度大大提升，但如何在进行高倍率超分辨率时很好地恢复图像纹理细节的问题仍未得到解决。由于在下采样过程中，原图像中的信息会丢失，超分辨率的可行解就不是唯一的。因此在超分辨率网络优化时，损失函数的选择就极大地决定了网络的最终超分辨率效果。当选择损失函数为 MSE 时，可以得到较高的 PSNR 值，但这些输出图像通常过度光滑，缺少必要的高频细节，在视觉效果上也就不够令人满意[94,95]。基于此问题，Ledig 等基于生成式对抗网络（generative adversarial networks，GAN）模型[96]提出超分辨率生成对抗网络（super-resolution generative adversarial networks，SRGAN）[31]模型，该模型可以从 4 倍下采样的图像中恢复出具有照片级真实度的自然图像。Ledig 等[31]提出了一种新的视觉损失函数，该损失函数包括一个对抗损失函数和一个内容损失函数。对抗损失函数用于将网络生成的结果推向自然图像流形，它应用了一个判别器网络并训练其用于区分超分辨率得到的图像和原高分辨率图像。内容损失函数不由像素空间上的相似性决定，而采用视觉上的相似性作为标准。网络在上述视觉损失函数上使用 350×10^3 张图像训练，训练出的模型可达到在公共基准（public benchmarks）上从高度下采样的图像中恢复真实照片级纹理的效果。其超分辨率效果如图 3.15[31]所示。

（a）原图像

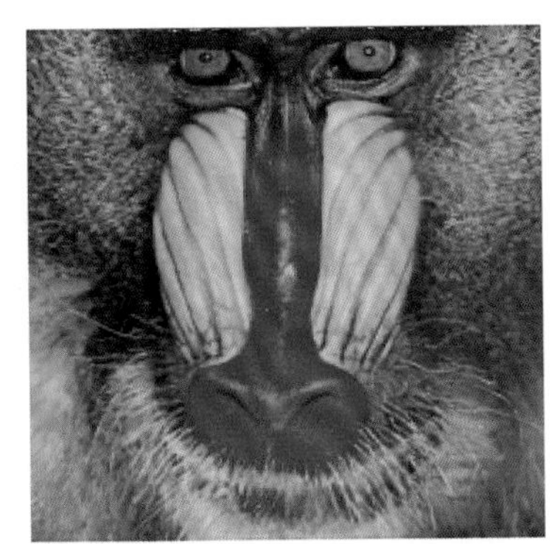

（b）SRGAN在4倍下采样图像上的超分图像

图 3.15　SRGAN 在 4 倍下采样图片上得到超分辨率图像与原图像

2. 模型创新点

监督学习的超分辨率算法优化目标通常是最小化超分辨率图像和原高分辨率图像之间的MSE，而超分辨率图像的MSE较小时，通常PSNR也较高。许多超分辨率算法以PSNR作为评估标准。MSE和PSNR虽然定量地评估了算法在像素空间上的超分辨率效果，但这也使它们局限在像素空间上，不能客观地评价超分辨率图像的视觉效果，如高频纹理细节等。如图3.16所示[31]，SRGAN的输出图像在比较的算法中视觉效果最好，但其PSNR值却相对偏低。这是因为在最小化MSE时，多个具有高频纹理细节的可行解被取平均来得到一个平滑的重建结果。

（a）原始图像

（b）双三次插值
（21.59 dB/0.6423）

（c）SRResNet
（23.44 dB/0.7777）

（d）SRGAN
（20.34 dB/0.6562）

图3.16　不同超分辨率算法效果图

因此，为了提升超分辨率的视觉效果，SRGAN采用一个深度残差网络作为生成网络，并舍弃了使用MSE作为损失函数的方法，而提出了全新的视觉损失函数。该视觉损失函数使用VGG网络的高层次特征图[68,95]和一个鼓励生成器生成在视觉效果上与对应高分辨率图像相近的图像的判别器。这种设计成功利用GAN[96]可生成高视觉质量图像的特性，达到了视觉效果更佳的超分辨率效果。

SRGAN的生成对抗网络中，两个神经网络，即生成器和判别器被同时训练并相互竞争。判别器的目标是准确地区分自然图像和生成器合成的图像，而生成器的目标是生成尽可能接近自然图像的合成图像，并欺骗当前训练出的最好的判别器。在这个竞争的过程中，生成器的生成过程被推向生成在视觉上更加接近自然图像的方向，也就是说，更加接近自然图像流形。

文献[69]、[97]提出了一个深度残差网络SRResNet作为SRGAN的生成网络。这个网络具有15个残差块，以MSE为损失函数，采用低分辨率空间的快速特征学习[48,95]及批标准化[98]来训练，可以对4倍下采样的图像进行超分辨率重建，并在PSNR和SSIM方面取得了很好的成绩。

此外，SRGAN模型中提出的新视觉损失函数包括对抗损失函数、内容损失函数和正则化损失函数，其中对抗损失函数由判别网络得到，内容损失函数保证超分辨率生成的图像在内容上与对应的低分辨率图像保持一致。进一步地，将基于MSE的内容损失函数替换为基于VGG网络[68]的最后一个卷积特征图之间的欧几里得距离，在像素空间发生变化时，该损失函数具有更好的不变性[99]。基于以上损失函数，SRGAN可以从4倍下采样的图像中超分辨率得到具有照片级真实感的图像。

据此方法训练出的 SRGAN 模型在与 SRCNN[43]、SelfExSR[78]和 DRCN[47]等模型在 4 倍下采样的图像上进行超分辨率比较时，展现出了更强的重建照片级真实度图像的能力。

3. 具体实现

1）生成网络与判别网络的实现

设在单图超分辨率中，低分辨率图像表示为 I_{LR}，其通过超分辨率生成的图像为 I_{SR}。在训练过程中，I_{LR} 是通过对 I_{SR} 应用一个高斯滤波器，然后再做一次 $r\times$ 下采样来得到的。对于宽高分别为 W 和 H、有 C 个颜色通道的图像，I_{LR} 和 I_{SR} 可以分别用一个 $W\times H\times C$ 和一个 $rW\times rH\times C$ 的实数值张量表示，其中 rW 和 rH 分别为超分辨率图像的宽和高。

此处的目标是训练出一个生成函数 G，该函数根据输入低分辨率图像来生成其对应的高分辨率图像。生成网络是一个前馈的 CNN $G_{\theta G}$，其中 $\theta_G=\{W_{1:L};b_{1:L}\}$ 是网络的参数，包括一个 L 层深度网络的权重和偏差，这些参数通过优化一个超分辨率的特定损失函数 l^{SR} 来得到。对于给定的图像集 $I_n^{\mathrm{HR}},n=1,\cdots,N$ 和其相应的低分辨率图像集 $I_n^{\mathrm{LR}},n=1,\cdots,N$，可根据下式来优化参数：

$$\hat{\theta}_G=\arg\min_{\theta_G}\frac{1}{N}\sum_{n=1}^{N}l^{\mathrm{SR}}(G_{\theta_G}(I_n^{\mathrm{LR}}),I_n^{\mathrm{HR}}) \tag{3.23}$$

式中：l^{SR} 被设计为几个损失成分的加权组合，这些成分分别描述了所期望得到的超分辨率图像的不同性质。后文会对这些损失成分做介绍。

定义生成网络后，SRGAN 还定义了一个对抗网络 D_{θ_D}，它和生成网络交替训练，以解决如下对抗过程中的 min-max 问题：

$$\min_{\theta_G}\max_{\theta_D}E_{I^{\mathrm{HR}}\sim p_{\mathrm{train}}(I^{\mathrm{HR}})}[\log D_{\theta_D}(I^{\mathrm{HR}})]+E_{I^{\mathrm{LR}}\sim p_G(I^{\mathrm{LR}})}[\log(1-D_{\theta_D}(G_{\theta_G}(I^{\mathrm{LR}}))] \tag{3.24}$$

式中：log 的底数通常取 2 或 e。该式的思想即：训练生成网络 G，其目标为生成足以欺骗判别器 D 的超分辨率图像，即式中 min 的目标；判别网络 D 的目标是式中的 max 部分，即尽可能区分生成图像和真实图像。通过这种方式，生成网络就被训练为在所有可能的超分辨率结果空间中，生成接近或处于真实图像子空间中的图像。这种思想与 MSE 等像素级评估的思想是截然不同的。

如图 3.17 所示[31]，SRGAN 的生成网络和判别网络结构，其中生成网络的核心为 B 个结构相同的残差块。该残差块包括两个卷积层，每个卷积层包括 64 个 3×3 的卷积核；每个卷积层后面连接一个批标准化层[98]，卷积核中还用一个 ReLU 作为激活函数。网络的最后采用两个训练得到的步长为 0.5 的反卷积层[48]来提升输入图像的分辨率。

判别网络根据 RadFord 等总结的结构原则[100]而设计，采用 Leaky ReLU 作为激活函数，并避免使用 max-pooling。它包括 8 个卷积层，这些卷积层的卷积核数量都可表示为 2 的幂的形式，且从 64 个逐渐增加至 512 个，这个结构是根据 VGG 网络[68]而设计的。每当卷积核数量翻倍时，卷积层的步长就设为 2，从而逐渐降低输入图像的尺寸。最终得到 512 个特征图后，在后面连接两个全连接层，并用一个 sigmoid 激活函数得到输入为真实图像或生成图像的判别结果概率。

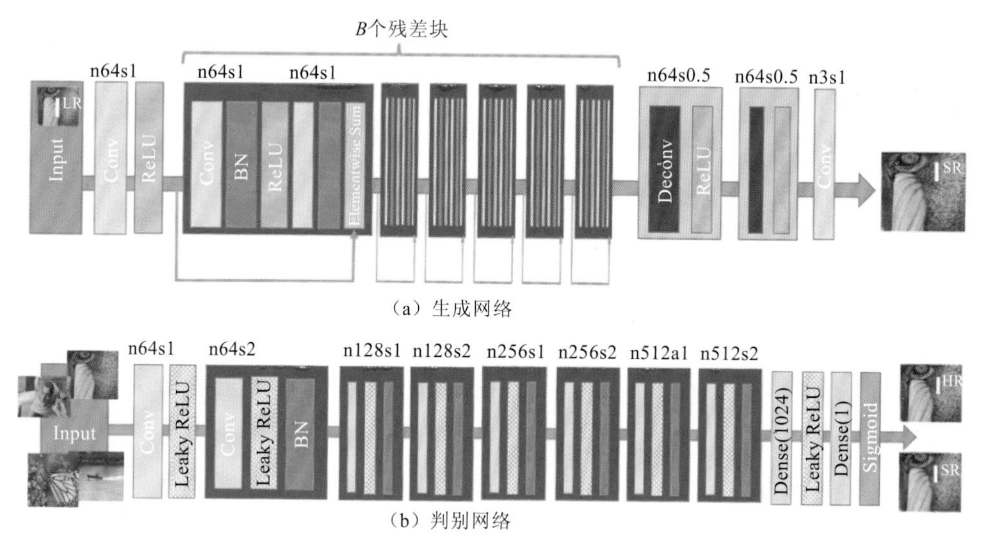

图 3.17　SRGAN 的生成网络结构和判别网络结构

2）视觉损失函数

损失函数的设计会极大地影响网络生成图像的方向，进而影响超分辨率的输出效果。与通常的超分辨率模型将 MSE[48, 64]作为损失函数的做法不同，SRGAN 提出了一种视觉损失函数，它与输出图像在视觉效果方面的属性相关。

设有权重参数 $\gamma_i, i=1,\cdots,K$，视觉损失函数可定义为 $l^{\mathrm{SR}}=\sum_{i=1}^{K}\gamma_i l_i^{\mathrm{SR}}$，即数个单独的损失成分的加权和。这里的视觉损失成分包括一个内容损失、一个对抗损失和一个正则化损失成分，下面对各损失成分做详细解析。

（1）内容损失。3.3.1 小节已经提及传统的 MSE 损失函数的计算公式。单纯利用 MSE 来优化网络时，会导致超分辨率得到的图像缺少高频内容，内容过于平滑，因而在视觉效果上不够好。SRGAN 的内容损失不再是单纯计算像素级的差异，而是定义了一个 VGG 损失。该损失基于经过预训练的 19 层 VGG 网络[68]的 ReLU 激活层而定义。这里，令 $\phi_{i,j}$ 为从 VGG19 的第 i 个最大池化层前的第 j 个卷积中获取的特征图。如此，就可将 VGG 损失定义为重建图像 $G_{\theta_G}(I^{\mathrm{LR}})$ 和其对应的原高分辨率图像 I^{HR} 的特征表示之间的欧氏距离，其公式为

$$l_{\mathrm{VGG}/i.j}^{\mathrm{SR}}=\frac{1}{W_{i,j}H_{i,j}}\sum_{x=1}^{W_{i,j}}\sum_{y=1}^{H_{i,j}}[\phi_{i,j}(I^{\mathrm{HR}})_{x,y}-\phi_{i,j}(G_{\theta_G}(I^{\mathrm{LR}}))_{x,y}]^2 \tag{3.25}$$

式中：$W_{i,j}$ 和 $H_{i,j}$ 为 VGG 网络中各特征图的维度。

（2）对抗损失。除内容损失外，SRGAN 还引入对抗损失来鼓励生成网络生成处于自然图像流形中的图像，也就是让生成的图像更加真实。这是通过训练生成网络以使其尽可能多地成功欺骗判别网络来实现的。因此，SRGAN 的对抗损失 $l_{\mathrm{Gen}}^{\mathrm{SR}}$ 是基于判别器在所有训练样本上的判别概率 $D_{\theta_D}(G_{\theta_G}(I^{\mathrm{LR}}))$ 来定义的。$D_{\theta_D}(G_{\theta_G}(I^{\mathrm{LR}}))$ 代表判别网络将重建图像 $G_{\theta_G}(I^{\mathrm{LR}})$ 错误判断为自然高分辨率图像的估计概率。其公式为

$$l_{\text{Gen}}^{\text{SR}} = \sum_{i=1}^{N} -\log D_{\theta_D}[G_{\theta_G}(I^{\text{LR}})] \tag{3.26}$$

（3）正则化损失。为了鼓励网络生成在空间上更加连贯的图像[95,101]，SRGAN 采用了一个基于全变差的正则化损失 l_{TV}，其表达式为

$$l_{\text{TV}}^{\text{SR}} = \frac{1}{r^2 WH} \sum_{x=1}^{rW} \sum_{y=1}^{rH} \left\| \nabla G_{\theta_G}(I^{\text{LR}})_{x,y} \right\| \tag{3.27}$$

4. 实验

本节介绍 SRGAN 提出者对该模型开展的实验。首先评估生成网络即 SRResNet 的性能，该网络基于 MSE 进行训练，不加入对抗成分。通过与双三次插值和 SRCNN[64]、转换自样本的单一图像超分辨率（single image super-resolution from transformed self-exemplars，SelfExSR）[78]、用于单一图像超分辨率的深度递归卷积网络（deeply-recursive convolutional network for image super-resolution，DRCN）[47]、高效亚像素卷积神经网络（efficient sub-pixel convolutional neural network，ESPCN）[48]在 PSNR 和 SSIM 上的比较，得出 SRResNet 具有最好生成性能的结论。

接下来评估 SRGAN 基于不同的内容损失函数训练的表现情况。实验分别采用三种不同的内容损失函数训练 SRGAN。

SRGAN-MSE：使用 $l_{\text{MSE}}^{\text{SR}}$ 即标准的 MSE。

SRGAN-VGG22：使用 $l_{\text{VGG/2.2}}^{\text{SR}}$，即根据 $\phi_{2,2}$ 定义的内容损失函数，它定义在反映较低层次特征的特征图上[102]。

SRGAN-VGG54：使用 $l_{\text{VGG/5.4}}^{\text{SR}}$，即根据 $\phi_{5,4}$ 定义的内容损失函数，它定义在反映更高层次特征的特征图上，更有潜力关注到图像的内容信息[102-104]。

实验结果见表 3.3 和图 3.18，其中 Set5[105]、Set14[88]和 BSD100[106]是公认的基准数据集。尽管 SRGAN-MSE 得到了最高的 PSNR[66]值，其生成图像的视觉效果明显不如基于更关注视觉效果的内容损失函数训练的 SRGAN-VGG22 和 SRGAN-VGG54。通常情况下，远离像素空间的内容损失函数可以使超分图像在视觉方面达到更好的效果。此外，利用 SRGAN-VGG54 生成的超分辨率图像比利用 SRGAN-VGG22 生成的图像具有更好的纹理细节，这是因为 $\phi_{5,4}$ 相较于 $\phi_{2,2}$ 是更高层次的 VGG 特征图。

表 3.3　基于不同损失函数训练的 SRGAN 在 Set5、Set14 和 BSD100 上测试的表现

测试		SRGAN-MSE	SRGAN-VGG22	SRGAN-VGG54
Set5	PSNR	30.36	29.88	28.74
	SSIM	0.872 7	0.852 4	0.843 5
Set14	PSNR	27.02	26.48	25.75
	SSIM	0.781 7	0.751 3	0.737 6
BSD100	PSNR	26.51	25.69	24.65
	SSIM	0.723 7	0.688 2	0.650 2

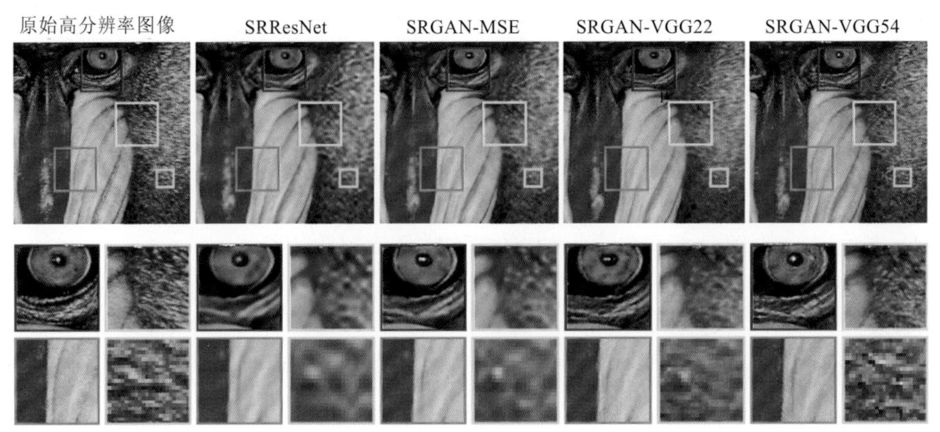

图 3.18 原始高分辨率图像和使用 SRResNet、SRGAN-MSE、SRGAN-VGG22、SRGAN-VGG54 得到的超分辨率图像对比

5. 总结与讨论

作为 SRGAN 的生成部分，SRResNet 采用深度残差网络的结构，在 PSNR 指标上达到了很优的效果；而生成对抗网络的应用和新的视觉损失函数的提出也使得 SRGAN 能从高倍下采样的图像中重建出在视觉效果上与原图像更接近的、具有照片级真实度的输出图像。与 SRCNN[64]的研究结果不同，在 SRGAN 中引入更深的网络有利于提高网络性能，这得益于残差网络的研究与发展。从 SRGAN-VGG22 与 SRGAN-VGG54 的对比中发现，更深的网络层有利于提取和表示图像更高程度的抽象信息[103-105]，这些信息是远离像素空间的。可以推测，深层网络层的特征图完全专注于图像的内容，而对抗损失专注于生成图像的纹理细节，它们的共同作用使得 SRGAN 能生成具有高还原度、优良视觉效果的超分辨率图像。

3.3.7 基于快速时空残差网络的视频超分辨率算法

视频是由一帧一帧的图像组成的连续画面，因此理论上所有的单帧图像超分辨率算法都可以用作视频超分辨率，但由于单帧超分辨率方法没有考虑时序信息，这会导致一方面没有充分利用好连续帧之间的关系导致超分辨率结果较差，另一方面会导致超分辨率结果之间缺乏连续性，画面抖动明显，对视觉效果影响较大。因此视频超分辨率通常都需要引入各种机制来处理时序信息，帮助更好地超分辨率，维持超分辨率结果之间的连续性。

帧对齐和帧融合技术是视频超分辨率相对于图像超分辨率较为不同的部分。通常视频中画面存在运动，所以存在参考帧和目标帧的偏差，超分辨率则可以用相邻帧与参考帧进行对齐，作为辅助信息辅助参考帧超分辨率；视频中存在运动模糊和场景切换等问题，将前后帧去除干扰信息，然后进行信息融合，可以有效提供更丰富的信息来源，有助于更好地超分辨率。Kappeler 等[107]提出了视频超分辨率卷积神经网络 VSRnet，VSRnet 使用运动补偿的连续帧作为网络的输入，使用 SRCNN 的体系结构，利用多种特征串联方式搭建网络，采用滤波器强制对称技术训练网络，相比 SRCNN 在视频超分辨率上得到了明显提升。Caballero 等[32]在 ESPCN 的基础上进行了改进提出了高效亚像素视频超分辨率卷积神经网络（video efficient sub-pixel convolutional neural network，VESPCN），

VESPCN 使用运动估计估出相邻帧之间的位移参数，利用得到的位移参数在空间上对相邻帧进行变换，使其能够对齐，然后将其堆叠作为后续输入，采用 ESPCN 方式进行超分辨率。Tao 等[108]构建了一个由运动估计、运动补偿和细节融合三部分构成的视频超分辨率网络框架，运动补偿部分提出亚像素运动补偿（sub-pixel motion compensation，SPMC），同时完成超分辨率和运动补偿，并且使用长短期记忆（long short-term memory，LSTM）卷积，可以输入任意帧数，在效率和质量上得到权衡。

循环结构是视频帧间信息融合的一种常见技术，Huang 等[62]提出双向递归卷积网络（bidirectional recurrent convolutional networks，BRCN），将视频帧两个方向输入网络，充分利用了帧间关系。Haris 等[109]提出编解码（encoder-decoder）方法，用于通过反投影合并在超分辨率路径中提取的细节，使得时间跨度更大的帧也能被较好地利用起来。Sajjadi 等[110]提出帧循环视频超分辨率网络（frame-recurrent video super-resolution，FRVSR），使用光流估计将上一帧及上一帧的超分辨率的结果与当前帧进行融合从而得到序列信息的充分利用。

另外，还有很多其他用于帧间对齐和融合的巧妙设计。Wang 等[35]提出增强型变形卷积视频超分辨率网络（video restoration with enhanced deformable convolutional networks，EDVR），EDVR 设计了一个金字塔形的级联变形对齐模块用于处理大的运动，用变形卷积由粗到细地在特征级别进行帧间对齐，使用时空注意力融合机制增强后续重建的重要特征权重。Jo 等[111]提出动态滤波器视频超分辨率方法，通过密集链接网络学习一个动态的上采样滤波器，通过这个滤波器对目标帧进行上采样，能够很好地保持帧间连续性。

以上方法大部分是基于二维卷积进行的，因此需要通过设计帧对齐或者帧融合技术学习序列信息，而三维卷积则可以直接地处理时空信息，可以全自动地同时学习输入视频帧之间的空间信息和序列信息。Xie 等[112]提出了一个三维卷积版的 SRCNN，通过将 SRCNN 中的卷积层替换为三维卷积，赋予网络多帧超分辨率能力，简单直接地学习到视频帧的空间信息和帧之间的序列信息，但是由于三维卷积的引入，网络的参数量和计算量也急剧增加，因此原始三维卷积直接使用于视频超分辨率存在一定的局限性。基于此，本小节将介绍两种性能更优异的视频超分辨率算法，它们采用分步三维卷积和残差学习，以及引入注意力机制，一定程度上解决算法执行的瓶颈，显著提高了算法执行的效率，从而可以采用更深的网络，可以达到与三维卷积相同甚至更优的超分辨率效果。

近年来，深度学习的发展给超分辨率问题带来了巨大的突破[44,46,113-116]，对于视频超分辨率来说，最直接的方式就是将其一帧帧地看作独立的图像进行图像超分辨率重建，但是这种方式忽略了视频帧之间的时序信息，输出的超分辨率视频往往会缺乏时间连续性，可能会导致较多的虚假闪烁伪影[48]。

因此目前大多数视频超分辨率任务的方法都在图像超分辨率方法的基础上添加了一些时序信息融合的技术用来提取低分辨率输入帧之间的时序信息，比如运动补偿[32,108]，通常需要精心设计网络并且网络计算量增加很大。相比于图像超分辨率常用的二维卷积，三维卷积可以处理时空信息，但是三维卷积多一个维度的卷积会给网络的计算量和参数量带来巨大的负担，这也就限制了网络深度，进而使得超分辨率效果有限[63]。

另一方面，残差学习的广泛应用让深度学习方法得到了迅速发展，对于超分辨率网络也不例外，而且由于低分辨率是高分辨率的一种低质表示，低分辨率和高分辨率之间存在较大的相似性，使用残差学习可以让网络更加关注于高频区别，从而更好地恢复网络的高频特征，因此残差学习在超分辨率网络应用十分广泛[31,46,113]。但是目前的残差学习基本或集中于高分辨率空间上，网络的计算量偏大[46,117]；或只作用于低分辨率空间上，学习到的特征在低分辨率空间上，需要重新映射到高分辨率空间上，对于网络上采样带来了巨大压力，不合理的上采样方式可能会产生瓶颈效应。

为了解决视频超分辨率中的这些问题，基于快速时空残差网络（fast spatio-temporal residual network，FSTRN）的视频超分辨率网络被提出，FSTRN 主要使用分步三维卷积和多层次的残差学习搭建而成，可以在较小计算量下处理时空信息，而且能够有效减轻上采样过程的负担。具体来说，该算法提出了快速时空残差块（fast spatio-temporal residual block，FRB）作为 FSTRN 的基础构成模块，FRB 是由一个分步卷积和一个残差连接组成，可以做到在较小计算量的情况下自动学习输入视频的时空特征，无须引进其他特别的学习时序特征的机制。同时算法还引入了多层次的全局残差学习（global residual learning，GRL），一方面，延续使用在低分辨率空间上的残差学习（low-resolution residual learning，LRL），用来保证特征提取效果，另一方面，提出了跨空间的残差连接（CRL），将低分辨率的输入通过简单的映射直接输入高分辨率空间，减轻上采样重建网络部分的负担。

总的来说，基于快速时空残差的视频超分辨率网络的创新点包括以下三方面。

（1）提出了基于快速时空残差的 FSTRN 可以同时高效地处理时空信息，可以很好地恢复重建出高分辨率视频结果。

（2）提出了 FRB 使用分步卷积代替原始三维卷积，可以大幅减少计算量，同时保证较好的特征提取能力，有助于构建更深的视频超分辨率网络。

（3）提出了多层次的 GRL 通过组合低分辨率空间上的残差学习和跨空间的残差学习，两者的组合既可以有效提取输入低分辨率的特征信息，也可以保证上采样重建过程更好地恢复出高分辨率的视频输出，获得更优异的超分辨率效果。

下面对基于快速时空残差的视频超分辨率网络的基本结构设计及相关实验分析进行介绍。首先介绍快速时空残差视频超分辨率网络的总体结构设计，然后针对网络的主要结构快速时空残差块和全局残差学习设计进行介绍，最后介绍网络训练优化过程中使用的损失函数。

1. 网络总体结构设计

本节介绍用于视频超分辨率的 FSTRN[65]的总体结构设计。具体来说，FSTRN 的整体结构如图 3.19 所示，它主要由 4 部分组成：低分辨率视频浅层特征提取网络（low-resolution video shallow feature extraction net，LFENet）；快速时空残差块（fast spatio-temporal residual block，FRBs）；低分辨率特征融合和上采样网络（low-resolution feature fusion and up-samping super-resolution net，LSRNet）；由低分辨率空间残差学习（LRL）和跨空间的残差学习（CRL）组成的全局残差学习（GRL）。

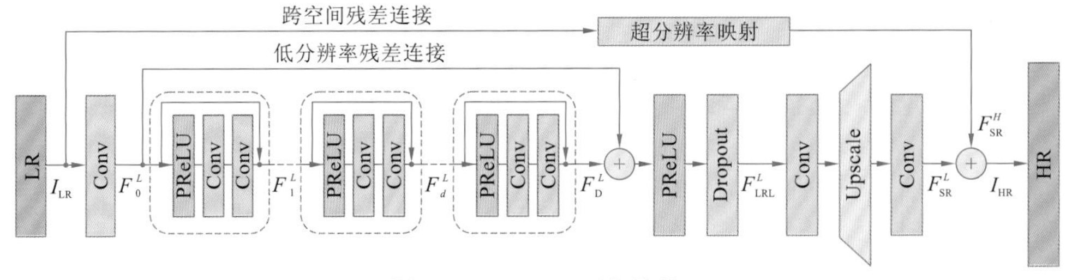

图 3.19　FSTRN 网络结构

低分辨率视频浅层特征提取网络（LFENet）简单采用一个三维卷积用于提取输入LR视频的浅层特征。假设FSTRN的输入和输出分别为I_{LR}、I_{SR}，目标高分辨率输出为I_{HR}，那么LFENet可以用函数表示为

$$F_0^L = H_{\text{LFE}}(I_{\text{LR}}) \tag{3.28}$$

式中：F_0^L为由LFENet所提取的LR视频浅层特征；$H_{\text{LFE}}(\cdot)$为LFENet所使用的三维卷积。F_0^L随后作为快速时空残差块输入用于进一步提取深度特征。

快速时空残差块（FRB）设计是用于提取LR视频的深层时空特征。假设总共由D个FRB组成，第一个FRB在LFENet输出上提取特征，随后的FRB在前面的FRB输出上进行进一步的特征提取，因此第d层FRB的输出F_d^L可以表示为

$$F_d^L = H_{\text{FRB},d}(F_{d-1}^L) = H_{\text{FRB},d}(H_{\text{FRB},d-1}(\cdots(H_{\text{FRB},1}(F_0^L))\cdots)) \tag{3.29}$$

式中：$H_{\text{FRB},d}$为第d层FRB的操作函数，FRB的具体结构会在3.3.7小节第二部分详细介绍。

伴随着FRB，引入了LR空间上残差学习（LRL）用于帮助提升网络特征提取能力，LRL充分利用浅层特征，可以表示为

$$F_{\text{LRL}}^L = H_{\text{LRL}}(F_D^L, F_0^L) \tag{3.30}$$

式中：F_{LRL}^L为LRL表示的函数H_{LRL}的输出，后面会详细介绍LRL。

低分辨率特征融合和上采样网络（LSRNet）用于将低分辨率视频的深度特征进行上采样得到目标空间大小。具体来说，LSRNet 使用了一个三维卷积先进行特征融合，之后使用一个反卷积进行上采样，最后再用一个三维卷积进行特征调整。最终LSRNet的输出F_{SR}^L可表示为

$$F_{\text{SR}}^L = H_{\text{LSR}}(F_{\text{LRL}}^L) \tag{3.31}$$

式中：$H_{\text{LSR}}(\cdot)$为LSRNet整体所表示的函数。

最后，FSTRN的输入由LSRNet的输出F_{SR}^L和跨空间的残差学习（CRL）组成，CRL将低分辨率输入视频映射到高分辨率空间，具体细节在后文介绍。假设CRL从低分辨率到高分辨率的映射函数为F_{SR}^H，那么FSTRN的输出可以表示为

$$I_{\text{SR}} = H_{\text{FSTRN}}(I_{\text{LR}}) = F_{\text{SR}}^L + F_{\text{SR}}^H \tag{3.32}$$

式中：H_{ESTRN}为超分辨率网络FSTRN的函数。

2. 快速时空残差块设计

本节介绍快速时空残差块。在计算机视觉领域，残差块表现了非常优异的性能，特别是低级视觉到高级视觉任务[31,46]更是受益于残差块这种基础模块结构，得到了很重大的发展。Lim等[113]提出使用不含批归一化（batch normalization，BN）的残差块，如图3.20（a）所示，在单帧图像超分辨率获得了巨大提升。在此基础上，为了将这种用于单帧超分辨率的残差块用于多帧超分辨率，类似于论文[118]，FSTRN将二维卷积转换为三维卷积。如图3.20（b）所示，$k\times k$大小的二维卷积扩张为$k\times k\times k$的三维卷积，赋予残差块处理时序能力的维度。

扩张之后，更多的参数量、更大的计算量也伴随而来，为了解决这个问题，FSTRN提出了快速时空残差块，如图3.20（c）所示，FRB在上述三维卷积的基础上，使用相连的$1\times k\times k$和$k\times 1\times 1$卷积替代原始$k\times k\times k$卷积，这种方法被证明在训练和测试误差上

拥有更好的性能[119-120]。同时，这里使用 PReLU[93]对 ReLU 进行了替换，相比于 ReLU 的负数部分被置为 0，PReLU 的负数部分是从数据中学习得到的，可以更好地传递特征，提供更好的性能。因此，FRB 的计算过程可以表示为

$$F_d^L = F_{d-1}^L + W_{d,t}(W_{d,s}(\sigma(F_{d-1}^L))) \tag{3.33}$$

式中：σ 为 PReLU 激活函数；$W_{d,s}$ 和 $W_{d,t}$ 分别为 FRB 中的空间卷积和时间卷积的权重，这里出于简洁考虑略去了偏差项（bias）。这种方式可以减少很多的计算量，基于此，得以在相同计算资源限制的情况下搭建更深的基于三维卷积的视频超分辨率模型，从而获得更好的超分辨率效果。

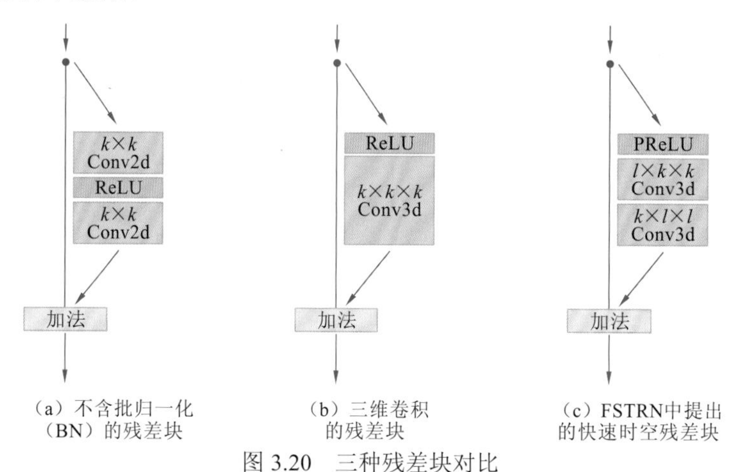

图 3.20　三种残差块对比

3. 全局残差学习设计

本节介绍 FSTRN 的全局残差学习（GRL）结构设计，GRL 主要分为两部分：低分辨率空间残差学习（LRL）和跨空间的残差学习（CRL）。

对于超分辨率任务来说，输出和输入存在高度相关性，使用残差学习可以有效降低学习复杂程度的同时提升网络优化性能，提供更优异的超分辨率效果。但是，大部分工作使用的残差学习主要分为两类：一类是残差学习应用于放大的输入图像上[44,46]，整个网络的学习都是基于放大的输入图像之上，给网络的计算量带来了成倍的增长；另一类是先使用残差学习在低分辨率空间进行特征学习，然后使用后上采样技术如反卷积[45]、亚像素卷积[48]等最终对特征图上采样到目标大小，但这会将上采样特征变换的压力转化到上采样层，给上采样重建过程带来巨大负担，有可能会产生瓶颈效应。针对这个问题，FSTRN 在 LR 空间和 HR 空间同时应用了残差学习，提出了多层次的全局残差学习。

LRL 与快速时空残差块同时在低分辨率空间引入，快速时空残差块提取得到的特征图与 LRL 的特征进行逐个像素相加，然后应用一个带参的线性整流单元（PReLU）作为激活函数。另外，考虑到输入的多帧之间拥有高度相关性，在激活函数之后添加了一个 Dropout 层[121]，在训练过程中将部分神经元暂时从网络中随机丢弃，用来提高网络的泛化能力，因此 LRL 的输出特征图 F_{LRL}^L 可以表示为

$$F_{\text{LRL}}^L = H_{\text{LRL}}(F_D^L, F_0^L) = \sigma_L(F_D^L + F_0^L) \tag{3.34}$$

式中：σ_L 为由 PReLU 和 Dropout 组成的复合函数。

CRL 使用一个简单的超分辨率映射（SR mapping）函数将低分辨率的视频直接映射到高分辨率空间，然后将其与 LSRNet 的结果 F_{SR}^{L} 相加，组成在高分辨率空间的残差学习。CRL 通过引入一个插值放大的输入 LR 视频到输出部分，可以很大程度上减轻 LSRNet 部分的压力，从而提升超分辨率结果。其中映射过程可以表示为

$$F_{\mathrm{SR}}^{H}=H_{\mathrm{CRL}}(I_{\mathrm{LR}}) \tag{3.35}$$

式中：F_{SR}^{H} 为映射到高分辨率空间的放大视频；H_{CRL} 为映射函数，在 FSTRN 中映射函数选取诸如基于双线性（bilinear）、邻近（nearest）、双三次（bicubic）、区域（area）和反卷积（deconvolution）的插值方式，尽量不引入太多的计算增量。

4. 网络训练优化

网络训练过程中，FSTRN 使用 l_1 损失函数，使用 Charbonnier 惩罚函数 $\rho(x)=\sqrt{x^2+\varepsilon^2}$ 用于近似 l_1 正则。

假设 θ 是网络的所有需要训练优化的参数，I_{SR} 是网络输出的高分辨率帧，那么训练的目标函数可以表示为

$$\mathcal{L}\left(I_{\mathrm{SR}},I_{\mathrm{HR}};\theta\right)=\frac{1}{N}\sum_{n=1}^{N}\rho(I_{\mathrm{HR}}^{n}-I_{\mathrm{SR}}^{n}) \tag{3.36}$$

式中：N 为训练过程中的批量大小，训练过程中经验性地设置 $\varepsilon=1\times10^{-3}$。尽管网络有能力生成和输入同样多的帧数，为了获得更好的超分辨率效果，该实验关注输入多帧的中间帧进行超分辨率，因此损失函数只与输入帧的中间帧有关。

5. 实验分析

本节针对基于快速时空残差的视频超分辨率网络进行实验分析，首先针对网络的创新点进行逐一消融实验，然后将此方法与现有最优的单帧图像超分辨率方法和视频超分辨率方法在公开数据集上进行定性和定量对比。

实验设置如下。

（1）数据集和指标。出于公正对比的目的，选取广泛使用的 25 个 YUV 格式视频组成的公开数据集[62-63,122-124]作为训练集，可称之为 25YUV_Video，并在富有挑战性的公开测试集上进行测试，测试集包含 Dancing、Flag、Fan、Treadmill 和 Turbine 5 个视频，可称之为 Vid5。与文献[44]、[85]类似，实验的超分辨率过程作用于亮度维度（即 YCbCr 颜色空间中的 Y 维度），使用客观评价方式 PSNR 和 SSIM 在亮度维度进行验证。

（2）训练设置。与文献[62]、[63]类似，为了获得更好的训练结果，在训练前先对数据集进行数据增强。首先对每个视频进行裁剪，使用 144×144 大小的窗口，帧窗口长为 5，空间步长和帧间步长分别为 32 和 10。另外，受文献[125]启发，还对裁剪得到的数据进行左右翻转和 90° 旋转，最终生成了 13 020 个视频片段。然后对于这些训练视频片段和测试视频，生成相应的低分辨率输入，过程分为两步：首先使用标准差为 2 的高斯滤波器对原始帧进行平滑滤波操作，然后使用双三次插值操作对这些帧进行下采样，获得相应的 LR 输入。在测试阶段，为了保持输出帧和输入帧数量上的一致，帧扩充被应用在测试视频的首尾处。

以下实验过程使用惯用的 4 倍超分辨率进行实验，FRB 的数量设置为 5，Dropout 设置为 0.3，使用 Adam[126]优化器反向传播来最小化误差，初始训练时学习率设置为 1×10^{-4}，当训练误差不再下降时学习率下降 10 倍直到网络拟合。

快速时空残差块分析过程如下。

对比由原始三维卷积组成的残差块（conventional three-dimensional residual block，C3DRB）和快速时空残差块（FRB）来分析快速时空残差块分析的效率。假定 FRB 的输入输出包含 64 层特征图，每个输入包含 5 帧，帧大小为 32×32，那么具体的参数量（params）和计算量（floating-point operations，FLOPs）如表 3.4 所示，可以看出 FRB 可以减少将近一半的参数量和计算量，因此可以利用 FRB 来搭建一个基于三维卷积的深度视频超分辨率网络，实现更深的深度和更佳的性能。

表 3.4　原始三维卷积组成的残差块（C3DRB）和快速时空残差块（FRB）参数量（params）和计算量（FLOPs）对比

项目	参数量/$\times10^3$	计算量/$\times10^6$
C3DRB	～111	～566
FRB	～49	～252
降低比例/%	55.86	55.48

消融实验过程如下。

利用消融实验分析本节提出的 FRB 和多层次的 GRL。图 3.21(a)绘制了关于 FSTRN 的多个降质模型训练过程中的 PSNR 值，包括：①不包含 FRB、CRL 和 LRL 的基线模型（FSTRN_F0C0L0）；②在基线模型基础上添加 FRB 的模型（FSTRN_F1C0L0）；③在基线模型基础上添加 FRB 和 LRL 的模型（FSTRN_F1C0L1）；④在基线模型基础上添加包括 FRB、CRL 和 LRL 所有模块的模型（FSTRN_F1C1L1），也就是本章提出的 FSTRN。从图 3.21（a）可以看到：基线收敛较为缓慢，并且表现得性能较差（绿色曲线）；通过添加 FRB 之后可以有效提升网络的表现（蓝色曲线），这得益于 FRB 的优异特征提取能力和较小的内存占用及计算需求带来的网络深度的增加；添加 LRL 之后，形成了 LR 空间的全局残差学习，与预期一致带来了性能提升（玫红色曲线）；最后添加 CRL 形成 GRL，也就是 LR 和 HR 空间多层次的全局残差学习，可以看到网络的收敛速度明显提升，并且获得更好的性能表现（红色曲线），这充分证明了 FRB 和 GRL 的有效性。

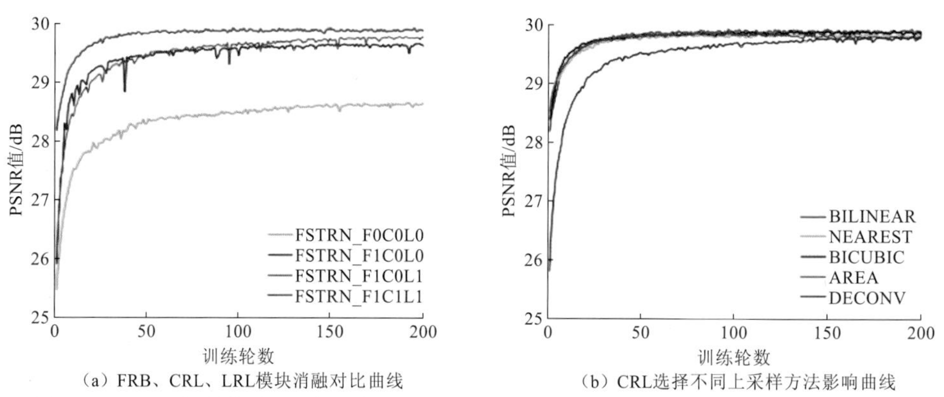

（a）FRB、CRL、LRL模块消融对比曲线　（b）CRL选择不同上采样方法影响曲线

图 3.21　不同降质模型的迭代分析和 CRL 采用不同上采样方式对性能的影响对比曲线

所有曲线都是采用 4 倍上采样训练 200 轮（epoch），基于测试集的 PSNR 值进行对比

另外，进行实验对比在 CRL 过程中采用不同的上采样方式对性能带来的不同影响，如图 3.21（b）所示。具体来说，本节对比了在 CRL 过程中上采样映射过程中基于双线性、邻近、双三次、区域和反卷积的插值方式。从图 3.21 可以看出，大部分的上采样方式都得到了几乎一致的拟合曲线，由于反卷积需要通过训练学习一个上采样滤波器，收敛速度较慢，但是最后可以得到一个类似的拟合结果，这也充分表明了 CRL 思路的有效性，且 CRL 方法对性能影响不大，证明了 GRL 对超分辨率具有很好的性能提升作用。

对比实验过程如下：

将 FSTRN 算法与各类常见的单帧超分辨率和多帧超分辨率算法进行定量和定性对比，具体包括 Bicubic 插值、SRCNN[64]、SRGAN[31]、RDN[127]、BRCN[62, 63]及 VESPCN[32]。实验时 FRB 的数量 D 设置为 5，CRL 的上采样方法选取的是双线性插值方式。

表 3.5、表 3.6 中分别是所有方法 2 倍超分辨率和 4 倍超分辨率结果与原始图像之间的 PSNR 和 SSIM 两项客观评价指标上进行的定量对比分析，从表中可以看出，相比最先进的算法，FSTRN 相比最先进的算法取得了巨大的超越，特别是相对较难的 4 倍超分辨率，所得结果中 PSNR 和 SSIM 平均超过 0.55 dB 和 0.02，充分展现了 FSTRN 方法的优越性。

表 3.5　基于测试集的 PSNR 和 SSIM 的定量分析的对比（一）

算法	数据集					
	Dancing PSNR/SSIM	Treadmill PSNR/SSIM	Flag PSNR/SSIM	Fan PSNR/SSIM	Turbine PSNR/SSIM	Average PSNR/SSIM
Bicubic	28.65/0.90	23.48/0.77	28.90/0.85	34.45/0.94	28.21/0.84	29.55/0.87
SRCNN	32.71/0.96	26.33/0.89	33.00/0.93	36.07/0.96	32.30/0.93	32.84/0.93
SRGAN	32.06/0.94	36.58/0.90	31.97/0.93	36.35/0.96	32.66/0.93	32.76/0.94
RDN	35.71/0.96	28.34/0.93	36.66/0.97	38.69/0.97	35.51/0.96	35.88/0.96
BRCN	33.21/0.97	26.45/0.90	33.52/0.94	36.49/0.96	32.73/0.94	33.26/0.94
VESPCN	35.23/0.97	28.39/0.93	35.41/0.96	38.17/0.97	34.78/0.95	35.16/0.96
FSTRN	**35.23/0.98**	**28.46/0.93**	**36.19/0.97**	**38.28/0.97**	**35.15/0.96**	**35.51/0.96**

注：不同算法在 2 倍超分辨率条件下进行对比的结果

表 3.6　基于测试集的 PSNR 和 SSIM 的定量分析的对比（二）

算法	数据集					
	Dancing PSNR/SSIM	Treadmill PSNR/SSIM	Flag PSNR/SSIM	Fan PSNR/SSIM	Turbine PSNR/SSIM	Average PSNR/SSIM
Bicubic	26.78/0.83	21.58/0.65	26.97/0.78	33.42/0.93	26.06/0.76	27.80/0.80
SRCNN	27.91/0.87	22.61/0.73	28.71/0.83	34.25/0.94	27.84/0.81	29.20/0.84
SRGAN	27.11/0.84	22.40/0.72	28.19/0.83	33.48/0.93	27.38/0.81	28.65/0.84
RDN	27.51/0.82	22.69/0.72	28.62/0.82	33.46/0.93	28.10/0.82	29.30/0.84
BRCN	28.08/0.88	22.67/0.74	28.86/0.84	34.15/0.94	27.63/0.82	29.16/0.85
VESPCN	27.89/0.86	22.46/0.74	29.01/0.85	34.40/0.95	28.19/0.83	29.40/0.85
FSTRN	28.66/0.89	**23.06/0.76**	**29.81/0.88**	**34.79/0.95**	**28.57/0.84**	**29.95/0.87**

注：不同算法在 4 倍超分辨率条件下进行对比的结果

超分辨率方法之间单帧和多帧的定性分析结果如图 3.22 和图 3.23 所示，充分展现了原始图像及各类方法 4 倍超分辨率结果之间的视觉对比结果。从这两幅图中可以看到，FSTRN 恢复了最优的细节效果，并生成了最佳的视觉效果，特别是针对超分辨率难度较大的网格处理，FSTRN 也生成了更加锐利的边缘，表现出了最佳的超分辨率效果，充分展现了 FSTRN 方法的有效性和优越性。

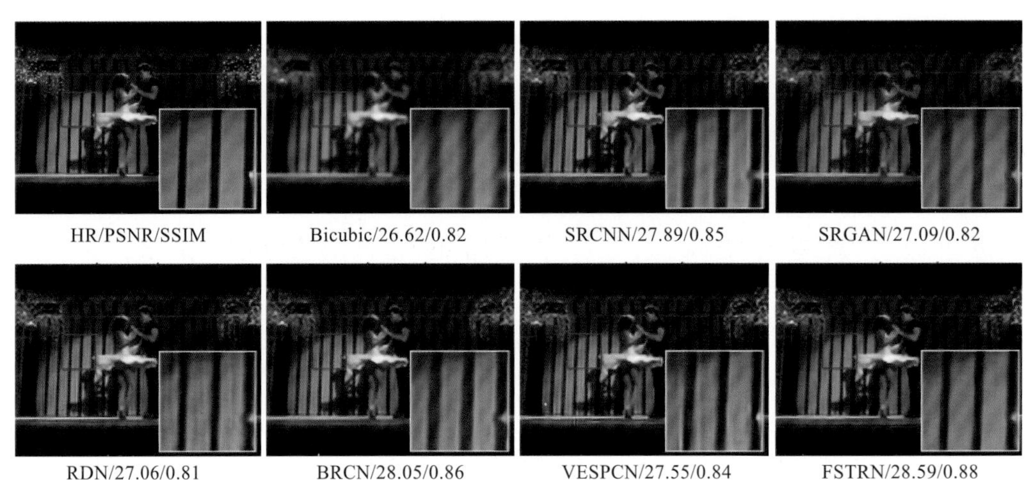

图 3.22　原始帧和各类超分辨率算法重建得到的 Dancing 视频在 4 倍超分辨率单帧结果对比图

可以清晰看到 FSTRN 不仅获得了最佳的 PSNR 和 SSIM，也恢复出了最好的纹理细节

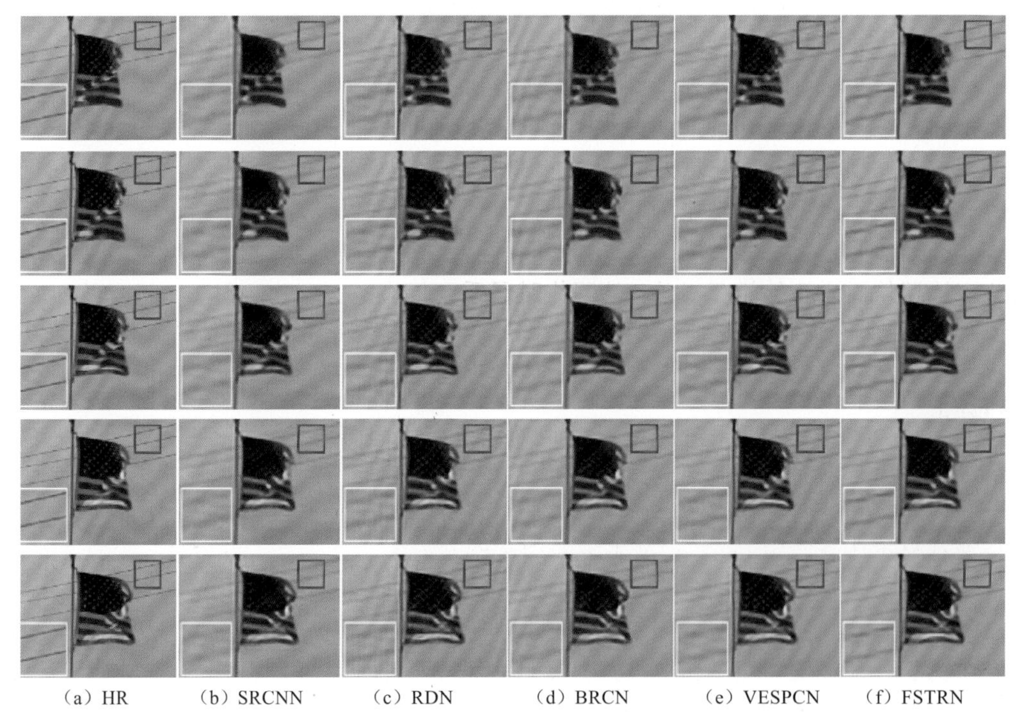

图 3.23　原始帧和各类超分辨率算法重建得到的 Flag 视频在 4 倍超分辨率第 1 帧～第 5 帧多帧结果对比图

相比其他算法，FSTRN 表现出更锐利的边缘，同时帧间过渡更加平滑

6. 小结

FSTRN 基于三维卷积同时进行时空特征学习，使用分步卷积替代原始三维卷积，可以在保证效果的前提下有效降低网络的参数量和计算量，允许搭建更深的视频超分辨率网络，基于此提出了快速时空残差块（FRB）作为 FSTRN 的基础模块。FSTRN 还结合了多层次的全局残差学习，同时引入了在 LR 空间和 HR 空间的残差学习，有效提升网络训练效率和最终超分辨率效果。

基于公开数据集的定量和定性实验都表明 FSTRN 拥有非常强的视频恢复能力，大幅超越了现有多种单帧超分辨率和多帧超分辨率网络，能够很好地保持边缘信息，也能较好地恢复图像细节和纹理，取得了最佳的视觉效果和客观评价指标结果。

3.3.8 基于快速时空残差注意力网络的视频超分辨率算法

FSTRN 利用时空分步卷积构建的快速时空残差块成功搭建了一个高效的基于三维卷积的视频超分辨率网络，同时保持较低的计算负荷。FSTRN 还引入了多层次的 GRL，其中广泛采用的 LR 空间上的 LRL 可以帮助网络在训练过程中更好地优化，跨空间的 CRL 则可以有效缓解网络上采样过程中存在的瓶颈效应，有效提升网络超分辨率效果。

一方面，超分辨率过程中，高频信息的恢复能力往往决定着网络超分辨率性能，FSTRN 使用 CRL 可以很大程度上缓解网络上采样过程中的瓶颈效应，给网络更大的空间去关注高频信息的恢复，获得了更好的视频超分辨率效果，因此，采用适当的方式引导网络将注意力集中到视频高频信息可以进一步提高网络表现力。另一方面，注意力机制（attention mechanism）就是一种让网络将注意力集中到目标区域的一种方式，在诸如语音识别[128]、图像标注生成[129]、机器翻译[130]等多个领域都取得了重大突破，因此在计算机视觉领域也开始使用注意力机制来优化网络注意力。Wang 等[131]使用堆叠自下而上、自上而下的前馈注意力结构注意力模块提出了用于图像分类的残差注意力网络（residual attention network，RAN）。Hu 等[132]提出了挤压和激励块（squeeze-and-excitation block）自适应地调整通道间的相互权重，让网络赋予重要的通道更高的权重。理想情况下，超分辨率这类任务中，低分辨率输入中的信息既包含低频分量也包含高频分量，使用注意力机制可以让网络将注意力集中在纹理细节等高频信息上，从而获得更优异的超分辨率重建结果。

对于超分辨率广泛采用的后上采样可以有效降低计算量，大部分的网络都使用了很深的低分辨率空间特征提取网络，在这部分使用注意力机制给超分辨率带来了一些改进，但是提升效果比较有限[133-134]，其主要原因是因为后上采样过程中会对特征进行重建，特征提取到的高频信息在这个过程中可能会丢失，抑制了注意力机制对网络的贡献。为了更好地将注意力机制应用到超分辨率网络当中，本节讲述一种在网络上采样过程中引入注意力机制的做法，搭建了快速时空残差注意力网络（fast spatio-temporal residual attention network，FSTRAN），FSTRAN 提出了注意力引导的上采样模块（attention guided upsampling module，AUM），AUM 可以有效引导网络上采样部分关注高频恢复，从而加强网络对高频信息的恢复重建能力，提高视频超分辨率重建效果。

具体来说，基于快速时空残差注意力网络的视频超分辨率算法主要有以下几个创新点。

（1）提出了 FSTRAN 可以同时高效地处理时空信息，并更加关注超分辨率重建的高频信息恢复。实验表明 FSTRAN 拥有非常优异的视频超分辨率能力，可以很好地恢复视频边缘、纹理等细节。

（2）提出了注意力引导的上采样模块（AUM），AUM 通过在网络上采样过程中引入注意力机制，引导网络关注视频上采样过程中高频信息的恢复，帮助网络特征转换为所需的高频信息，可以有效提升视频超分辨率效果。

下面对基于 FSTRAN 的视频超分辨率算法的基本结构设计及相关实验分析进行介绍。

1. 网络总体结构设计

FSTRAN 的整体结构图如图 3.24 所示，与 FSTRN 类似，FSTRAN 也由四部分组成：低分辨率视频浅层特征提取网络（LFENet）、快速时空残差块（FRB）、注意力引导的上采样模块（AUM）、由低分辨率空间残差学习（LRL）和跨空间的残差学习（CRL）组成的全局残差学习（GRL）。其中，LFENet、FRB、GRL 这三个部分与 FSTRN 组成相同，AUM 取代了低分辨率特征融合和上采样网络（LSRNet），帮助网络关注上采样过程中注重高频信息的保持和重建，因此本小节结构设计主要讲解 AUM 组成。

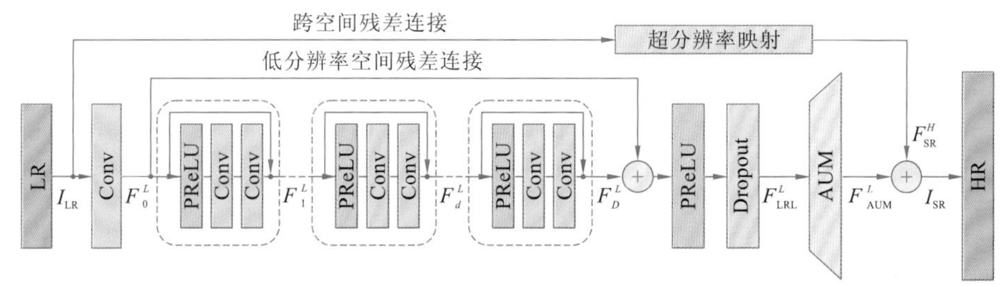

图 3.24　快速时空残差注意力视频超分辨率网络（FSTRAN）整体结构图

2. 注意力引导的上采样模块

本小节主要介绍 FSTRAN 中的注意力引导的上采样模块（AUM）部分，AUM 结构如图 3.25 所示。

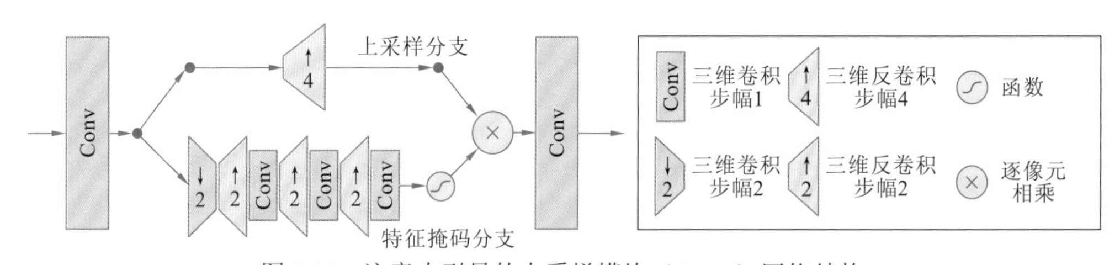

图 3.25　注意力引导的上采样模块（AUM）网络结构

AUM 首先对 FRB 提取的特征 F_{LRL}^{L} 进行进一步融合并调整到合适的特征维度，这个步骤主要由一个三维卷积进行处理，可以表示为

$$F_P^L = H_P(F_{\mathrm{LRL}}^L) \tag{3.37}$$

式中：$H_P(\cdot)$ 为所使用的三维卷积层；F_P^L 为融合后的特征输出。

特征调整之后，特征被输入两个分支：上采样分支和特征掩码分支。上采样分支使

用一个反卷积直接对特征图进行上采样到高分辨率空间，可以表示为

$$F_{\mathrm{UP}}^{L}=H_{\mathrm{UP}}(F_{P}^{L}) \tag{3.38}$$

式中：$H_{\mathrm{UP}}(\cdot)$ 为反卷积层操作；F_{P}^{L} 为上采样网络得到的高分辨率空间上的特征图。特征掩码分支先对特征图进行下采样然后再上采样，类似于文献[131]、[132]，下采样操作可以让注意力网络拥有更加宽广的感受野，能够更好地掌控特征信息，上采样操作逐步提升特征分辨率，每次使用一个反卷积和一个卷积操作获取细粒度的特征权重，最后使用一个 Sigmoid 激活函数将特征图归一化到[0,1]。因此，假设下采样操作是 $H_{\mathrm{DS}}^{\mathrm{AT}}(\cdot)$，上采样操作是 $H_{\mathrm{UP}}^{\mathrm{AT}}(\cdot)$，第 n 步上采样操作为 $H_{\mathrm{UP},N}^{\mathrm{AT}}(\cdot)$，那么特征掩码分支可以表示为

$$F_{\mathrm{AT}}^{L}=\gamma(H_{\mathrm{UP}}^{\mathrm{AT}}(H_{\mathrm{DS}}^{\mathrm{AT}}(F_{P}^{L}))) \tag{3.39}$$

式中：γ 为 Sigmoid 激活函数，$H_{\mathrm{UP}}^{\mathrm{AT}}$ 可以细化为

$$H_{\mathrm{UP}}^{\mathrm{AT}}(\cdot)=H_{\mathrm{UP},N}^{\mathrm{AT}}(H_{\mathrm{UP},N-1}^{\mathrm{AT}}(\cdots(H_{\mathrm{UP},1}^{\mathrm{AT}}(\cdot))\cdots)) \tag{3.40}$$

每一步上采样都设置为将特征图放大 2 倍，因此上采样过程的数量 N 与目标放大倍数相关。

最后，注意力掩码分支通过点乘的方式与上采样分支结合，然后再使用一个三维卷积对特征进行融合，因此 AUM 的输出可以表示为

$$F_{\mathrm{AUM}}^{L}=H_{A}(F_{\mathrm{UP}}^{L}\cdot F_{\mathrm{AT}}^{L}) \tag{3.41}$$

式中：$H_{A}(\cdot)$ 为特征融合的三维卷积层。

之后的操作与 FSTRN 相同，即 AUM 的输出 F_{AUM}^{L} 等同于 FSTRN 中 LSRNet 的输出 F_{SR}^{L}，之后经过 CRL 则得到网络最终的超分辨率结果。

3. 实验分析

本小节基于 FSTRAN 进行实验分析，首先针对网络的创新点进行逐一消融实验，然后将 FSTRAN 与现有最优的单帧图像超分辨率方法和视频超分辨率方法在公开数据集上进行定性和定量对比。实验设置和 FSTRN 相同，此处不再进行重复阐述。

消融实验过程如下。

构建消融实验针对本章提出的 FSTRAN 中的快速时空残差块（FRB）、多层次的全局残差学习（GRL）及注意力引导的上采样模块（AUM）进行分析。

图 3.26（a）绘制了 FSTRAN 多种不同降质模型训练过程中测试集 PSNR 的变化曲线。

（1）不包含 FRB、CRL、LRL 和 AUM 的基线模型（FSTRAN_F0L0C0A0）。

（2）在基线模型上添加 FRB 的模型（FSTRAN_F1L0C0A0）。

（3）在基线模型上添加 FRB 和 LRL 的模型（FSTRAN_F1L1C0A0）。

（4）在基线模型基础上添加 FRB、CRL 和 LRL 的模型（FSTRAN_F1L1C1A0），也就是 FSTRN。

（5）在基线基础上添加 FRB、CRL、LRL 和 AUM 所有模块（FSTRAN_F1C1L1A1），也就是 FSTRAN。

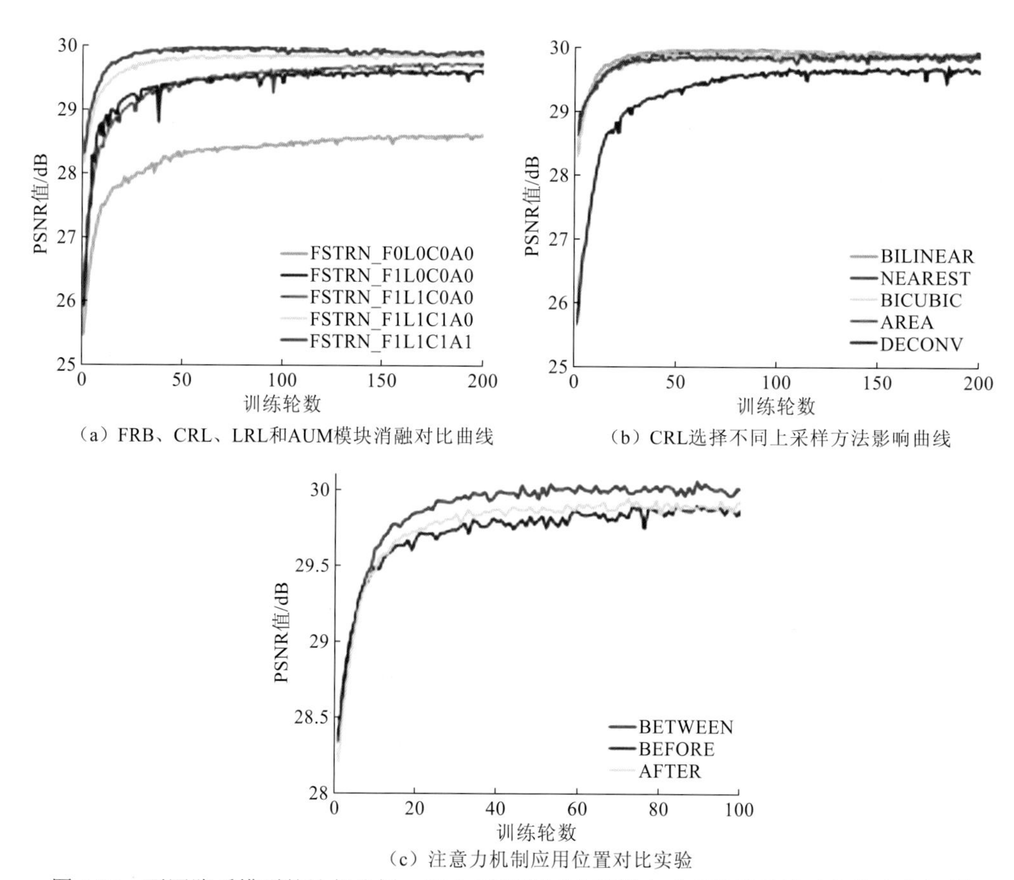

（a）FRB、CRL、LRL和AUM模块消融对比曲线

（b）CRL选择不同上采样方法影响曲线

（c）注意力机制应用位置对比实验

图 3.26　不同降质模型的迭代分析、CRL 采用不同上采样方式对性能的影响和注意力机制应用于网络上采样前、中、后不同位置的实验对比曲线

所有曲线都是采用 4 倍上采样训练拟合过程中，基于测试集的 PSNR 值进行对比的结果

实验过程中，FRB 的数量 D 被设置为 5，CRL 的上采样方式为双线性插值。从图 3.26（a）可以看出：基线网络收敛非常慢，并且得到的结果也比较差（绿色曲线）；在基线网络添加 FRB 之后的网络特征提取能力得到大幅提升，网络的性能也随之提升（蓝色曲线）；LRL 的加入进一步提升了网络性能（玫红色曲线）；添加 CRL 与 LRL 构成多层次的全局残差学习之后，网络的性能这一次得到了明显的提升（青色曲线），充分证明了多层次的全局残差学习的重要性和强大表现能力；最后在网络上继续添加 AUM，构成了 FSTRAN，网络表现了最佳性能，可以清晰看到网络拥有更快的收敛速度和更好的超分辨率结果（红色曲线）。以上这些对比实验充分表明了各个模块对网络的贡献，也证明了 FSTRAN 的强大超分辨率水平。

另外，通过实验探究 CRL 中采用不同的插值方式对网络性能的影响，如图 3.26（b）所示，这里对比了在 CRL 过程中超分辨率映射（SR mapping）过程中基于双线性、邻近、双三次、区域和反卷积的插值方式。从图 3.26 可以看出与图 3.21（b）类似的结果，大部分的上采样方式都得到了几乎一致的拟合曲线，由于反卷积需要通过训练学习一个上采样滤波器，所以收敛速度较慢，但是最后可以得到一个类似的拟合结果，这也充分表明了 CRL 思路的有效性，且 CRL 方法对于性能影响不大，证明了 CRL 对于超分辨率拥有很好的性能提升作用。

FSTRAN 提出的 AUM 是作用在上采样过程中的，为了证明这个想法的有效性，此处还对比了将注意力机制分别放在上采样前后两种方式。图 3.26(c)是三种不同位置 AUM 的跨越上采样过程、在上采样前应用注意力机制、在上采样之后应用注意力机制之间的对比结果，可以看到 AUM 存在明显优势，在上采样之后应用注意力机制又比在上采样前应用注意力机制效果更佳，这也证明了上采样过程会破坏神经网络提取到的高频信息，不利于获得更优异的超分辨率结果，而 AUM 恰恰可以解决这一问题，让上采样过程将注意力集中于高频信息的恢复，从而有效利用低分辨率空间提取得到的特征结果，实现更好的细节和纹理重建。

对比实验过程如下。

本小节将 FSTRAN 算法与各类常见的单帧超分辨率和多帧超分辨率算法进行定量和定性对比，具体包括 Bicubic 插值、SRCNN[64]、SRGAN[31]、RDN[127]、BRCN[62-63]、VESPCN[32]及前面的 FSTRN。实验时 FSTRN 和 FSTRAN 的 FRB 的数量 D 设置为 5，CRL 的上采样方法选取的是双线性插值方式。

表 3.7、表 3.8 分别是所有算法 2 倍超分辨率和 4 倍超分辨率结果与原始图像之间的 PSNR 和 SSIM 两项客观评价指标上进行的定量对比分析。从表 3.7 和表 3.8 中可以看出，FSTRAN 获得了进一步提升，2 倍超分辨率结果相比 FSTRN，PSNR 和 SSIM 分别增长 0.73 dB 和 0.01，4 倍超分辨率结果相比 FSTRN，PNSR 和 SSIM 分别增长 0.12 dB 和 0.01，表明 AUM 在上采样过程中能够很好地引导网络对高频信息进行重建，从而获得更佳的超分辨率结果。

表 3.7　基于测试集的 PSNR 和 SSIM 的定量分析的对比（一）

算法	数据集					
	Dancing PSNR/SSIM	Treadmill PSNR/SSIM	Flag PSNR/SSIM	Fan PSNR/SSIM	Turbine PSNR/SSIM	Average PSNR/SSIM
Bicubic	28.65/0.90	23.48/0.77	28.90/0.85	34.45/0.94	28.21/0.84	29.55/0.87
SRCNN	32.71/0.96	26.33/0.89	33.00/0.93	36.07/0.96	32.30/0.93	32.84/0.93
SRGAN	32.06/0.94	36.58/0.90	31.97/0.93	36.35/0.96	32.66/0.93	32.76/0.94
RDN	35.71/0.96	28.43/0.93	36.66/0.97	38.69/0.97	35.51/0.96	35.88/0.96
BRCN	33.21/0.97	26.45/0.90	33.52/0.94	36.49/0.96	32.73/0.94	33.26/0.94
VESPCN	35.23/0.97	28.39/0.93	35.41/0.96	38.17/0.97	34.78/0.95	35.16/0.96
FSTRN	35.23/0.98	28.46/0.93	36.19/0.97	38.28/0.97	35.15/0.96	35.51/0.96
FSTRAN	**36.15/0.98**	**28.99/0.94**	**37.40/0.98**	**38.83/0.97**	**35.66/0.96**	**36.24/0.97**

注：所有算法在 2 倍超分辨率条件下进行对比的结果

表 3.8　基于测试集的 PSNR 和 SSIM 的定量分析的对比（二）

算法	数据集					
	Dancing PSNR/SSIM	Treadmill PSNR/SSIM	Flag PSNR/SSIM	Fan PSNR/SSIM	Turbine PSNR/SSIM	Average PSNR/SSIM
Bicubic	26.78/0.83	21.58/0.65	26.97/0.78	33.42/0.93	26.06/0.76	27.80/0.80
SRCNN	27.91/0.87	22.61/0.73	28.71/0.83	34.25/0.94	27.84/0.81	29.20/0.84

续表

算法	数据集					
	Dancing PSNR/SSIM	Treadmill PSNR/SSIM	Flag PSNR/SSIM	Fan PSNR/SSIM	Turbine PSNR/SSIM	Average PSNR/SSIM
SRGAN	27.11/0.84	22.40/0.72	28.19/0.83	33.48/0.93	27.38/0.81	28.65/0.84
RDN	27.51/0.82	22.69/0.72	28.62/0.82	33.46/0.93	28.10/0.82	29.30/0.84
BRCN	28.08/0.88	22.67/0.74	28.86/0.84	34.15/0.94	27.63/0.82	29.16/0.85
VESPCN	27.89/0.86	22.46/0.74	29.01/0.85	34.40/0.95	28.19/0.83	29.40/0.85
FSTRN	28.66/0.89	23.06/0.76	29.81/0.88	34.79/0.95	28.57/0.84	29.95/0.87
FSTRAN	**28.80/0.90**	**23.15/0.77**	**30.11/0.88**	**34.81/0.95**	**28.66/0.85**	**30.07/0.88**

注：所有算法在4倍超分辨率条件下进行对比的结果

超分辨率方法之间单帧和多帧的定性分析结果如图3.27和图3.28所示，充分展现了原始图片以及各类方法4倍超分辨率结果之间的视觉对比结果。从图中可以看到，FSTRAN恢复了最优的细节效果，并生成了最佳的视觉效果的结果，特别是针对超分辨率难度较大的网格处理，FSTRAN也生成了更加锐利的边缘，表现出了最佳的超分辨率效果，充分展示了FSTRAN方法的有效性和优越性。

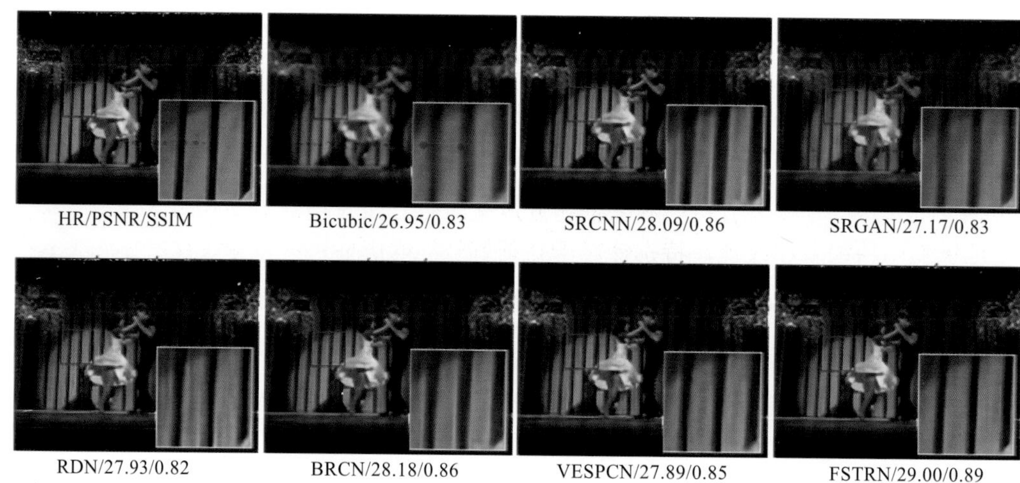

图3.27 原始帧和各类超分辨率算法重建得到的Dancing视频在4倍超分辨率单帧结果对比图

可以清晰看到FSTRAN不仅获得了最佳的PSNR和SSIM，也恢复出了最好的纹理细节，表现出更强的超分辨率水平

4. 小结

本节介绍了FSTRAN在FSTRN的基础上添加了注意力引导的上采样模块（AUM），AUM作用于视频超分辨率的上采样过程，通过注意力机制引导网络在重建过程中关注高频信息的恢复，可以帮助网络更好地恢复出相应的高频信息。消融实验充分表明了AUM能够辅助网络更集中于恢复出图像帧的高频信息，证明了AUM能够有效缓解高频信息在上采样过程的丢失，让网络重建出更丰富的高频信息，值得注意的是，AUM这种思路可以应用到大部分的后上采样结构的深度学习网络当中，提高特征利用率，获得更好的超分辨率结果。

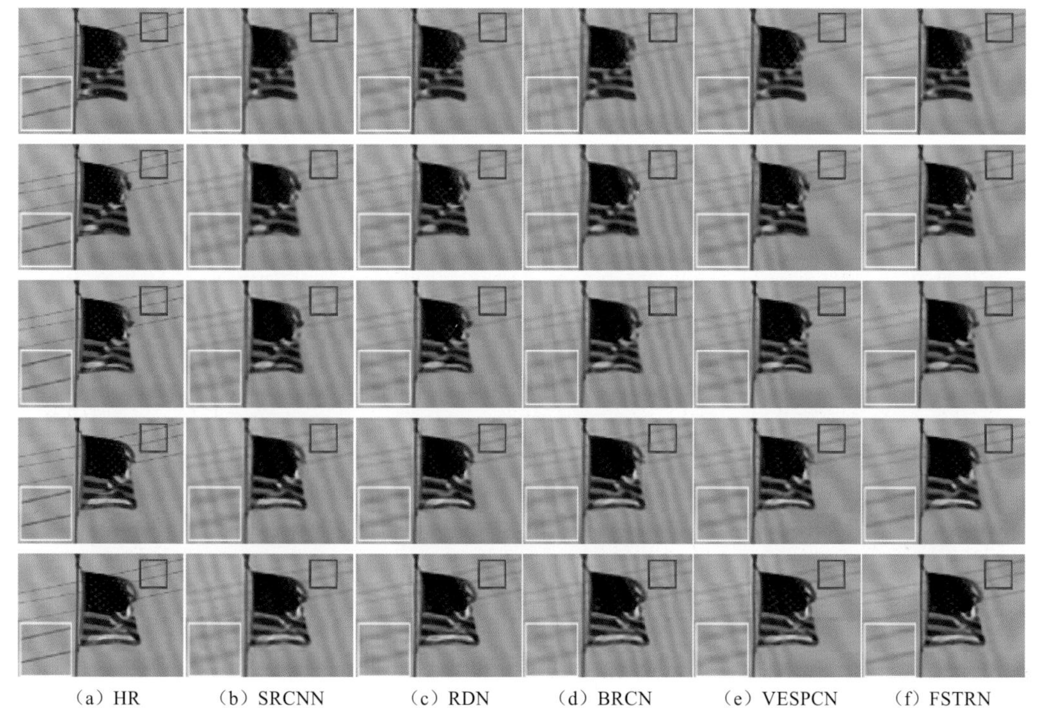

（a）HR （b）SRCNN （c）RDN （d）BRCN （e）VESPCN （f）FSTRN

图 3.28 原始帧和各类超分辨率算法重建得到的 Flag 视频在 4 倍超分辨率第 1 帧～第 5 帧多帧结果对比图

相比其他算法，FSTRAN 超分辨率结果帧间过度更为平滑，图像边缘更锐利，视觉效果明显更好，充分表明 FSTRAN 的有效性

基于公开数据集的定量和定性实验都表明 FSTRAN 拥有非常强的视频恢复能力，大幅超越了现有多种单帧超分辨率和多帧超分辨率网络，能够很好地保持边缘信息，也能较好地恢复图像细节和纹理，特别针对于高频信号能够更好地恢复和重建，表现出更佳的超分辨率定量和定性结果。

3.4 视频卫星超分辨率重建示例

前面的章节具体地讲解了多种超分辨率方法，它们各具特色，在不同的场合有广泛的应用价值。本节将展示运用这些超分算法对视频卫星进行超分辨率的实例，其中包括了基于插值的方法双三次插值，单图超分辨率算法 SRCNN、SRGAN 和视频（多图）超分辨率算法 FSTRN。通过应用以上方法对相同的卫星视频片段做超分辨率处理，并根据超分辨率效果阐释相关算法的特点。

本节中所使用的卫星视频片段均来自武汉大学 SIGMA 实验室，超分辨率的倍数设为 4 倍。SRCNN 为文献[64]中提供的 MATLAB 代码，使用的网络及参数为模型提出者提供的由 ImageNet 数据训练的 9-5-5 结构的 4 倍超分辨率网络及其参数；SRGAN 为 GitHub 中 TensorLayer Community 提供的模型的 Python 实现，其中 VGG19 采用预训练的模型，网络训练使用推荐的 DIV2K - bicubic downscaling ×4 competition 数据集；FSTRN 为模型提出者提供的基于 tensorflow 框架的 Python 实现代码，此处实验中采用 vimeo_ septuplet 数据集训练 FSTRN 模型。以下将展示基于两个不同卫星视频片段做超分辨率重建处理的结果。

为了方便将超分辨率重建的结果与原片段做对比，以检验超分辨率算法的重建能力，先将原视频片段做 4 倍下采样处理，得到对应的低分辨率视频，然后再对该低分辨率视频超分辨率，最后即可将超分辨率结果与原高分辨率视频做对比。下采样的过程包括高斯模糊处理和双三次插值下采样。此处还提供了直接使用双三次插值进行 4 倍超分辨率重建的结果，以供对照。低分辨率视频帧、经双三次插值的视频帧与高分辨率视频帧的对比如图 3.29 所示。

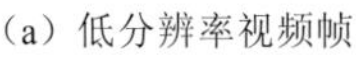

（a）低分辨率视频帧　（b）双三次插值视频帧　（c）高分辨率视频帧

图 3.29　低分辨率视频帧、双三次插值视频帧与高分辨率视频帧的比较

在观察各算法的超分辨率结果时，可发现 SRGAN 在 DIV2K 中提供的验证集超分辨率中可以达到真实照片级别的超分辨率效果，高质量地还原了高分辨率图像的细节，如图 3.30 所示；但在卫星视频上使用时效果不佳。初步分析原因是源代码中生成低分辨率图像的下采样方式为直接使用双三次插值，未采用高斯模糊，与卫星视频的下采样方式不一致导致训练无针对性。因此修改 SRGAN 中的下采样函数，增加了高斯模糊过程。此后 SRGAN 仍能将 DIV2K 验证集图像超分辨率出逼真的细节，但在卫星视频上超分辨率的输出图像中可以观察到明显的网格状痕迹，具体结果如图 3.31 所示。因此得出结论，SRGAN 虽然有着强大的恢复图像细节的能力，但其鲁棒性相对较差，只适用于对与训练集图像质量非常相似、且已具备一定细节的图像做超分辨率。因此，在下面的实验过程中，不再将 SRGAN 纳入对比。

（a）低分辨率图像　（b）SRGAN超分辨率图像

图 3.30　SRGAN 对 DIV2K 验证集的超分辨率效果

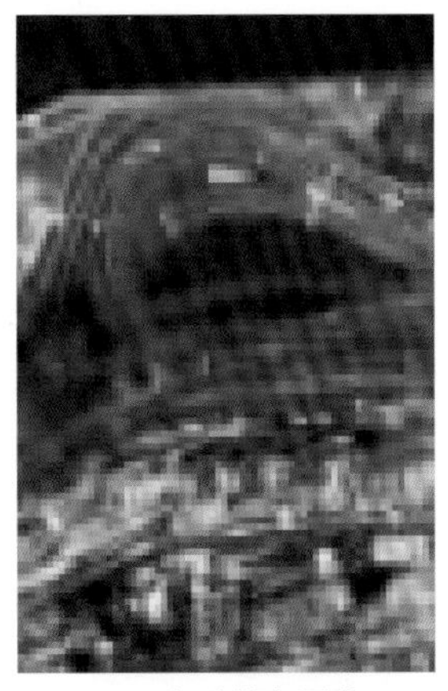

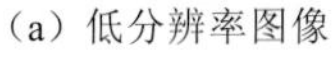

（a）低分辨率图像　　　　（b）SRGAN超分辨率图像

图 3.31　SRGAN 对卫星视频的超分辨率效果

超分辨率图像有明显的网格状痕迹

3.4.1　加拿大-温哥华-巴拉德湾卫星视频片段超分辨率重建

加拿大-温哥华-巴拉德湾卫星视频片段宽 200 像素，高 501 像素，共 418 帧。其地理坐标为北纬 49.29°、西经 123.11°，拍摄的传感器为国际空间站，分辨率约为 1 m。该拍摄区域基本为静止，只有一列火车和少数车辆在轨道或道路上通行，可以明显观察到运动。图 3.32 分别为该卫星视频片段第 1 帧、第 100 帧和第 200 帧的图像，从它们的对比中可明显观察到火车的运行方向。

（a）第1帧　　　　（b）第100帧　　　　（c）第200帧

图 3.32　加拿大-温哥华-巴拉德湾卫星视频片段的第 1 帧、第 100 帧和第 200 帧示意图

此处用该卫星视频片段比较单张图像的超分辨率效果。首先使用 SRCNN 对该卫星视频片段进行超分辨率重建处理。该 SRCNN 代码仅对 YCbCr 颜色空间的 Y 通道做超分辨率重

建并输出，因此本节中也仅对其 Y 通道的图像做展示。然后使用 SRGAN 和 FSTRN 分别对该视频片段做超分辨率，它们的输出都包含全部 3 个颜色通道。以第 1 帧为例，如图 3.33 所示，为双三次插值的视频帧、各算法的超分辨率结果与原高分辨率视频帧的比较。

（a）双三次插值视频帧

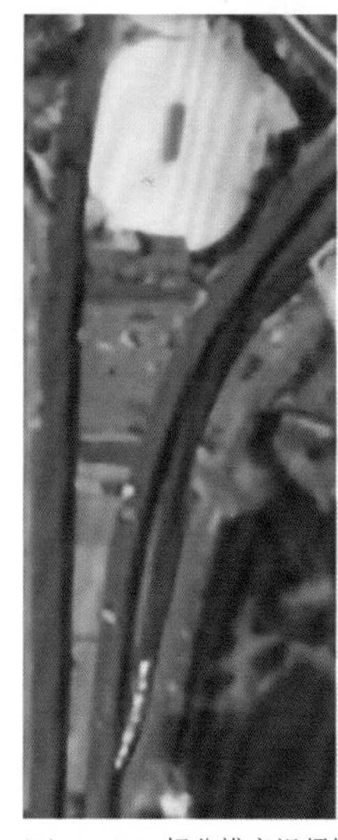

（b）SRCNN超分辨率视频帧

（c）FSTRN超分辨率视频帧

（d）原高分辨率视频帧

图 3.33　双三次插值的视频帧、各算法的超分辨率结果与原高分辨率视频帧的比较

从该结果对比可以看出，虽然三种超分辨率算法都将低分图像的长宽扩大到原来的 4 倍，但其对图像细节的恢复程度和视觉观感等截然不同。其中双三次插值对图像细节的恢复效果最差，超分辨率图像整体较为模糊，图像中的一些微小事物也难以分辨。这体现了基于插值的超分辨率算法与基于学习的方法相比的局限性，即对所有的低分辨率图像使用相同的计算方法，仅基于该图片信息进行超分辨率，而没有进行针对性的训练，难以保证对多数图像有好的超分辨率效果。

SRCNN 和 FSTRN 都较好地恢复了卫星视频的细节，其超分辨率结果与高分辨率图像十分相近，这体现了网络的训练过程给基于学习的超分辨率方法带来的优势。其中，SRCNN 恢复出的白色建筑边缘更为锐利，而 FSTRN 则更好地恢复了公路、铁路和火车的边缘。在超分辨率效率方面，FSTRN 的超分辨率速度优于 SRCNN，这与代码实现的语言、运行平台，以及单图和多图超分辨率的特点等都有关系。整体来说，SRCNN 和 FSTRN 都达到了令人满意的超分辨率效果。

3.4.2　香港卫星视频片段超分辨率重建

香港卫星视频片段宽 280 像素，高 430 像素，共 297 帧。其地理坐标为北纬 22.30°、东经 114.16°，拍摄的传感器为“吉林一号”03 星，分辨率为 0.92 m。该拍摄区域随着时间推移逐渐移动，因此适合用于观察视频超分辨率结果是否具有帧间连贯性。图 3.34 分别为该卫星视频片段第 1 帧、第 100 帧和第 200 帧的图像，从它们的对比中可明显观察到画面中的拍摄区域整体发生平移。

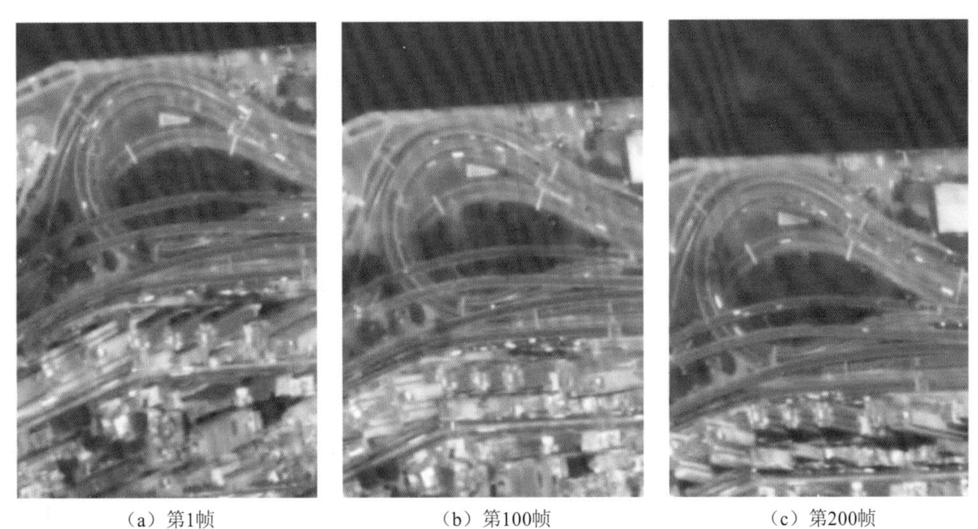

图 3.34　香港卫星视频片段的第 1 帧、第 100 帧和第 200 帧示意图

用该卫星视频片段比较超分辨率结果多帧间的连贯性和一致性。比较方法为：提取连续帧的同一行像素，将其按时间顺序从上到下拼接起来。根据所形成的图像纵向上的平滑程度等信息，就可以比较不同超分辨率方法结果的帧间连贯性。如图 3.35 所示，实验中选取了左图香港卫星视频中的黄线部位的一行像素并进行上述处理，右图为 SRCNN 和 FSTRN 超分辨率后得到的连续帧对该位置像素的拼接结果。

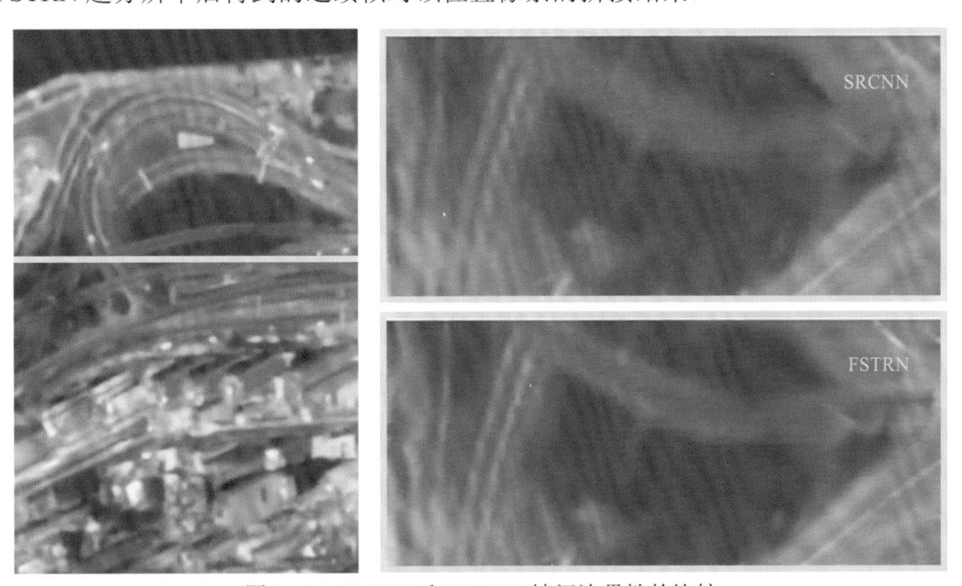

图 3.35　SRCNN 和 FSTRN 帧间连贯性的比较

右图上下分别为 SRCNN 和 FSTRN 对该数据集的超分辨率结果处理得到，处理过程为：取超分辨率结果的前 120 帧，将左图中黄线位置（第 180 行）的一行像素按时间顺序从上到下拼接而成

尽管两种算法都有着不错的超分辨率表现，但 SRCNN 图中白色线条出现锯齿，整体效果也相对更加模糊；而 FSTRN 图中的白色线条则几乎观察不到锯齿，线条边界也更清晰。视觉效果上，FSTRN 的超分辨率结果更胜一筹。因此可得出结论，与单图超分辨率算法 SRCNN 相比，视频超分辨率算法 FSTRN 有效地提取了视频连续帧之间的时序

信息，从而生成了帧间连贯性更好、过渡更平滑的超分辨率视频输出。

综上所述，基于学习的超分辨率算法各自有着独特的优点，也有着一定的局限性。单图超分辨率算法在对单张图像进行超分辨率时，易于生成更加细腻、逼真的超分辨率图像，但若应用于视频超分辨率，则可能导致前后帧之间连贯性较差，且超分辨率效率相对较低；多图或视频超分辨率算法进行视频超分辨率时，其单帧超分辨率效果可能无法与单图超分辨率算法的效果相媲美，但它的超分辨率结果帧间连续性好，对视频的超分辨率效率高。因此，在应用于视频卫星超分辨率重建时，应结合具体的数据特征和超分辨率目的，选用合适的超分辨率算法，从而更好地满足后续处理和利用视频卫星的需要。

3.5 本章小结

本章介绍了视频卫星预处理过程中至关重要的一步——超分辨率重建。视频卫星在投入具体应用之前，需要接受一系列预处理，如超分辨率、视频去噪等，才能更好地匹配应用的需要。视频卫星的超分辨率重建主要是对在视频卫星端被压缩降质的视频进行超分辨率，尽可能恢复视频原来包含的信息，并使清晰度、真实度和细节纹理质量共同提升，以达到提高视频的可读性的目的，并使得此后卫星视频被用于进行目标识别或目标跟踪等操作时更加易于处理，提高识别与跟踪的精度等。因此，超分辨率重建是卫星视频预处理过程中不可或缺的一步。

视频卫星的超分辨率重建属于视频超分辨率的一种，而视频超分辨率又是从图像超分辨率中衍生出来的，它可以是简单地将单帧图像超分辨率应用在视频的每一帧上，也可以是在单帧图像超分辨率的基础上加入前后帧之间的关联，即时间维度的信息来实现。

目前，一般视频的超分辨率重建仍有诸多难题尚未解决，而卫星视频区别于一般视频的许多特点又使视频卫星的超分辨率重建衍生出新的难题。卫星视频尺寸巨大，加重了算法运行负担，导致重建效率进一步降低；且卫星在拍摄视频时，容易受到器件性能、光照变化、大气散射、目标运动和压缩失真等干扰因素的影响，造成模糊效应，这令视频卫星的超分辨率重建更加困难，尤其体现在细节和纹理的恢复上。使用基于稀疏字典学习的超分辨率重建技术时，卫星视频的降质会削弱图像高低维流形空间的一致性，造成高低分辨率字典投影系数间存在较大差异，最终导致合成的图像存在较大感知失真。在应用基于深度学习的超分辨率模型时，还要根据卫星视频特点选取合适的超分辨率模型，并查找或制作合适的数据集，有针对性地训练网络。

在深度学习之前，传统超分辨率方法主要分为基于插值、基于重建和基于学习的三种方法。常用插值算法包括最近邻插值、双线性插值和双三次插值等，其特点为实现简单、效率较高，但超分辨率效果不够理想。而基于重建和学习的超分辨率有效提升了超分辨率质量。基于深度学习的超分辨率方法又在传统方法基础上做出重大突破，以SRCNN 为代表的深度学习模型极大地提升了算法输出在 PSNR、SSIM 和视觉效果上的指标。

其中，SRCNN 以低分辨率图像作为输入，用端对端的方式学习低分辨率和高分辨率图像之间的非线性映射关系，然后输出对应的高分辨率图像。其模型主要由三层卷积网络组成，分别用于特征提取、对特征进行非线性变换并转换到高维特征向量、将得到的特征图转换为目标高分辨率图像。其思想和实现结构简单，重建效率高且易于优化模型。后来出现的 SRGAN，采取生成对抗网络的思路，利用感知损失和对抗损失共同作用来提升重建图像的真实感，弥补了一众深度学习超分辨率算法输出图像的视觉效果欠佳的缺点，是图像超分辨率的另一有效思路。

为了将图像超分辨率推广为视频的超分辨率，一种直观的方法是将二维卷积替换为三维卷积，让机器学习到时间维度的信息，但增加的维度会使网络参数量和计算量大大增加。因此本章还介绍了一种基于快速时空残差网络的超分辨率算法（FSTRN）及其引入注意力机制的版本（FSTRAN）。它们利用了低分辨率图像和高分辨率图像的相似性进行多层次的残差学习，使网络更加关注于高频区别，并将 $k\times k\times k$ 的卷积分解为 $l\times k\times k$ 和 $k\times l\times l$ 的分步卷积，既保证了特征提取效果，又提高了算法效率。同时，FSTRAN 引入注意力机制，引导网络关注视频上采样过程中高频信息的恢复，从而加强了网络对高频信息的恢复重建能力，提升了视频超分辨率效果。

最后本章给出了利用各超分辨率方法对卫星视频片段进行超分辨率的示例，客观、直观地展示了它们的实际应用效果，并根据结果得出了各方法的优缺点。读者可以以此为依据，根据实际需要选取合适的模型对视频卫星做超分辨率处理。

第4章　特征提取

4.1　特征提取的概念

跟踪器可以分为 5 个部分，即运动模型、特征提取、观测模型、模型更新和整体后处理，而特征提取对跟踪器的整体性能至关重要[135]。特征提取旨在将图像转换为特定空间中的向量，使计算机程序或者算法能够从底层视频图像中抽取部分具有代表性的特征信息对跟踪目标进行表征。通常，特征提取能够提供比原始图像更为稳定的信息描述，使这种描述尽可能表达某一类图像的共性特点，以便算法进行判别和处理。特征提取的好坏直接影响目标跟踪方法的精确度和鲁棒性，并且从原始视频序列中提取具有较强表征能力的特征一直是传统计算机视觉领域的研究难点。近几年在目标跟踪领域，对不同代表性特征的研究已达到新的高度，从经典的手工特征（HOG+CN）到目前流行的深度学习特征。在卫星视频中，因空间分辨率有限，造成目标外观视觉区分度下降，给目标的特征提取带来很大的挑战。

4.2　卫星视频目标特征提取的难点

由于视频卫星的超视距摄像，地表目标的空间分辨率有限，仅能观测到大概轮廓而缺乏颜色、纹理等细节信息。同时，不确定的星际成像环境和星地传输条件，造成卫星视频质量不稳定，噪声普遍存在。图 4.1 展示了卫星视频中常见的跟踪目标（如飞机、列车和汽车等），它们在卫星视频中的画面呈现是白色的点或者线，特征非常少且与背景极为相似。如何获取具有鉴别性的目标表征，对卫星视频目标跟踪任务尤为重要。

(a)　(b)　(c)
(d)　(e)　(f)

图 4.1　卫星视频中常见的跟踪目标

（a）和（d）图中黄色矩形框标识的是飞机、（b）和（e）图中黄色矩形框标识的是列车、（c）和（f）图中黄色矩形框标识的是汽车

4.3　卫星视频目标特征提取的关键技术

当前计算机视觉领域中的图像特征提取主要包括由专家设计的手工图像特征和卷积网络特征两种类型[136]。前者主要由图像处理专家为特定视觉任务设计某种图像描述，后者主要为通过深度神经网络在大规模图像数据集上进行训练而得出的图像表示。

4.3.1　专家设计图像特征

1. 直方图特征

图像的直方图[137]是一种图像统计特征，其基本思想是统计图像中的亮度信息（若图像是彩色图像，则根据不同的颜色分量来统计各自的亮度信息）。图 4.2 展示了图像直方图特征的示意图，可以看出示例图像中较暗的背景区域占有更多的面积，导致画面整体亮度偏低，因此在直方图中低亮度 bin 中对应的像素数量较多。

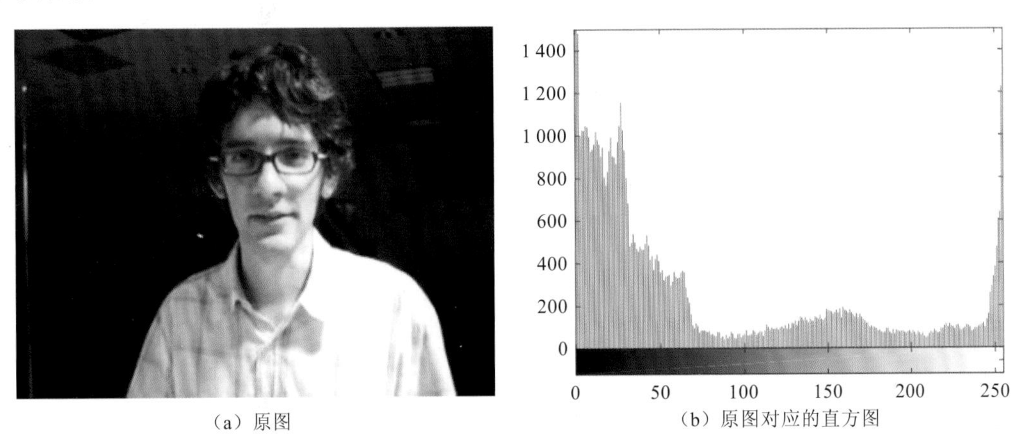

（a）原图　　（b）原图对应的直方图

图 4.2　图像直方图特征示意图

利用直方图统计图像特征时，首先约定需要统计区域的个数，通常约定的区域是均等地将像素亮度强度（0～255）进行划分，在图像处理领域中，人们将每个区域称为一个 bin。然后，算法逐个遍历图像中的像素获取其像素点亮度信息并根据约定的区域将该像素点放入指定的 bin 中。遍历完毕后，统计每个 bin 中包含像素点的个数，这就是直方图特征。

直方图特征由于其计算代价较小，且具有图像平移、旋转、缩放不变性等众多优点，可广泛应用于图像处理的各个领域，特别是灰度图像分割、基于颜色的图像检索及图像分类。

1）图像分割

图像分割是图像识别的基础，对图像进行图像分割，将目标从背景区域中分离，可以避免图像识别时在图像上进行盲目的搜索，大大提高图像识别的效率及识别准确率。基于灰度直方图的图像分割计算简单，主要通过阈值将灰度图像转换为二值图像。如果图像适合阈值化，则直方图将呈现出双峰形态。在直方图中两个峰之间的某个位置可以找到合适的阈值，用于将这两组分开以实现图像分割。适用于目标与背景分布于不同灰度范围的灰度图像，特别是遥感图像。

2）图像检索

图像检索是指快速有效地从大规模图像数据库中检索出所需的图像，是目前一个非常重要又富有挑战性的研究课题。颜色特征由于其直观性、计算代价较小等优点，在图像检索中扮演着重要角色，早期的图像检索算法也主要利用颜色特征，特别是颜色直方图。

3）图像分类

图像分类任务主要是对一组图进行一系列自动处理，最终确定图形所属的类别。图像分类具有广泛的应用前景，是计算机视觉的难点问题。针对图像分类的算法众多，其中以基于 bag-words 模型的方法最为经典有效。该方法首先利用提取的颜色、形状等特征构建视觉词典，然后在图像上统计视觉词的直方图，最后利用视觉词的直方图作为特征，采用分类器进行分类决策。

2. 尺度不变特征

尺度不变特征变换最初由 Lowe[138]提出，是图像处理领域中一种常见的描述。这种描述具有尺度不变性，可在图像中检测出关键点，是一种局部特征描述子。SIFT 特征是基于物体上的一些局部外观兴趣点而与影像的大小和旋转无关。对光线、噪声、微视角改变的容忍度也相当高。基于这些特性，它们是高度显著而且相对容易撷取，在母数庞大的特征数据库中，很容易辨识物体而且鲜有误认。使用 SIFT 特征描述对部分物体遮蔽的侦测率也相当高，甚至只需要 3 个以上的 SIFT 物体特征就足以计算出位置与方位。在现今的电脑硬件速度下，辨识速度可接近即时运算。SIFT 特征的信息量大，适合在海量数据库中快速准确匹配。SIFT 特征的主要特点可归纳为以下 5 点。

（1）SIFT 特征是图像的局部特征，其对旋转、尺度缩放、亮度变化保持不变性，对视角变化、仿射变换、噪声也保持一定程度的稳定性。

（2）区分性好且信息量丰富，适用于海量特征数据库中进行快速、准确的匹配。

（3）多量性，即使少数几个物体也可以产生大量的 SIFT 特征向量。

（4）高速性，经优化的 SIFT 匹配算法甚至可以达到实时的要求。

（5）可扩展性，可以很方便地与其他形式的特征向量进行联合。

图 4.3 中展示了尺度不变特征，可以看出 SIFT 特征是一种典型基于关键点的图像表示方法，其关键点大多分布于亮度变化明显的区域，其计算方法主要包括以下 4 个步骤。

（1）尺度空间极值检测。为了适应不同的图像尺度，算法采用比例过滤机制来检测不同尺度的图像关键点。

（2）关键点局部化。通过泰勒级数展开获取更加精确的极值坐标，然后通过阈值过滤机制剔除低对比度的关键点，保留强烈的兴趣点。

（3）方向分配。将方向分配给每个关键点，以实现图像旋转不变性，算法根据缩放比例，在关键点位置周围进行邻近处理，并计算该区域的梯度大小和方向。

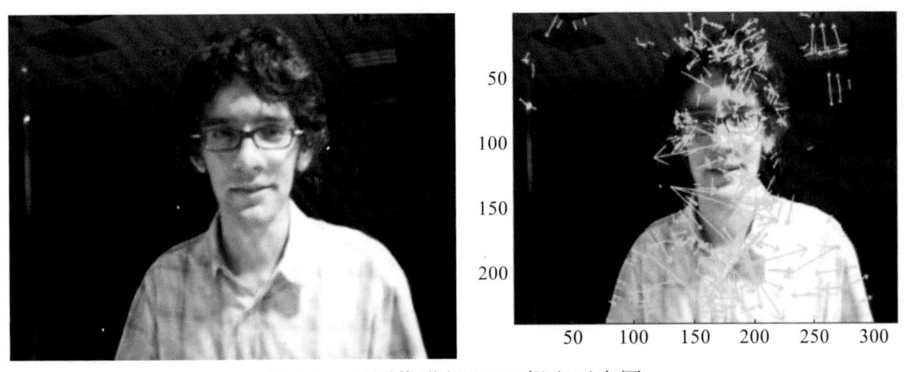

图 4.3　对图像进行 SIFT 提取示意图

（4）创建关键点描述符。在上述保留的关键点中利用邻域，分别创建各自的方向直方图用以形成关键点描述符向量。

如图 4.4 所示，在不同尺度图像下利用 SIFT 进行特征点匹配，尽管左、右两幅图像具有不同的尺度，但算法能够通过各自关键点之间的关系来进行图像对齐。由于 SIFT 特征具有尺度不变性，在具有不同尺度的图像中，该特征可用于特征点匹配[139]任务，进而实现图像中的关键点对齐。

图 4.4　在不同尺度图像下利用 SIFT 进行特征点匹配的示意图

3. 方向梯度直方图特征

方向梯度直方图是一种用于机器视觉图像处理的特征描述符，该特征最早由 Dalal 等[140]提出，用于图像中的行人检测任务，随后，该特征被广泛应用于其他计算机视觉任务，例如目标跟踪、图像分类、物体分割等。

HOG 主要用于局部图像梯度的方向信息统计值。这种方法跟边缘方向直方图（edge orientation histograms，EOH）、尺度不变特征变换及形状上下文方法（shape contexts）有很多相似之处，但与之不同的是：HOG 描述器是在一个网格密集且大小统一的细胞单元上计算，而且为了提高性能，采用了重叠的局部对比度归一化（overlapping local contrast normalization，OLCN）技术。HOG 特征的具体计算包括如下三个步骤。

1）梯度计算

许多特征检测的第一步都是要进行图像的预处理，如归一化颜色值和 Gamma 值，但如 Dalal 等[140]指出的那样，HOG 描述子可以省略这个步骤，因为它其中的描述子归一化处理能达到同样的效果。图像预处理对最终效果的贡献微薄，所以第一步就是计算梯度值。最通常用的方法就是简单地应用一个一维的离散梯度模版分别应用在水平和垂直方向上。可以使用[−1, 0, 1]或者$[-1, 0, 1]^{-1}$这两个卷积核进行卷积。Dalal 等[140]也测试了其他更加复杂的卷积核，例如 3×3 的 Sobel 卷积核（索贝尔算子）和斜角卷积核，但是这些卷积核在行人检测的实验中表现得都很差。他们还用高斯模糊进行预处理，但是在实际运用中没有模糊反而效果会更好。

2）直方图统计的方向单元划分

计算的第二步是建立分块直方图。每个块内的每个像素对方向直方图进行投票。每个块的形状可以是矩形或圆形的,方向直方图的方向角取值可以是 0°～180° 或者 0°～360°，这取决于梯度是否有正负。Dalal 等[140]发现在行人检测实验中，把方向分为 9 个通道效果最好。至于投票的权重，可以是梯度的幅度本身或者是它的函数。在实际测试中，梯度幅度本身通常产生最好的结果。其他可选的方案是采用幅度的平方或开方，或者幅度的裁剪版本。

3）描述器区块

为了解释光照的改变，梯度强度必须要局部归一化，这需要把方格集结成更大、在空间上连结的区块。HOG 描述器是归一化方格直方图的元向量，该直方图由所有区块计算而来。这些区块通常会重叠，意味着每个方格不止一次影响了最后的描述器。区块几何主要有两种，一种是矩形的 R-HOG 区块，另一种是圆形的 C-HOG 区块。

R-HOG 区块一般由多个方格子组成，包括三个表示参数：每个区块有多少方格、每个方格有几个像素及每个方格直方图有多少通道。Dalal 等[140]在行人检测实验中，发现最优单元块划分是 3×3 像素或 6×6 像素，同时直方图是 9 通道。并且证实在对直方图做处理前，给每个区间加一个高斯空域窗口是非常必要的，因为这样可以降低边缘周围像素点的权重。R-HOG 与 SIFT 描述器看起来相似，但他们的不同之处在于 R-HOG 是在单一尺度下、密集网格内、没有对方向排序的情况下被计算出来的；而 SIFT 描述器则是在多尺度下、稀疏图像关键点上、对方向排序的情况下被计算出来的。补充一点，R-HOG 是各区间被组合起来用于对空域信息进行编码，而 SIFT 的各描述器是单独使用的。

C-HOG 区间（Blocks）有两种不同形式，区别在于一种的中心细胞是完整的，另一种的中心细胞是被分割的。但 C-HOG 的两种形式都能取得相同效果。C-HOG 区间可以用 4 个参数来表征：角度盒子的个数、半径盒子个数、中心盒子的半径、半径的伸展因子。对于 R-HOG，中间加一个高斯空域窗口是非常有必要的，但对于 C-HOG，就显得没有必要。C-HOG 看起来很像基于形状上下文的方法，但不同之处是 C-HOG 的区间中包含的细胞单元有多个方向通道，而基于形状上下文的方法仅仅只用到了单一的边缘存在数。

总而言之，在对图像提取特征时，HOG 可与类似于滑动窗口的块结合用。块被认为是像素网格，其中块内像素的强度变化（大小和方向）构成梯度。然后，算法将这些梯度向量进行压缩以保留最主要成分和结构，这样最终得出的特征能够丢弃图像中无关紧要的成分，保留最本质的信息。图 4.5 展示了图像 HOG 特征提取的一个例子，从视觉上看，所提取的特征在外观表示上与物体形态具有一定关联。

（a）原图

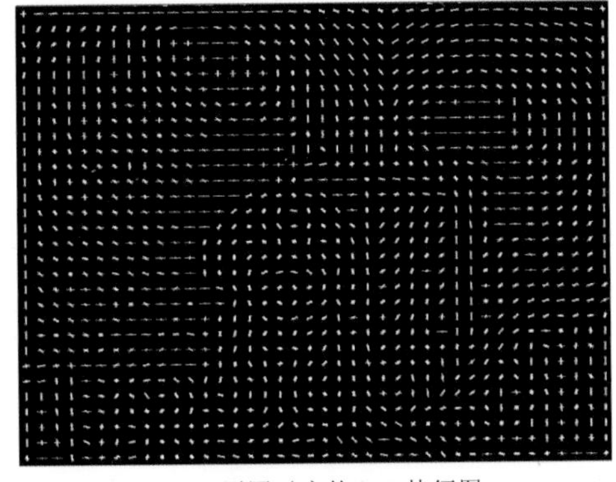

（b）原图对应的HOG特征图

图 4.5　对图像进行 HOG 特征提取示意图

4.3.2　卷积网络特征

1. LeNet 深度网络

LeNet 有多个版本的网络结构，其中 LeNet-5 是比较常用的一种结构。LeNet-5 是 1998 年由 LeCun 等[141]设计出的卷积神经网络，用于手写数字识别。LeNet 深度网络是早期卷积神经网络中最有代表性的实验系统之一，被应用于美国大多数银行来识别支票上面的手写数字。LeNet-5 的网络结构示意图如图 4.6 所示。

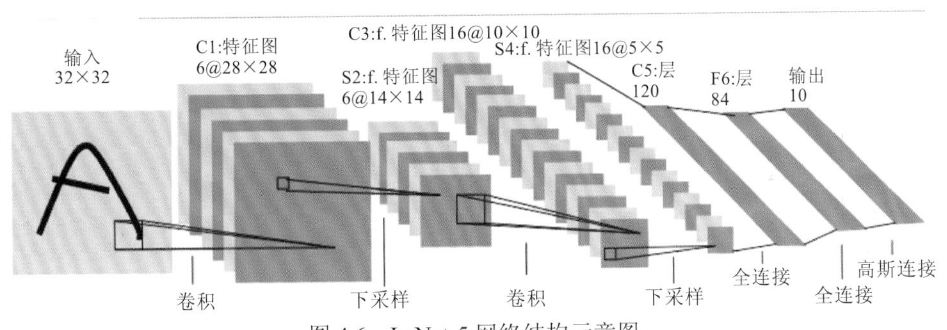

图 4.6　LeNet-5 网络结构示意图

LeNet-5 网络共 7 层，其中包括 2 个卷积层、2 个池化层和 3 个全连接层。需要注意两点。一是 S2 层与 C3 层之间的卷积过程，因为 S2 层有 6 层特征图，不能与第一层卷积一样直接计算，所以需要按照一定的顺序组合这些层。C3 层中的每个节点都与 S2 层中的多个图相连，具体方法如表 4.1 所示。举个例子，C3 层的第 0 张特征图中的每一点与 S2 层中的第 0、1、2 张特征图中的 3 张 5×5 节点相连。该卷积过程的示意图如图 4.7 所示，这样操作可以更加全面地反映图像特征。另一点在于池化层，LeNet-5 网络的池化层计算方法为 2×2 的输入节点求和取平均值，然后与系数 w 相乘再加上偏置参数，最终经过激活函数后就得到下一层节点的值。在整个卷积的过程中池化的核不重叠。

表 4.1　S2 层与 C3 层连接表

S2	C3															
	0	1	2	3	4	5	6	7	8	9	10	11	12	13	14	15
0	×				×	×	×			×	×	×	×		×	×
1	×	×				×	×	×			×	×	×	×		×
2	×	×	×				×	×	×			×		×	×	×
3		×	×	×			×	×	×	×			×		×	×
4			×	×	×			×	×	×	×		×	×		×
5				×	×	×			×	×	×	×		×	×	×

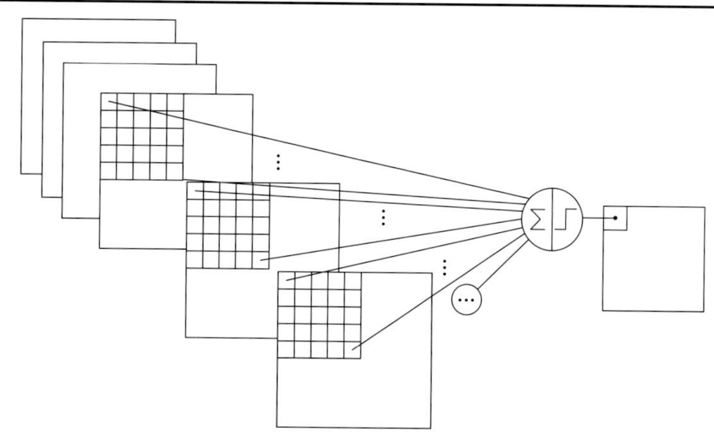

图 4.7　LeNet-5 中 S2 层与 C3 层卷积操作示意图

卷积网络在本质上是一种从输入到输出的映射，它能够学习大量的输入与输出之间的映射关系，而不需要任何输入和输出之间的精确的数学表达式。但是 LeNet-5 存在局限性：CNN 能够得出原始图像的有效表征，这使得 CNN 能够直接从原始像素中，经过极少的预处理，识别视觉上面的规律。然而，由于当时缺乏大规模训练数据，计算机的计算能力也跟不上，LeNet-5 对于复杂问题的处理结果并不理想。

2. Alex 深度网络

在 2012 年 ILSVRC 的图像挑战赛，AlexNet 以 15.3%的错误率远远超出其他图像分类算法[142]，使深度学习开始受到研究界的广泛关注。图 4.8 展示了 AlexNet 的网络结构，AlexNet 网络结构包含 5 层特征提取层，各层的特征图分辨率逐渐降低。

AlexNet 最初被研究者提出以解决图像分类问题，其中输入是 1 000 种不同类别（如猫、狗、车辆等）之一的图像，而输出是 1 000 个数字的向量，输出向量的第 i 个元素表示输入图像属于第 i 个类别的概率，因此输出向量的所有元素之和为 1。

AlexNet 网络结构由 8 层组成，5 个卷积层和 3 个全连接层，但这并不仅仅是让 AlexNet 具有突出性能的原因。相比较经典的深度卷积网络，例如 LeNet[91]、AlexNet 的特点主要有以下三点。

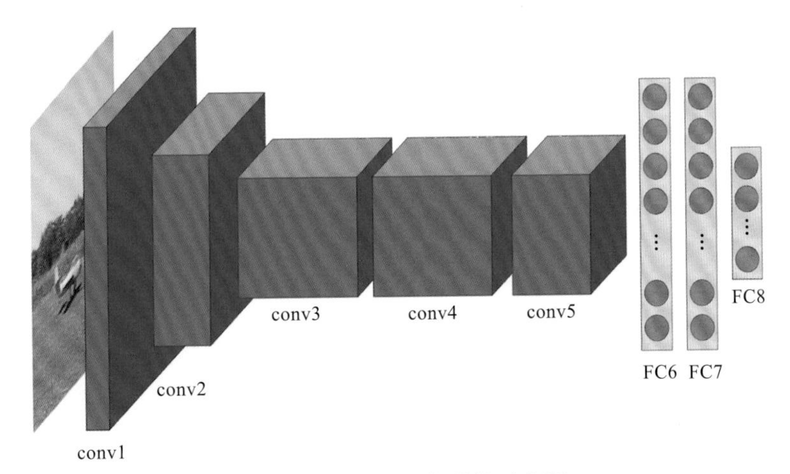

图 4.8　AlexNet 网络结构示意图

（1）采用 ReLU 激活函数来代替当时主流的 Tanh 激活函数。ReLU 激活函数的表达式为

$$f(x)=\max(0,x) \tag{4.1}$$

从式（4.1）和图 4.9 可以明显看出 ReLU 是取最大值的函数。与此同时，ReLU 函数也是一个分段线性函数（图 4.9），把所有的负值都变为 0，正值不变，这种操作被称为单侧抑制。这也就是说，在输入是负值的情况下，其输出为 0，那么神经元就不会被激活。这意味着同一时间只有部分神经元会被激活，使得网络很稀疏，从而提高计算效率。正因为有了这单侧抑制，才使得神经网络中的神经元也具有了稀疏激活性。尤其体现在深度神经网络模型（如 CNN）中，当模型增加 N 层之后，理论上 ReLU 神经元的激活率将降低 2 的 N 次方倍。

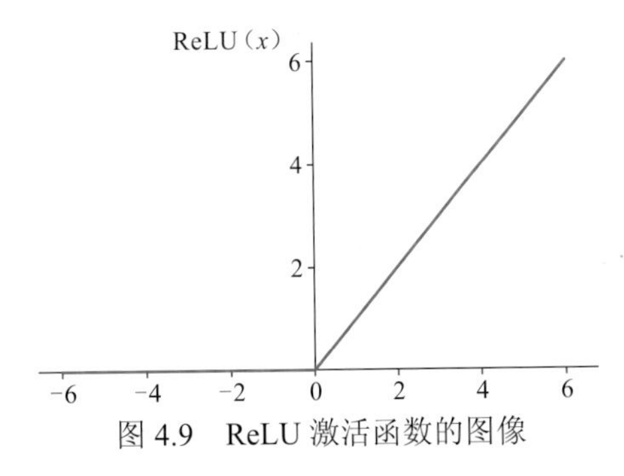

图 4.9　ReLU 激活函数的图像

其带来的主要优势：①没有饱和区，不存在梯度消失问题；②没有复杂的指数运算，计算简单、效率提高；③实际收敛速度较快，比 Sigmoid/tanh 快很多；④比 Sigmoid 更符合生物学神经激活机制。

（2）使用剪枝（dropout）方法，通过减少深度网络参数的数目来代替经典 CNN 中的正则化以处理过拟合问题。如一般线性模型采用正则化方法防止模型过拟合一样，在神经网络中 dropout 通过修改神经网络本身结构来实现，对于某一层的神经元，根据定义的概率将一些神经元置为 0，这个神经元就不参与前向和后向传播，同时保持输入层与输出层神经元的个数不变。然后按照神经网络的学习方法进行参数更新。在下一次迭代中，又重新随机删除一些神经元（置为0），直至训练结束，如图4.10所示。

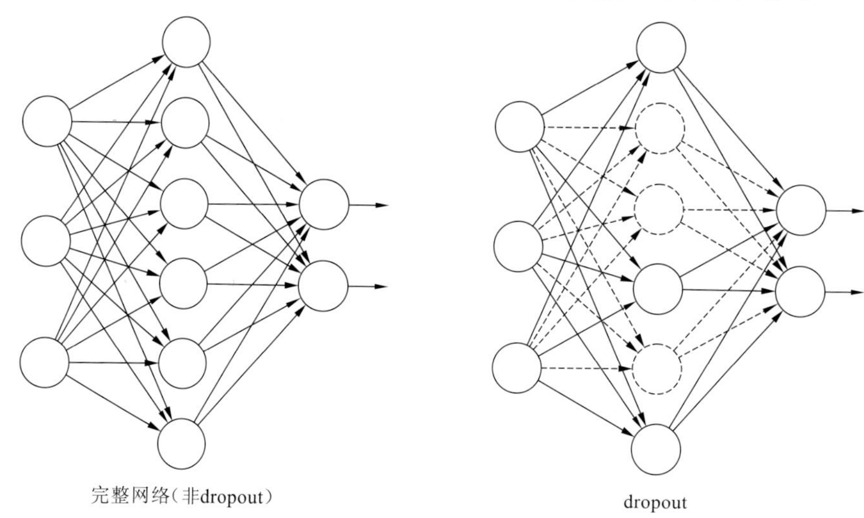

图 4.10　dropout 的示意图

dropout 应该算是 AlexNet 中一个很大的创新，现在为神经网络中的必备结构之一。dropout 也可以看成是一种模型组合，每次生成的网络结构都不一样，通过组合多个模型的方式能够有效地减少过拟合，dropout 只需要两倍的训练时间即可实现模型组合（类似取平均）的效果，非常高效。

（3）使用重叠池化（overlapping pooling）对经典 CNN 网络池化进行扩展。在 LeNet 中池化是不重叠的，即池化窗口的大小和步长是相等的，如图 4.11 所示。

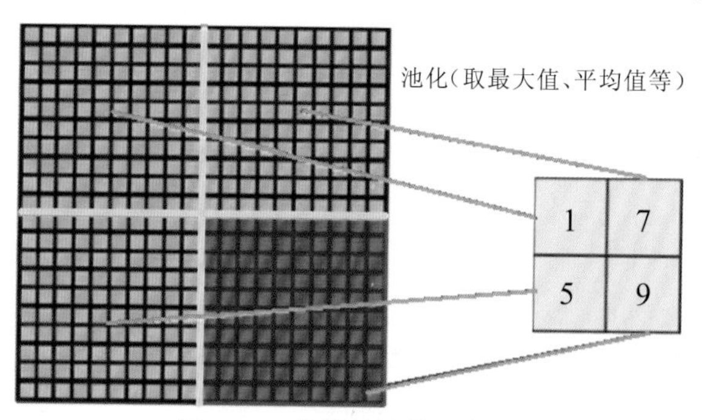

图 4.11　非重叠池化示意图

在 AlexNet 中使用的池化（pooling）却是可重叠的，也就是说，在池化的时候，每次移动的步长小于池化的窗口长度。AlexNet 池化的大小为 3×3 的正方形，每次池化移动步长为 2，这样就会出现重叠。重叠池化可以有效缓解模型的过拟合现象，提升模型预测精度。除图像分类领域以外，AlexNet 在其他机器视觉任务中也有着广泛应用。

3. VGG 深度网络

尽管 2012 年问世的 AlexNet 网络结构取得了非常优异的成绩，然而在图像分类准确度方面仍然存在一些不足，于是 Simonyan 和 Zisserman[68]提出了更深层的卷积神经网络结构 VGG，该网络有多个版本，图 4.12 展示了 VGG-16 网络的结构示意图，典型的 VGG

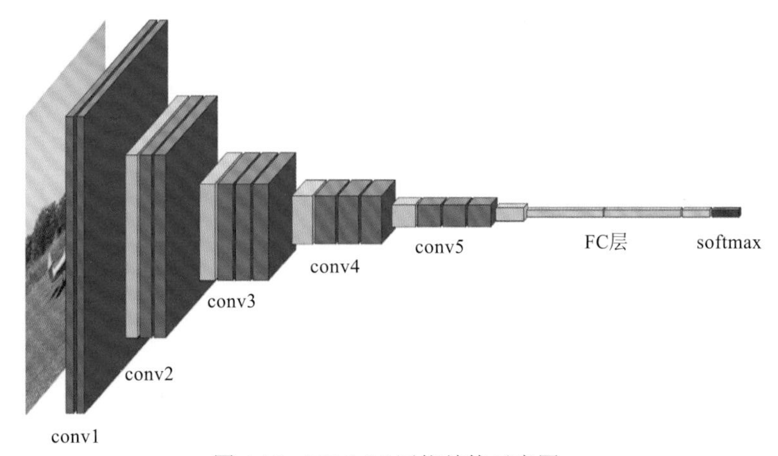

图 4.12　VGG-16 网络结构示意图

网络通常包含有5个卷积层，其特征图分辨率逐渐降低。与AlexNet网络相比，VGG网络存在以下4点不同。

（1）VGG 没有像 AlexNet 那样使用大面积的感受野（receptive field）。AlexNet 的感受野大小为 11×11，步进(stride)为 4，而 VGG 网络的感受野大小为 3×3，步进为 1。

（2）全连接层含有 3 个 ReLU 单元，决策函数具有更强大的判别能力。这样使得网络的参数也更少，其参数数目为通道数的 27 倍，而不是 AlexNet 通道数的 49 倍。

（3）VGG 包含 1×1 的卷积核，以使决策函数更加突出非线性特质。

（4）小尺寸的卷积滤波器允许 VGG 网络具有大量的权重层；当然，更多的层可以提高性能。

作为一种创新的物体识别模型，VGG 深度网络最多支持 19 层，此外，它还有 11 层、13 层和 16 层的版本。VGG 网络属于一种深层卷积神经网络，它在 ImageNet 之外的许多任务和数据集上也优于基线算法。VGG 现在仍然是最常用的图像识别体系结构之一。

4. Residual 深度网络

随着研究者提出深度网络结构越来越深，人们发现深层网络存在“梯度消失”的问题，即在根据误差计算梯度进行反向传播时，如果计算出来的导数小于 1，那么传播到网络浅层的梯度就会呈指数衰减。为了解决这个问题，He 等[69]提出了残差深度网络。

ResNet 的核心思想是引入一个跳过一层或多层的所谓“快捷方式连接”。该网络的提出者认为，堆叠更多的网络层不应降低网络性能，这表明较深的模型不应产生比其较浅模型更高的训练误差。为此在深度网络中引入一种基于残差块的恒等映射技术，通过学习残差的方式使网络学习数据之间的映射关系，从而实现网络性能的提升。

如图 4.13 所示，残差单元通过恒等映射技术在输入和输出之间建立了一条直接的关联通道，从而学习输入和输出之间的残差，这有点类似于电路中的“短路”，所以是一种短路连接。设 $F(X,W_i)$ 为残差映射，那么输出 $Y=F(X,W_i)+X$ 。当输入和输出通道数相同时，可以直接进行相加；而当它们之间的通道数不同时，就需要考虑一种方法使得处理后的输入 X 与输出 Y 的通道数相同，这个方法函数被称为恒等映射技术函数，即 $Y=F(X,W_i)+W_s*X$ 。

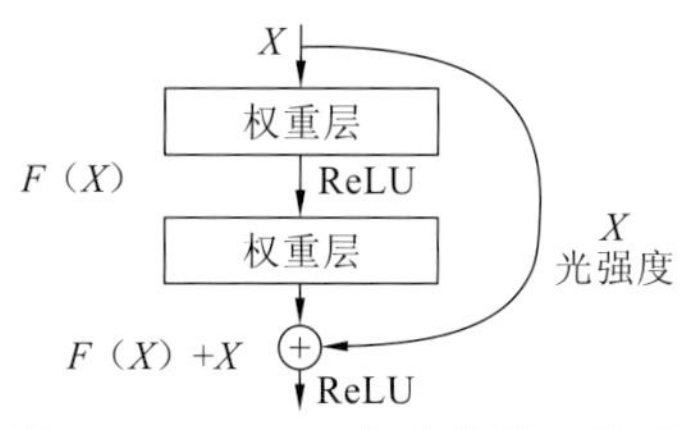

图 4.13　ResNet 中残差学习单元

4.4　卫星视频目标特征提取示例

4.4.1　方向梯度直方图特征

HOG 是图像处理及计算机视觉领域中常用的边缘特征表示方法，主要思想是：通过计算图像中局部方格单元的梯度方向，并对其进行统计，构成直方图。其中，梯度方向能够对物体的形状及边缘进行很好的描述。而在图像的局部方格单元上进行操作，可以很好地应对大空间领域上的形变，如光照变化、几何形变等。

图 4.14 展示了卫星视频中目标列车的原始图像与 HOG 边缘特征。

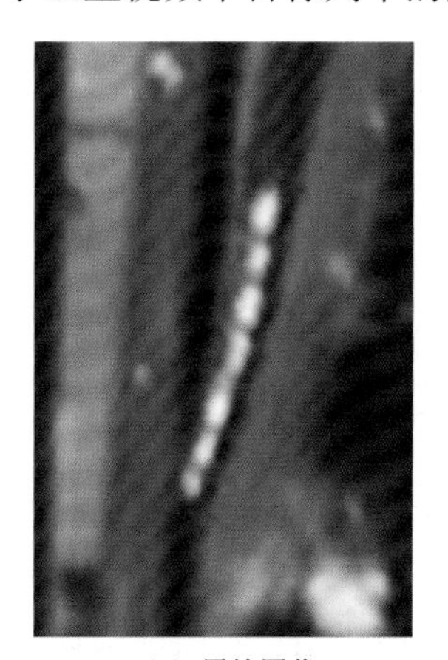

（a）原始图像

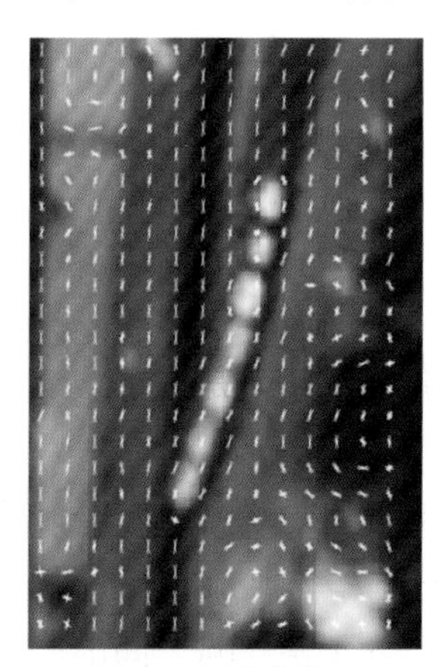

（b）HOG边缘特征

图 4.14　原始图像与 HOG 边缘特征

4.4.2　自适应颜色属性特征

自适应颜色属性特征（color names，CN）是跟踪领域中广泛使用的颜色特征描述方法，于 2014 年由 Danelljan 等在核相关滤波框架上提出[143]。其主要思想是：将基本的 RGB 三种颜色，通过颜色空间映射[144]转变，包含黑、蓝、棕、灰、绿、橙、粉、紫、红、白和黄，共 11 种语言颜色标签。具体做法为 RGB 颜色空间每一个通道的值为 0～255，以 8 为步长进行分割，那么每个通道可以分为 32 个区间[145]。通过映射，将 RGB 三通道不同区间数值集合起来计算得到一个值作为 11 维颜色空间的下标，最终选择离散的 11 维颜色特征。颜色属性特征对于目标形变不敏感，只对颜色、亮度变化敏感。为了针对不同图像或目标获得更具代表性的颜色特征，通过 PCA 主成分分析自适应地将 11 维颜色属性特征降为 2 维具有代表性的颜色。该颜色表示系统更接近人的认知，在其他视觉任务，如对象识别[146]、对象检测[147]及动作识别[148]，也都优于 RGB 颜色系统。图 4.15 展示了卫星视频中目标列车的原始图像与自适应颜色属性特征 CN 的 2 个通道。

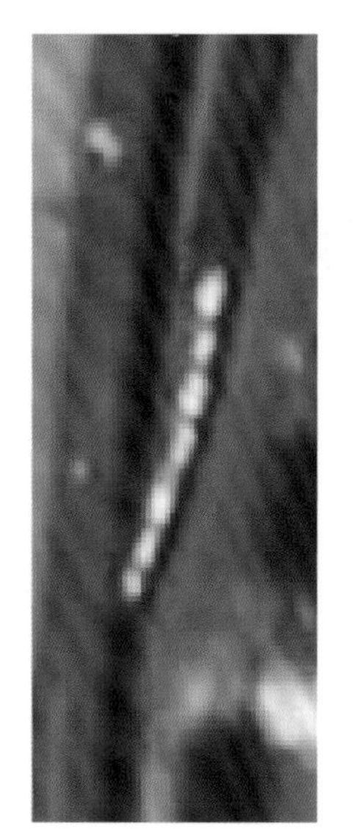
（a）原始图像

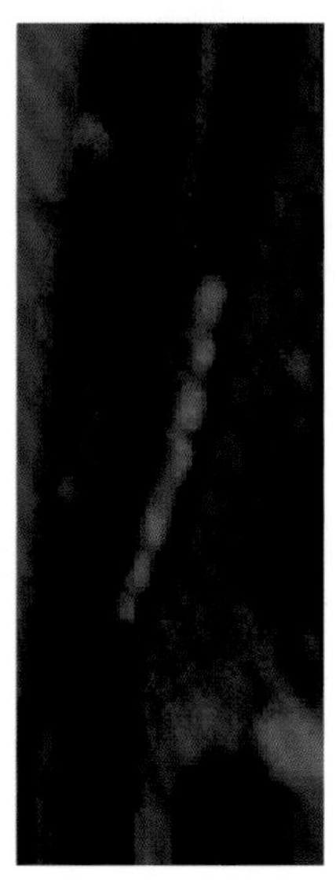
（b）自适应颜色属性通道1

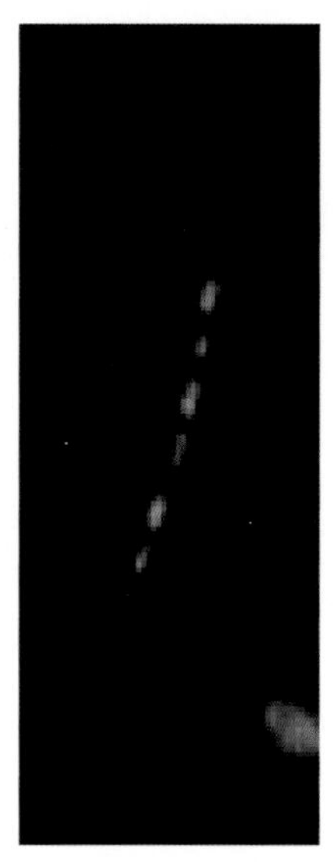
（c）自适应颜色属性通道2

图 4.15 原始图像与自适应颜色属性特征 CN

4.4.3 光流特征

光流（optical flow，OF）是指空间运动物体在观察成像平面上，像素运动的瞬时速度[149,150]。其代表了图像的变化，包含了图像像素的运动信息。因此，在计算机视觉领域中，光流扮演着非常重要的角色，并广泛应用于目标行为识别、运动分割、目标跟踪、三维重建及机器人导航等领域[151]。

光流法是计算像素在相邻帧之间的变化及对应关系，从而获取物体运动信息的一种方法[152]。根据所形成光流场中二维矢量的疏密程度可将光流法分为稠密光流与稀疏光流两种。稠密光流是针对图像进行逐点匹配的图像配准方法，它计算图像上所有点的偏移量，从而形成一个稠密光流场。因此，该方法计算量较大，时效性较差。与稠密光流相反，稀疏光流只对图像中具有明显特征的点计算偏移（如 Harris 角点），从而极大减少了计算开销，保证较快的运行速度[153]。

本小节采用时效性高的 Lucas-Kanade（LK）稀疏光流法[154]，来提取卫星视频中运动目标的速度特征。因其先验条件的限制，LK 稀疏光流法对微小运动目标具有很强的识别能力[155]。LK 稀疏光流法应用的三个前提假设，如下所示。

（1）亮度恒定不变，即同一像素在相邻两帧中的亮度保持不变[156]。

（2）空间一致性，即相邻像素点的相对运动速度保持不变。

（3）微小运动，即在相邻两帧之间同一像素点的位移很小[157]。

LK 稀疏光流法的基本原理如下：假设 $f(x,y,t)$ 为像素点 (x,y) 在时刻 t 的灰度值或者 RGB 图像中的单通道颜色值[158]，$\mathrm{d}x$ 为在 x 方向的偏移，$\mathrm{d}y$ 为在 y 方向的偏移，则亮度恒定不变假设如下：

$$f(x,y,t)=f(x+\mathrm{d}x,y+\mathrm{d}y,t+1) \tag{4.2}$$

式（4.2）按泰勒一阶式展开为

$$f(x,y,t)=f(x,y,t)+\frac{\partial f}{\partial x}\mathrm{d}x+\frac{\partial f}{\partial y}\mathrm{d}y+\frac{\partial f}{\partial t}\mathrm{d}t+\varepsilon \tag{4.3}$$

对式（4.3）化简，且除以 $\mathrm{d}t$，得到光流的限定式：

$$\frac{\partial f}{\partial x}\frac{\mathrm{d}x}{\mathrm{d}t}+\frac{\partial f}{\partial y}\frac{\mathrm{d}y}{\mathrm{d}t}+\frac{\partial f}{\partial t}=0 \tag{4.4}$$

设

$$v_x=\frac{\mathrm{d}x}{\mathrm{d}t},\quad v_y=\frac{\mathrm{d}y}{\mathrm{d}t} \tag{4.5}$$

式中：v_x，v_y 分别为光流在 x 方向和 y 方向上的速度。因此，式（4.4）可转化为

$$f_x v_x+f_y v_y=-f_t \tag{4.6}$$

根据空间一致性假设，即某个窗口内的像素应具有相同的速度。假设 p 为窗口的中心，其速度设为 (v_x,v_y)，则窗口内所有像素点的光流方程为

$$\begin{cases} f_{x_1}v_x+f_{y_1}v_y=-f_{t_1} \\ f_{x_2}v_x+f_{y_2}v_y=-f_{t_2} \\ f_{x_n}v_x+f_{y_n}v_y=-f_{t_n} \end{cases} \tag{4.7}$$

其矩阵形式为

$$\boldsymbol{Mv}=b \tag{4.8}$$

$$\begin{bmatrix} f_{x_1} & f_{y_1} \\ f_{x_1} & f_{y_2} \\ \vdots & \\ f_{x_n} & f_{y_n} \end{bmatrix}\begin{bmatrix} v_x \\ v_y \end{bmatrix}=\begin{bmatrix} -f_{t_1} \\ -f_{t_2} \\ \vdots \\ -f_{t_n} \end{bmatrix} \tag{4.9}$$

通过最小二乘法求解，可得光流 (v_x,v_y) 的矢量形式：

$$\begin{bmatrix} v_x \\ v_y \end{bmatrix}=-\begin{bmatrix} \sum f_x f_x & \sum f_x f_y \\ \sum f_x f_y & \sum f_y f_y \end{bmatrix}^{-1}\begin{bmatrix} \sum f_x f_t \\ \sum f_y f_t \end{bmatrix} \tag{4.10}$$

由 HSV 颜色系统可视化的 LK 稀疏光流场如图 4.16 所示。

4.4.4 分层卷积深度特征

卷积深度网络从最初的 LeNet[91]、AlexNet[142]、VGG-Net[68]，发展到更深的 ResNet[69]，其在不同的计算机视觉任务中都展示了非常优越的性能。近几年，深度卷积特征在传统的目标跟踪领域也展示了其优越性[159-162]。本小节采用 Ma 等[161]于 2016 年在核相关滤波框架上提出的分层卷积深度特征（ConvFeat）来提取卫星视频中的跟踪目标。该特征采

(a) 温哥华数据集第1帧图像

(b) 温哥华数据集第5帧图像

(c) 第1帧和第5帧之间产生的视觉化光流场

图 4.16 由 HSV 颜色系统可视化的 LK 稀疏光流场

目标是蓝色矩形框内的火车

用在大型数据集 ImageNet[142]上已训练好的 VGG-19 网络。考虑到随着卷积网络的前向传播，特征的高层语义信息越来越强，而用于精准定位的底层细节信息则逐渐降低，将 VGG-19 网络中 conv3、conv4 及 conv5 的卷积特征分别经过核相关滤波器，学习获得不同模板。然后，对所得的三个置信图按照[0.25, 0.5, 1]进行线性加权融合以获取最终目标位置，从而实现同时利用高层语义信息和底层细节信息进行目标跟踪[161]。VGG-19 网络获得分层卷积深度特征的示意图如图 4.17 所示。

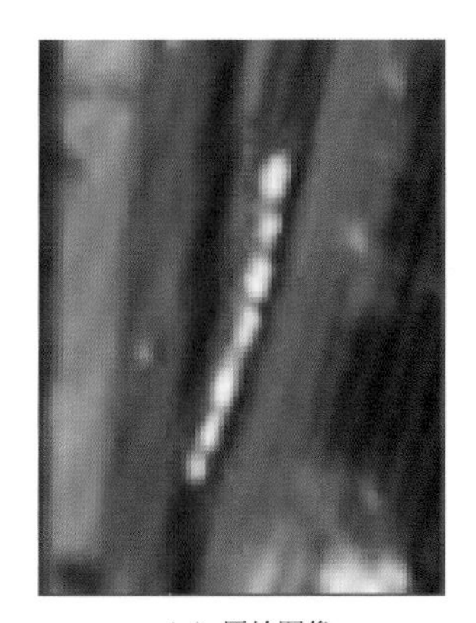

(a) 原始图像

(b) conv3-6

(c) conv4-6

(d) conv5-6

图 4.17 VGG-19 网络获得分层卷积深度特征的示意图

(a) 为温哥华数据集第 1 帧图像块；(b) VGG-19 网络的第 3 层卷积深度特征（56×56×256）中的第 6 个通道；(c) VGG-19 网络的第 4 层卷积深度特征（28×28×512）中的第 6 个通道；(d) VGG-19 网络的第 5 层卷积深度特征（14×14×512）中的第 6 个通道

4.4.5 定性对比实验

本小节基于经典核相关滤波跟踪框架（KCF），采用方向梯度直方图、自适应颜色属性特征、光流特征及分层卷积特征 4 种特征表示方法，在 Canada 真实卫星视频数据集上进行定性分析，实验结果如图 4.18 所示。

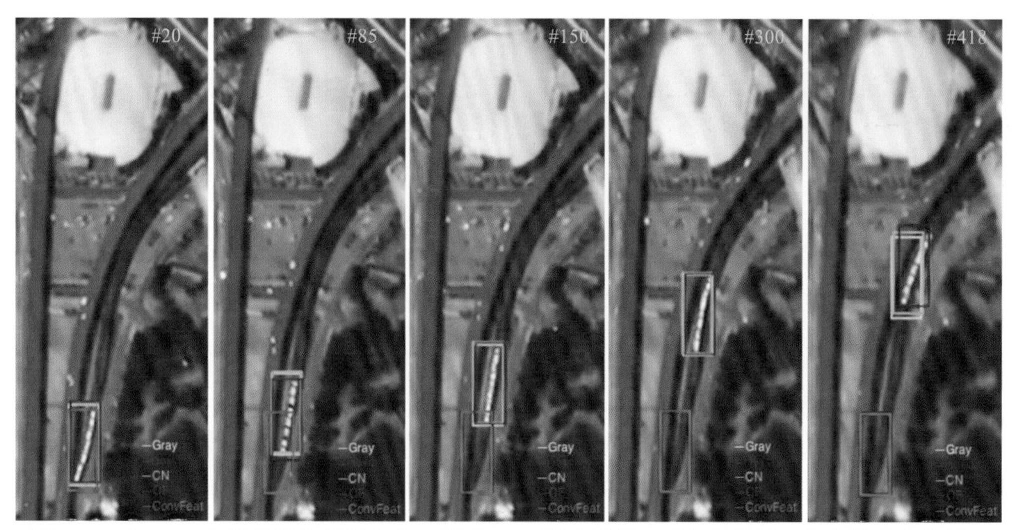

图 4.18 在 Canada 卫星视频数据集上，基于 KCF 跟踪框架，对灰度特征、方向梯度直方图、自适应颜色属性特征、光流特征及分层卷积特征进行定性比较分析

Canada 数据集是由 IEEE GRSS 数据融合大赛主办方提供。该视频是搭载在国际空间站的全彩色、超高清相机——Irish 拍摄。其地面采样间隔为 1 m，拍摄帧率为 3 帧/s。视频单帧尺度为 3 840×2 160 像素，持续时长为 14 s，共 418 帧，覆盖加拿大温哥华城区及港口。本小节实验所选取的跟踪目标为一列缓慢行驶的列车，目标大小为 30×80 像素。列车在行驶过程中，由于轨道的弯曲，所跟踪列车发生了形变。从图 4.18 的跟踪示例可以发现：对于 Canada 卫星视频数据集，基于帧间运动信息的光流特征明显领先于其他特征，在整个跟踪过程都能较为精准地跟踪运动目标。基于亮度强度的灰度特征（gray）和自适应颜色属性特征也能够实现持续的跟踪。相比之下，在传统跟踪领域中比较流行的方向梯度直方图和分层卷积深度特征，在 Canada 卫星视频目标跟踪任务中，则表现较弱。其主要原因是目标所占像素少，缺乏形状、纹理等细节信息，导致目标与背景的视觉区分度骤降。因此，方向梯度直方图不能有效提取目标边缘轮廓，分层卷积深度特征不能获得细粒度的深度特征进行精准定位。

4.5 本 章 小 结

本章主要对卫星视频目标跟踪任务中至关重要的特征提取技术进行了系统的介绍。特征提取旨将图像转换为特定空间中的向量，实现从底层视频图像中抽取部分具有代表性的特征信息来对跟踪目标进行表征。这种表征尽可能表达某一类图像的共性特点，以便跟踪算法进行判别和处理。在卫星视频中，因空间分辨率有限，造成目标外观视觉区分度下降，给目标的特征提取带来很大的挑战。如何获得具有鉴别性的目标表征对卫星视频目标跟踪任务尤为重要。当前针对新型卫星视频数据进行目标特征提取，是一个未深入探索的研究方向。本章结合卫星视频数据，对传统跟踪领域中典型的特征提取方法进行了系统的介绍与分析。特征提取方法主要包括由专家设计的手工图像特征和卷积网络特征，前者主要由图像处理专家为特定视觉任务设计的某种图像描述，如方向梯度直方图特征、自适应颜色属性特征、光流特征等。后者主要通过深度神经网络在大规模图像数据集上进行训练而得出的图像表示，如分层卷积深度特征等。本章基于核相关滤波框架，对上述经典特征表示方法，进行了定性对比实验。

第 5 章　目标跟踪模型

5.1　传统目标跟踪

5.1.1　目标跟踪的概念

目标跟踪是计算机视觉中重要且独具挑战的研究任务之一。其在已知目标初始位置的情况下，通过跟踪技术，锁定目标在后续帧中的位置，实现实时跟踪目标的效果[163]。由于目标跟踪技术可实现运动物体的自动识别与跟踪，可代替人眼的长时观测工作，具有重要的科研意义和应用价值。目前，目标跟踪技术已广泛应用在自动驾驶、人机交互、工业控制、智慧城市、智慧医疗、智能物流、智慧农业、军事攻防、卫星遥感及娱乐交互等领域，改变了人们的生活方式，提高了社会的运转效率，推动了科学的进一步发展。

5.1.2　目标跟踪的研究现状

1995 年，目标跟踪首次作为一个新的概念被 Wax 提出[164]。该理论基于信号与噪声统计理论建立跟踪模型，应用于人流跟踪，并在当时引起科研界与工业界的广泛关注。Peters 和 Weimer[165]首次将目标跟踪引入航天航空领域，采用散射体的随机分布作为雷达跟踪飞机模型的假设。随后，Tewell 等[166]通过构建地面模型，从飞行器上跟踪地面目标。Singer[167]首次将 Kalman 滤波应用于机动车运动轨迹生成，并建立目标跟踪研究体系。至此，大量的科研工作者投入目标跟踪研究领域，不断开拓创新，创建不同的跟踪理论和方法。

迄今为止，国内外的学者提出了大量的目标跟踪算法。其按照建模方式可以大致分为两大类，生成式（generative）方法和判别式（discriminative）方法[168-170]。基于生成式的目标跟踪算法通过在特征子空间中建立目标模型，即将现实世界中的目标通过计算机视觉中的目标表示方法进行描述，在跟踪过程中对新的图像帧搜索与目标外观模型最相似的区域。该类算法可以精准地预测目标的位置和大小，但对于较复杂的环境，则容易出现模型漂移的现象。目前主流的生成模型是基于主成分分析[171]和词典学习[172]。其中独具代表性的研究工作有：Ross 等[173]通过增量学习构建基于主成分分析的低维子空间，以应对目标在跟踪过程中的外观变化。该算法能够自适应地对历史样本的权值进行降低，从而更精准地对当前样本的均值进行更新。Hu 等[174]基于矩阵子空间理论，提出一种新的在线子空间算法。该算法主要通过结合粒子滤波对物体外观特征进行动态建模，从而得以精准预测物体位置与大小。Bao 等[175]利用模板集合对目标的表面特征进行稀疏表达，通过解决 L1 范式的最小化问题来求解目标特征的模型集合，并提出一种近似梯度下降算法来加速求解，达到实时跟踪的目的。Jia 等[176]为了应对目标遮挡问题，提出采用结构化稀疏表达方法来获取目标的部分特征，同时结合增量子空间理论来更新结构化稀疏模板，从而能够自适应目标的外观变化，防止跟踪过程中出现模型漂移。

基于判别式的目标跟踪算法主要将跟踪问题视为二分类问题来处理。通过使用正负样本来训练一个分类器，常见的有贝叶斯分类器、支持向量机分类器和决策树分类器等。利用分类器来找到目标和背景的决策边界，从而确定被跟踪目标的位置。目前，主流的视频跟踪算法大多是基于判别式的跟踪算法，且相关实验结果[135,177-178]显示判别式方法的跟踪性能比生成式方法的跟踪性能更优。

初期的判别式目标跟踪方法大多采用复杂度低的判别模型和简单的灰度图、颜色直方图或者光流作为目标特征[179]。其中经典的基于判别式的目标跟踪算法有 Comaniciu 等[180]于 2000 年提出 MeanShift 跟踪算法。该算法将颜色直方图作为特征，并将候选区域不断地向 MeanShift 向量所指方向移动，以实现跟踪的效果。2010 年 Kalal 等[181]提出一种新的单目标长时跟踪（tracking learning detection，TLD）算法。该算法通过结合目标检测技术来应对目标形变和遮挡等挑战，并设计在线学习机制不断更新模型参数以获得鲁棒的长时跟踪。2011 年 Hare 等[14]提出一种基于结构输出预测的自适应目标跟踪（structured output tracking with kernels，STRUCK）算法。该算法通过构建核化的支持向量机（SVM）和结构化输出将所跟踪目标从复杂的背景中精准地检测出来，并引入阈值机制自适应地获取有效的支持向量进行实时跟踪。2012 年 Zhang 等[182]提出一种基于压缩感知机的跟踪算法。该算法先使用一个随机感知矩阵对多尺度的图像特征进行降维，在此基础上采用简单的朴素贝叶斯分类器进行分类，将候选样本中后验概率最大的样本作为跟踪结果。该跟踪算法原理简单，且跟踪过程高效。

现在主流的判别式跟踪算法有两大类。第一类是近些年出现的基于相关滤波模型的跟踪算法。该类算法的特点是：典型的在线学习，其能够在取得良好跟踪精确度的同时，还保持超实时的运行速度[143,159,169]。第二类是基于深度学习理论的跟踪算法，尤其是近两年出现的基于孪生网络的目标跟踪算法。该类算法的特点是：典型的离线学习在线跟踪，其泛化性强且运行速度快[183-184]。同时，通过引入目标框回归[185]、分割[186]及更深的网络[13]，使跟踪的精度越来越高。

基于相关滤波模型的跟踪算法可以视为求解岭回归问题。其不同之处在于：为了获得判别能力足够强的回归模型，相关滤波类方法通过对基础正样本进行循环移位来构建训练样本集，同时，多通道手工特征的出现，也使相关滤波类方法快速得到应用。例如，Henriques 等提出的核相关滤波（kernelized correlation filters，KCF）[187]，其将梯度直方图特征[188]应用于相关滤波模型中，使得目标跟踪的性能有显著的提升。Danelljan 等[143]则提出了一种更具表达能力的自适应颜色属性特征，其通过颜色空间映射将基本的 RGB 转变为更贴合人视觉感知的语言颜色标签，并应用于相关滤波模型，使得跟踪算法能够应对光照变化及背景杂乱等挑战。之后，很多研究工作致力于解决目标尺度变及边缘效应等核相关滤波的固有限制问题。为了实现尺度自适应，Danelljan 等提出 fDSST 跟踪器[11]及 Li 等提出 SAMF 跟踪器[189]，均通过设计一个多尺度检测滤波器，来实现精准地尺度估计。为了解决边缘效应问题，Danelljan 等提出了 SRDCF 跟踪器[10]，其在损失函数中引入一个空间正则化项，来惩罚模板边界附近的滤波器系数。而 Lukezic 等提出了 CSR-DCF 跟踪器[190]，其利用前景背景的颜色模型构建掩模矩阵用于滤波器的空间域，来抑制边缘效应。后续 Hong 等提出的 MUSTer 跟踪器[191]及 Ma 等提出的 LCT 跟踪器[192]，都通过增加检测机制的思想，实现长时跟踪。而 Bertinetto 等提出的 Staple 跟踪器[184]则使用融合互补因子在核相关滤波框架中自适应地融合对形变和运动模糊比较敏感的 HOG 特征和对颜色变化敏感的彩色统计模型。上述基于核相关滤波模型的跟踪算法大大提升了跟踪的速度和精度，但不能很好地应对目标的快速形变、快速运动及目标遮挡等挑战，所以这类方法仍然存在不足。

基于深度学习的目标跟踪方法，由于可以通过使用大量的数据来训练模型，得到的深度特征相对传统的手工特征表达能力更强，从而可以获得更好的跟踪效果。这些基于深度学习的目标跟踪算法大致分为深度特征替换和设计端到端深度学习网络。其中，深度特征替换是直接将相关滤波或者支持向量机跟踪框架中的传统手工特征替换为目标检测任务中的深度特征。基于深度特征替换的目标跟踪算法有 DeepSRDCF[160]、HCF[161]、C-COT[162]、ECO[159]等。DeepSRDCF 算法采用目标检测网络中的单层卷积深度特征，使得跟踪效果好于采用传统手工特征的跟踪方法。而 HCF 算法则是通过融合多层卷积深度特征来提升跟踪性能，但是 HCF 并未很好地解决边缘效应问题。C-COT 和 ECO 算法都是由 Danelljan 提出。C-COT 采用连续空间域插值转换操作来融合拥有不同分辨率的多层卷积深度特征，并实现空域正则化和自适应样本权重来保证高精度的定位。但是 C-COT 的缺陷在于无法实时跟踪目标。因此，Danelljan 紧接着提出 C-COT 的加速版 ECO 算法，该算法通过减少样本数量和模型参数，并改变模型的更新策略，最终使得该算法在 C-COT 的基础上提速了 20 多倍。第二种基于端到端深度学习目标跟踪方法中，最具代表性的是基于孪生网络的目标跟踪方法。基于孪生网络的目标跟踪方法打破了传统基于判别模型的思路，为目标跟踪提供了新的解决思路。最早是由牛津大学的 Bertinetto 在 ECCV2016 上提出的 SiamFC[12]跟踪算法，该算法设计一个全卷积式的孪生网络作为跟踪框架，即采用权值共享的全卷积网络提取目标的深度特征，输入到一个互相关层获得响应图，则最大响应位置为跟踪目标位置。紧接着 Valmadre 等又提出 CFNet 跟踪算法[183]，其将相关滤波视为 CNN 网络中的一层，并证明该方式可有效减少卷积层数而不降低跟踪精度。最近，Li 等提出 SiamRPN 跟踪算法[185]，其通过引入区域推荐网络 RPN[193]对边界框进行联合分类和回归，进一步提高跟踪精度。为了充分利用深度网络的高层语义优势，Li 等进一步提出 SiamRPN++跟踪算法[13]，其采用 ResNet 网络[69]和多层融合技术，在 5 个大型的数据集上获得更为先进的跟踪性能。

5.1.3 普通视频目标跟踪所面临的问题

面向普通视频的目标跟踪研究已经有数十年的发展，其中不乏一些经典且具有突破性的跟踪算法，但目前目标跟踪仍是极具挑战性的任务。至今没有任何一种先进的跟踪算法或理论，能够应对跟踪过程中所有的干扰因素，实现实时、精准、鲁棒且长时的跟踪。主要影响因素如下。

1. 遮挡

在各类视频数据中，目标被遮挡是十分常见且不可避免的现象。被跟踪的目标往往会自发地按照自己的主观意识有目的或者没目的地移动，并与周围环境进行交互，从而出现部分或全部遮挡的情况，甚至出现目标逃离视频录制范围的现象。图 5.1 展示的是在跟踪篮球运动员时出现遮挡的示例。其中图 5.1（a）的蓝色框中的运动员为所跟踪的目标，而在图 5.1（b）中则被其他运动员部分遮挡。

（a）（b）（c）

图 5.1　跟踪目标遮挡、形变情况示例

图片来源于 OTB（object tracking benchmark）数据集

2. 形变

在现实应用中，所跟踪的目标通常都是非刚性的。例如，人或者动物，其在行走、奔跑、坐卧、跳跃时都会发生不可避免的形变。一些被跟踪物体在外界作用力下也会发生各种形变和扭曲。从图 5.1（c）中可以发现运动员在打篮球时，由于肢体的运动，外形发生了明显的形变。

3. 尺度变化

被跟踪目标与摄像机之间的相对运动会导致同一个物体在不同图像帧中，所占像素量会发生明显变化。可能是当摄像机固定时，目标靠近或者远离摄像机导致目标尺度变化，也有可能是手动调整焦距而导致目标在画面中尺度的变化。或者，这两种情况同时作用使得目标的尺度变化。通常，当目标在不同帧之间，其边框的比率不为一，都被视为尺度变化。因此，尺度变化对于目标跟踪来说也是十分常见且不可避免的因素。图 5.2 展示了车辆在行驶过程中的尺度变化示例。

（a）#1

（b）#202

图 5.2　跟踪目标尺度变化情况示例

图片来源于 OTB 数据集

4. 光照变化

摄像机在跟踪拍摄物体时，光线的强弱会发生变化，从而导致物体在不同图像帧中的亮度、色相及饱和度都会发生变化。例如，在自然光照下，周围环境很可能对运动的目标产生不同程度的遮挡，使得目标表面的光照强度发生变化。而在室内灯光照射下，由于灯光的颜色、强度及摆动，都会使得目标表面光照发生变化。图 5.3 则展示了在室内出现强烈偏向灯光照射情况下，被跟踪目标表面颜色的变化情况。

（a）#57

（b）#60

图 5.3　跟踪目标光照变化情况示例

图片来源于 OTB 数据集

5. 快速运动

快速运动是指在相邻两帧之间，跟踪目标的像素位移很大，且目标变模糊。其原因可能是在摄像机固定时，目标快速运动。例如在高速公路上，监控摄像头拍摄行驶车辆。或者由于摄像机不稳定而导致画面的剧烈晃动。例如在极限运动中，运动摄像机所拍摄的画面。通常只要视频的相邻帧之间，目标跟踪框的位移大于 20 像素，则认为是快速运动。图 5.4 展示了快速跳动的示例，可以发现目标的面部出现了明显的模糊和重影，这将直接影响所跟踪目标的表面特征。

图 5.4　跟踪目标快速运动情况示例

图片来源于 OTB 数据集

6. 其他因素

除了上述常见的 5 种干扰因素，在目标跟踪中，还会遇到平面内旋转、超平面旋转、超出视野、低分辨率及背景杂乱等因素。

5.2 卫星视频目标跟踪模型的难点

尽管基于传统视频的动态目标跟踪存在大量研究，但新型卫星视频数据和普通视频数据存在很大的差异。因此，将目标跟踪技术应用于卫星视频数据，仍存在极大的挑战。

（1）目标跟踪的精度难以保证。不确定的星际成像环境和星地传输条件造成卫星视频质量不稳定，噪声普遍存在。并且视频卫星超视距摄像使得地表空间分辨率有限，仅能观测到目标轮廓而缺乏细节信息，造成物体外观属性视觉区分度下降，给目标的特征提取和匹配带来困难，进而导致目标跟踪的精度难以保证。图 5.5 展示了在普通视频中跟踪一辆行驶的车，在无人机视频中拍摄位于停车位内的车，以及在卫星视频中跟踪一架滑行的飞机。即使卫星视频数据的整体空间分辨率高，但视频卫星超视距摄像使得地表目标空间分辨率有限，所跟踪目标的像素非常小。在图 5.5（c）中，红色框内的跟踪目标为飞机，其像素大小为 26×24，只占整张图像的 0.007%，画面显示为白色不规则小点，已完全没有飞机自身的颜色、形状及纹理特征。当所跟踪目标为列车、汽车这些更小的目标时，其所占像素更少。并且，对于快速运动的目标容易出现重影等现象。因此，非常不利于提取目标的特征及目标模型更新，实现精准跟踪。

（a）普通视频中的车

（b）无人机视频中的车

（c）卫星视频中的飞机

图 5.5　对比普通视频、无人机视频、卫星视频中跟踪的目标

（2）卫星视频目标跟踪的鲁棒性难以保证。由于跟踪目标面积更小、辨识精度更低，加上诸如光照、云团等复杂自然环境因素的干扰，在遮挡、多个目标靠在一起再分离时，更容易出现跟丢、跟错、轨迹混淆等问题。图 5.6 展示的是卫星视频中所跟踪的目标。在图 5.6（a）中，一架飞机正飞过公路上空，其与公路基本融为一体，如果不人为用虚线标识，可能注意不到这架飞机。在图 5.6（b）中，红色虚线标识的区域内是一辆列车。但由于背景噪声的影响，其外观特征失真，轮廓变得模糊，与背景极为相似。因此，传统的目标跟踪技术难以识别卫星视频中的小目标。

图 5.7 展示了一架飞机在飞过美国圣迭戈海面时出现的光照变化。这种变化导致跟踪目标在不同帧之间发生数个等级的亮度变化，使得目标在跟踪过程中难以识别。

（a）飞机

（b）列车

图 5.6　卫星视频中所跟踪的飞机和列车

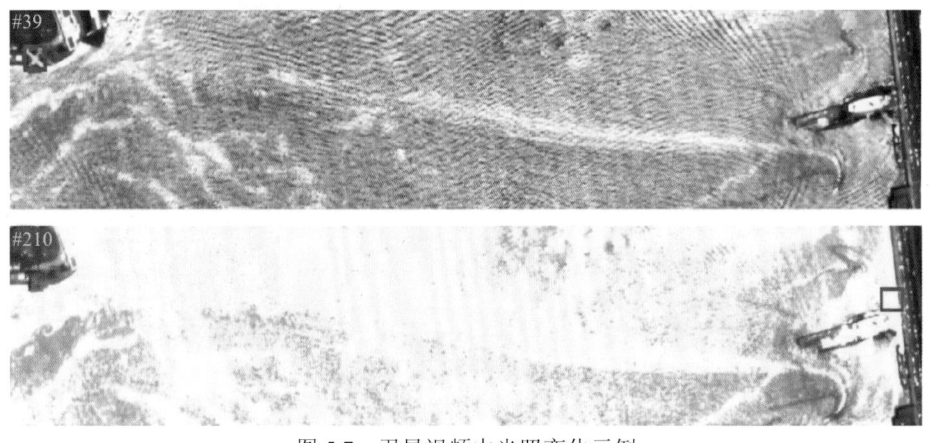

图 5.7　卫星视频中光照变化示例

（3）卫星视频目标跟踪算法的实时性和效率亟待提高。表 2.4 为自然视频数据、无人机视频数据及卫星视频数据的大小比较，由表 2.4 可以看出，卫星视频数据本身的读入，以及在跟踪过程中对整帧图像的运算、分析都将消耗大量的计算资源，对卫星视频目标跟踪算法的时效性要求非常高。

综上所述，对卫星视频数据中感兴趣的目标进行跟踪，将面临新的挑战，如目标分辨率低、特征少、与背景极为相似、更容易受到环境噪声和光照的影响及对跟踪算法实时性要求高等。因此，难以直接将传统的目标跟踪技术应用于卫星视频数据。

5.3 卫星视频目标跟踪模型的关键技术

当前主流的目标跟踪方法有两大类：第一类是基于经典核相关滤波模型的目标跟踪方法，该类方法的特点是典型的在线学习，其能够在取得良好跟踪精确度的同时，保持超实时的运行速度；第二类是近两年出现的基于孪生网络的目标跟踪方法，该类方法的特点是典型的离线学习在线跟踪，因此其泛化性强且运行速度快。本节将详细介绍核相关滤波目标跟踪方法和全卷积孪生网络目标跟踪方法的基本原理、特点及目标跟踪所采用的标注方式和评价指标。

5.3.1 核相关滤波目标跟踪方法

Bolme 等于 2010 年首次将信号处理领域中经典的相关滤波理论引入目标跟踪任务，提出相关滤波类目标跟踪算法的鼻祖即最小输出平方误差之和（minimum outuput sum of squard error filter，MOSSE）算法[170]。该算法是典型的判别式方法。如图 5.8 所示，其主要的思想是将判别式模型中的目标模板和采样的候选区域视为两种不同信号。通过相关滤波操作获得两者的相关性，即一个二维的响应图（response map）。图中各点的值分别代表相应候选区域与目标模板的相似度，数值越高的候选区域则与目标模板越相似。在跟踪过程中，将数值最高的候选区域作为目标区域，实现在线实时跟踪。

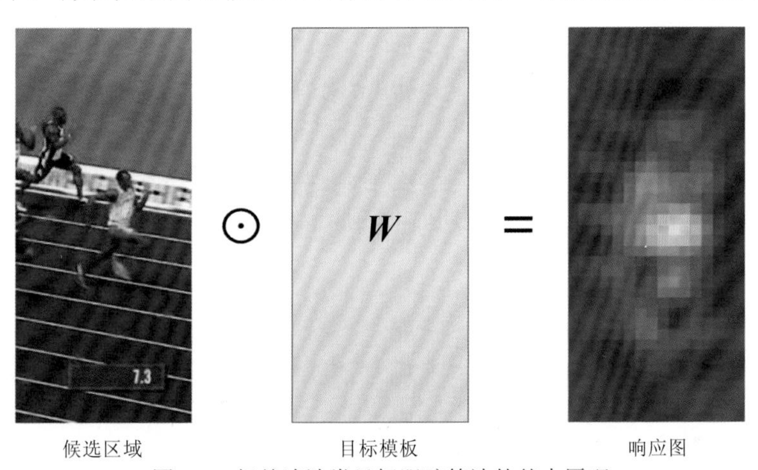

图 5.8　相关滤波类目标跟踪算法的基本原理

但是最初的相关滤波目标跟踪算法 MOSSE 是在目标周围进行随机采样来获得训练样本。因此，仍然需要面临所有判别式模型训练的通病，即过拟合与欠拟合问题。在训练目标模型分类器时，当正负样本采样过多，模型容易过拟合，以及由训练时长增加而导致跟踪时效性下降；当正负样本采样过少，模型容易出现欠拟合，导致跟踪精度下降，出现模型漂移现象。2014 年，Henriques 等针对这一问题提出现在广泛应用的核相关滤波目标跟踪理论[187,194]。其主要特点是在取得较高精度的同时，算法能达到超实时跟踪。其主要贡献有 4 方面：①采用循环矩阵变换方式对目标周围区域进行密集采样，获取大量训练样本；②构建岭回归目标分类模型，并在目标函数中引入正则项，防止过拟合训练；③引入核函数，将线性岭回归模型扩展到非线性岭回归模型，使其应用范围更广，跟踪性能得到显著提升；④充分利用傅里叶域中循环矩阵对角化性质，将跟踪模型及核函数中的所有矩阵运算都巧妙地转化为元素点乘，极大地提高算法的计算效率，使跟踪过程达到超实时。

1. 循环矩阵构建训练样本

核相关滤波算法采用循环矩阵变换方式，对目标周围区域进行密集采样，获取大量训练样本，来训练岭回归分类器。为了方便理解，本小节采用一个 $n\times 1$ 维的向量 $\boldsymbol{x}=(x_1,x_2,x_3,\cdots,x_n)$ 表示正样本。设循环变换矩阵 $\boldsymbol{P}$ 的结构为

$$\boldsymbol{P}=\begin{bmatrix} 0 & 0 & 0 & \cdots & 1 \\ 1 & 0 & 0 & \cdots & 0 \\ 0 & 1 & 0 & \cdots & 0 \\ \vdots & \vdots & \vdots & & \vdots \\ 0 & 0 & 1 & \cdots & 0 \end{bmatrix} \tag{5.1}$$

当对正样本进行一次循环变化，则为 $\boldsymbol{P}_x=(x_n,x_1,x_2,\cdots,x_{n-1})$。根据循环特性，每 n 次移位都会周期性地得到相同的正样本向量 $\boldsymbol{x}$。可以通过 $\{P^u X \mid u=0,1,\cdots,n-1\}$ 获得所有的移位集合，构建密集采样训练样本 $\boldsymbol{X}$，如下所示：

$$\begin{bmatrix} x_1 & x_2 & x_3 & \cdots & x_n \\ x_n & x_1 & x_2 & \cdots & x_{n-1} \\ x_{n-1} & x_n & x_1 & \cdots & x_{n-2} \\ \vdots & \vdots & \vdots & & \vdots \\ x_2 & x_3 & x_4 & \cdots & x_1 \end{bmatrix} \tag{5.2}$$

式中：第一行为原始正样本向量 $\boldsymbol{x}$；其余行都可以在第一行正样本向量的基础上通过不同程度的移位而得到，其具有明显周期性，因此称之为循环矩阵。如图 5.9 所示，对一张二维图片进行垂直方向上的循环移位。

图 5.9　二维图像进行垂直循环移位的示意图

中间图片为原始图片，左右两边的图像是分别对原始图片进行垂直方向上移位±15、±30 个像素的结果

据相关研究表明[195-196]，循环矩阵在傅里叶域中可对角化为

$$\boldsymbol{X}=\boldsymbol{F}^{\mathrm{H}}\mathrm{diag}(\boldsymbol{F}x)\boldsymbol{F} \tag{5.3}$$

式中：$\boldsymbol{F}$ 为离散傅里叶变换（discrete Fourier transform，DFT）矩阵，作用是将数据转换到傅里叶域；$\boldsymbol{F}^{\mathrm{H}}$ 为 $\boldsymbol{F}$ 的共轭矩阵的转置。该特性允许复杂的矩阵代数运算转化为元素点乘操作[196]。因此，在核相关滤波理论中，采用对原始正样本在不同方向上进行循环移位

的方式构建大量的正负训练样本，该训练样本就是典型的循环矩阵。同时，采用二维高斯函数对循环移位构建的训练样本进行标注，对位于中心的原始正样本，标注为1。对于其他样本，高斯函数平缓地从1下降到0。虽然，循环移位构建的训练样本并没有覆盖原始单帧图像上的全部信息，但由于有密集采用的正负训练样本，且充分利用傅里叶域中循环矩阵对角化性质将复杂的矩阵运算转化为元素操作，能极大地提升分类模型的精度和计算效率。

2. 岭回归

核相关滤波的基本思想是构建一个岭回归模型，对每帧图像中密集采样的候选区域进行分类。因此，目标跟踪问题转化为求解岭回归模型的权值系数，即目标模板，也就是滤波器 $\boldsymbol{w}$。将循环移位构建的训练样本设为 (x_i, y_i)，则线性岭回归模型可表示为 $f(\boldsymbol{X}) = \boldsymbol{w}^{\mathrm{T}}\boldsymbol{X}$。采用最小均方误差获得最优权值系数 $\boldsymbol{w}$：

$$\min_w \sum_i | f(x_i) - y_i |^2 + \lambda \| \boldsymbol{w} \| \tag{5.4}$$

式（5.4）中的正则项系数 λ 可以防止过拟合。在傅里叶域中，该优化问题的闭合解为[197]

$$\boldsymbol{w} = (\boldsymbol{X}^{\mathrm{H}}\boldsymbol{X} + \lambda \boldsymbol{I})^{-1}\boldsymbol{X}^{\mathrm{H}} y \tag{5.5}$$

式中：$\boldsymbol{X}$ 的每一行代表着一个样本 $\boldsymbol{x}_i$；$\boldsymbol{X}^{\mathrm{H}}$ 为 $\boldsymbol{X}$ 的共轭转置，即 $\boldsymbol{X}^{\mathrm{H}} = (\boldsymbol{X}^*)^{\mathrm{T}}$。

由于 $\boldsymbol{X}$ 为循环矩阵，运用在傅里叶域中循环矩阵对角化性质及卷积定理，对式（5.5）求解，可获得滤波器 $\boldsymbol{w}$ 的傅里叶形式为

$$\hat{\boldsymbol{w}} = \frac{\hat{\boldsymbol{x}}^* \odot \hat{\boldsymbol{y}}}{\hat{\boldsymbol{x}}^* \odot \hat{\boldsymbol{x}} + \lambda} \tag{5.6}$$

式中：^为傅里叶变换；$\odot$ 为元素点乘；*为复共轭。

引入核函数后，将线性岭回归模型扩展到非线性岭回归模型，其表达式为

$$f(\boldsymbol{X}) = \boldsymbol{w}^{\mathrm{T}}\boldsymbol{X} = \sum_i \alpha_i K(\boldsymbol{X}, \boldsymbol{x}_i) \tag{5.7}$$

$$\boldsymbol{w} = \sum_i \alpha_i \phi(\boldsymbol{x}_i) \tag{5.8}$$

式中：α_i 为第 i 个样本的非线性岭回归滤波器参数；K 为核函数，可将复杂的非线性运算映射到希尔伯特空间 ϕ 进而转化为内积操作，即 $\langle \phi(\boldsymbol{f}), \phi(\boldsymbol{g}) \rangle = \boldsymbol{K}(\boldsymbol{f}, \boldsymbol{g})$。对于常规的核函数，其核矩阵也是循环矩阵[187]。从而可求得非线性岭回归模型的滤波器 $\hat{\boldsymbol{\alpha}}$ 为

$$\hat{\boldsymbol{\alpha}} = \frac{\hat{\boldsymbol{y}}}{\hat{\boldsymbol{k}}^{xx} + \lambda} \tag{5.9}$$

式中：$\hat{\boldsymbol{k}}^{xx}$ 为傅里叶域中训练样本 $\boldsymbol{x}$ 的自相关。若核函数为高斯核，则 $\hat{\boldsymbol{k}}^{xx}$ 为

$$\hat{\boldsymbol{k}}^{xx'} = \exp\left(\frac{1}{\sigma^2} (\| x \|^2 + \| x' \|^2 - 2\boldsymbol{F}^{-1}(\hat{\boldsymbol{x}} \odot \hat{\boldsymbol{x}}')) \right) \tag{5.10}$$

式中：σ 为图像空间带宽；$\boldsymbol{F}^{-1}$ 为傅里叶逆变换。由于整个算法只需要在傅里叶域内进行元素的遍历，计算代价为 $O(n\log n)$，大大加快了跟踪算法的运行速度。虽然整个模型遵循判别式算法的方案，但值得注意的是，在整个跟踪过程中只使用了两帧图片的信息，即在 T 帧和 $T+1$ 帧在相同位置的采样。与其他判别式算法的策略不同，比如线性 SVM，

它的内存会随着训练样本数量的增加而增加，而核相关滤器的内存使用量是固定的，与标注样本数量无关。正因为核相关滤波算法运行速度快、内存资源利用率高、对标注样本的数量要求不高等优点，针对卫星视频这种小样本大型数据，其可操作性强。

5.3.2 全卷积孪生网络目标跟踪方法

牛津大学的 Bertinetto 在 ECCV2016 国际会议上，提出全卷积孪生网络目标跟踪算法（SiamFC）[12]。其打破了传统判别模型的思路，为目标跟踪提供了一个崭新的解决方案，是当前基于孪生网络目标跟踪算法的基础。全卷积孪生网络目标跟踪算法的主要思想：把目标跟踪看成一个通用的相似性度量学习问题，采用大型密集标注数据进行端到端离线训练，并通过卷积的方式在一个较大的搜索区域密集、高效地匹配目标，实现超实时跟踪。

图 5.10[12]展示了 SiamFC 的结构框架。其包含上下两个分支，上面的分支是模板分支，输入第一帧中包含目标的图像块，即模板图像 z，尺度大小为 127×127×3 像素。下面的分支为搜索分支，输入当前帧搜索区域的图像块，即搜索图像 X，尺度大小为 255×255×3 像素。通过使用上下两个结构相同、参数相同的全卷积网络 ϕ，分别提取模板图像和搜索图像的深度特征 $\phi(z)$ 和 $\phi(X)$，即采用相同的特征提取方式，因此称之为孪生网络。再通过一个互相关层，将 6×6×128 像素的模板深度特征在 22×22×128 像素的搜索图像深度特征上平滑卷积，进行高效、密集地模板匹配，得到尺度大小为 17×17×1 像素的响应图 $f(z,X)$：

$$f(z,X)=\phi(z)*\phi(X)+b\mathrm{II} \tag{5.11}$$

式中：$*$为互相关操作；$b\mathrm{II}$ 为对响应图中每一个位置进行 $b\in R$ 的信号补偿。值得注意的是，SiamFC 只采用 Alexnet 分类网络[142]的卷积部分，即去除全连接层，由 5 个卷积层和 2 个池化层构成，用于深度特征提取。网络结构参数见表 5.2。因此，SiamFC 网络的输出不是单一的得分，而是具有空间信息的响应图，并且响应图中最大值的位置对应所跟踪目标位置。

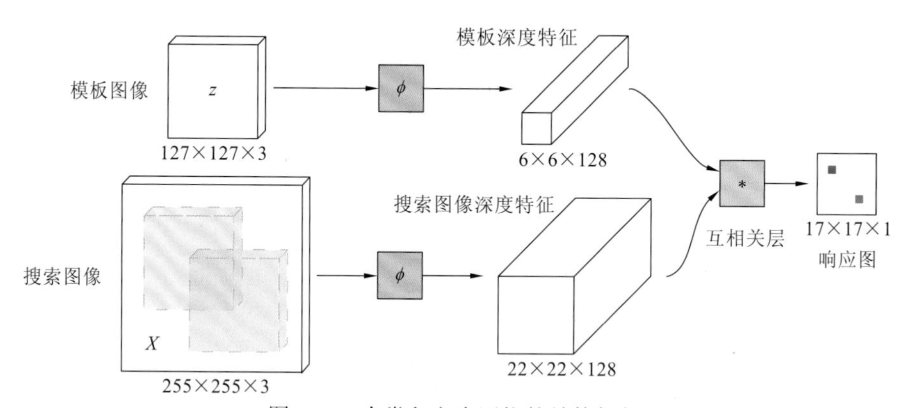

图 5.10　全卷积孪生网络的结构框架

表 5.2 SiamFC 的全卷积网络结构参数

网络层	卷积核	步长	模块图	搜索图	通道数
			127×127	255×255	×3
conv1	11×11	2	59×59	123×123	×96
pool1	3×3	2	29×29	61×61	×96
conv2	5×5	1	25×25	57×57	×256
pool2	3×3	2	12×12	28×28	×256
conv3	3×3	1	10×10	26×26	×192
conv4	3×3	1	8×8	24×24	×192
conv5	3×3	1	6×6	22×22	×128

网络优化的目标函数为

$$L(y,v)=\frac{1}{|D|}\sum_{u\in D}l(y[u],v[u]) \tag{5.12}$$

式中：$u\in D$ 为响应图中任意元素，对应于搜索图像的某一位置；$v[u]$ 为网络输出标签；$y[u]\in\{+1,-1\}$ 为 u 元素的真实标签。设置以目标为中心、半径为 R 内的所有 u 元素为正样本，标记为 1。反之则设置为负样本，标记为-1。

l 为 Logistic 损失函数，具体计算公式为

$$l(y,v)=\log(1+\exp(-yv)) \tag{5.13}$$

SiamFC 在视频目标检测的密集标注数据集 ImageNet VID[198]上，构建模板图像和搜索图像的训练样本对，进行离线训练。这个数据集有 4 417 个视频，包括超过 200 万标注图片，涵盖 30 个不同的类。为了便于训练，对所有训练样本对按照以目标为中心进行校正，如图 5.11[12]所示。当图像扩展到超出本身图像范围时，缺失的部分用图像的平均 RGB 值填充。

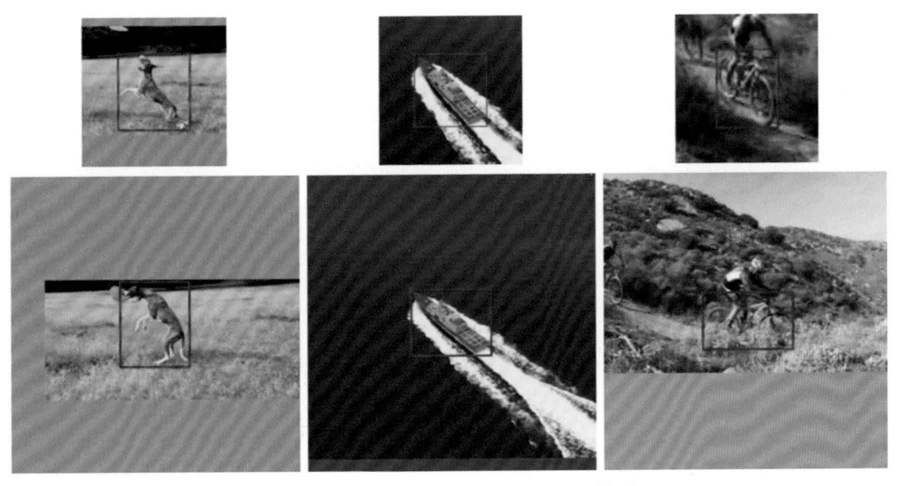

图 5.11 从同一段视频中提取训练样本对

最近的研究工作，通过引入目标框回归[185]、分割[199]及更深的网络[13]，使得跟踪的精度越来越高、鲁棒性越来越强。其在传统目标跟踪领域中最近的 VOT 竞赛及多个 Benchmark 上，都获得了最优越的性能[185,13]。该类方法的特点是典型的离线学习在线跟踪。因此，可以充分利用传统目标跟踪领域现有的数据和模型来保证卫星视频目标跟踪的泛化能力。

5.3.3 评价标准

本小节采用在传统目标跟踪领域中使用最为广泛的精度图（precision plot）和成功图（success plot）[200]，作为目标跟踪算法的评价标准。

1. 标注方式

在训练和评价一个跟踪算法前，最重要的一步是对卫星视频数据进行标注。即在每一帧图像中，人为用一个矩形框（bounding box）标识出目标所在位置。将视频的所有标注按顺序写入一个文本中，则称之为 ground truth。本小节采用传统目标跟踪领域中常用的矩形标注方式($g[0], g[1], g[2], g[3]$)，如图 5.12 所示。

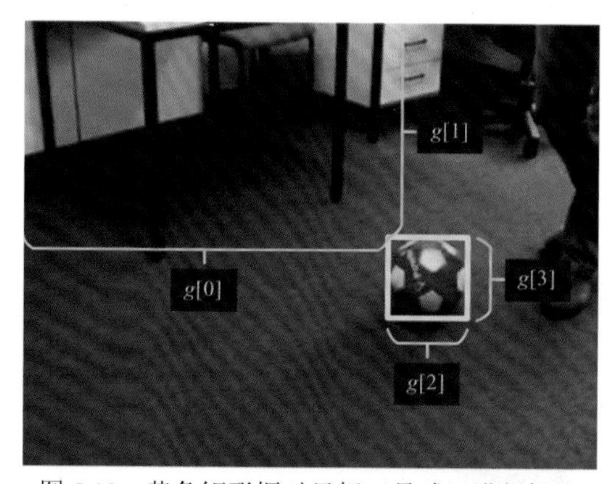

图 5.12 黄色矩形框对目标（足球）进行标注

2. 精度图

精度图的计算依据是中心定位误差（center location error），即计算跟踪算法获得的目标矩形框中心点 $C_t(x_1, y_1)$ 与 ground truth 给出的目标矩形框中心点 $C_g(x_2, y_2)$ 的欧氏距离：

$$D = \sqrt{(x_1 - x_2)^2 + (y_1 - y_2)^2} \tag{5.14}$$

精度图的绘制则是：X 轴为中心定位误差阈值 r_d，其取值范围通常是 0～50 像素；Y 轴为精度百分比，即中心定位误差小于中心定位误差阈值 r_d 的图像帧数占视频总图像帧数的百分比。由于卫星视频数据的特殊性，跟踪目标在图像上所占像素点数量较少，目标跟踪框大小一般较小，当中心定位误差阈值设置得偏大时，往往跟踪算法已经丢失目标所在位置。因此，将精度图性能评估的阈值设定为 $r_d=5$。

3. 成功图

成功图的计算依据是边界框的重叠率（bounding box overlap）。假设跟踪算法获得的目标矩形框为 B_t，ground truth 给定的目标矩形框为 B_g，则边界重叠率的计算公式为

$$O=\frac{\left|B_t\cap B_g\right|}{\left|B_t\cup B_g\right|}\tag{5.15}$$

式中：$|\cdot|$为区域内像素点的个数，分别为 B_t 与 B_g 的交集和并集。成功图的绘制则是 X 轴为重叠率阈值 r_0，其取值范围为 0～1。Y 轴为成功百分比，即在视频序列中，重叠率 O 大于重叠率阈值 r_0 的帧数占总帧数的百分比。

5.4　卫星视频目标跟踪模型的示例

5.4.1　基于光流特征的多帧差卫星视频目标跟踪算法

基于光流特征的多帧差卫星视频目标跟踪算法（multi-frame optical flow tracker，MOFT）的整体框架如图 5.13 所示。首先输入第 k 帧与第 $k+i$ 帧图像，计算两帧图像间的光流速度，得到光流场，使用 HSV 颜色系统将光流矢量转换为可视化的 RGB 光流场图像，再进行积分计算，将积分值最小的积分区域作为第 $k+i$ 帧跟踪算法结果输出。

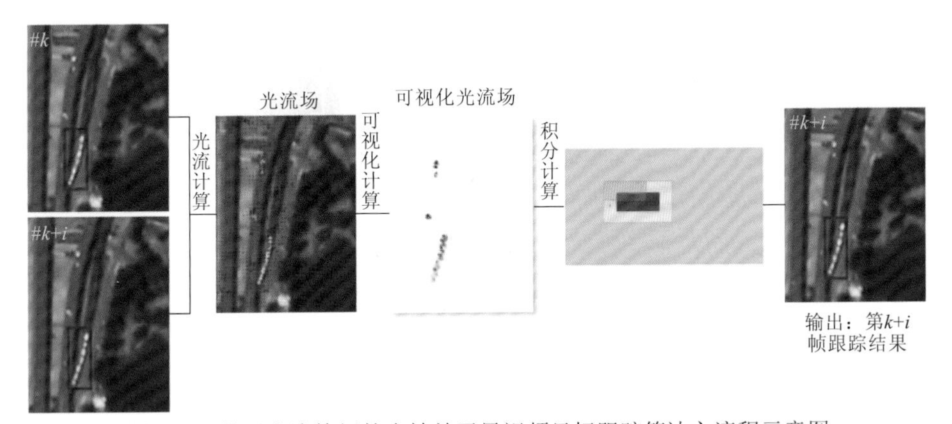

图 5.13　基于光流特征的多帧差卫星视频目标跟踪算法主流程示意图

基于光流特征的多帧差卫星视频目标跟踪算法[201]的主要流程如下。

1. Lucas-Kanade 稀疏光流法

往算法中输入间隔为 i 的两帧卫星视频数据，使用 LK 稀疏光流法进行光流场计算，得到光流场。LK 稀疏光流法在第 4 章中进行了介绍，最终得到的光流场可视化如图 5.14 中所示。

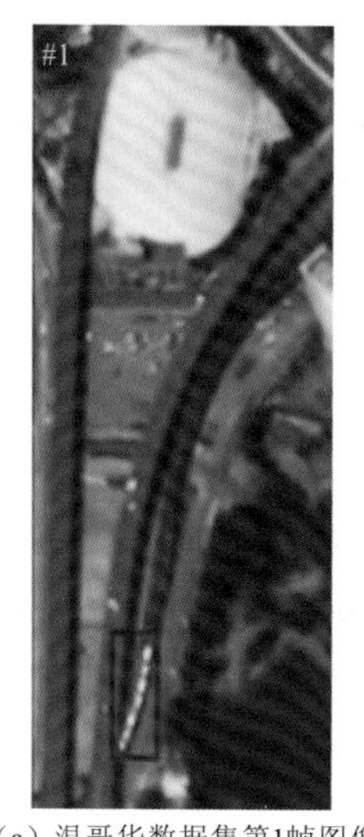

（a）温哥华数据集第1帧图像

（b）温哥华数据集第5帧图像

（c）第1帧和第5帧之间产生的视觉化光流场

图 5.14　一个视觉化的光流场

目标是蓝色矩形框内的火车

2. 使用 HSV 颜色系统表达光流场

颜色系统有非常多种类，因为光流的空间表现为二维 0°～360° 的平面矢量，所以 RGB 颜色系统并不适合表示光流。一般是使用 HSV 颜色系统来表示光流。HSV 作为计算机视觉领域常用的颜色系统之一，是 1978 年由 Smith 提出的[202]，它由色度、饱和度和亮度三个尺度组合而成，空间几何表现为倒圆锥体。HSV 颜色系统由色度和饱和度两个元素组成的 0°～360° 的平面矢量，正对应于光流矢量的表现方式。因而使用 HSV 颜色系统能够最大限度地解读出光流矢量蕴含的信息。

HSV 颜色系统将颜色分为三个属性，色度、饱和度与亮度。色度是颜色之间的根本区别，是不同波长的光刺激眼球感色视锥细胞产生的感觉[203]，也是颜色在光谱中所在位置[204]。在 HSV 颜色系统中，色度用角度进行度量，取值范围为 0°～360°。其中红、绿、蓝三原色之间相隔 120°，并将与它们相差 180° 的颜色称为互补色，分别为青色、品红、黄色[205]。饱和度是颜色的纯度[206]，是当前颜色与该颜色所处色度最大纯度颜色之间的比率[204]。在 HSV 颜色系统中进行表现时，饱和度使用从圆心出发的矢量长度来度量，取值范围为 0～1。亮度指颜色的明暗程度，是眼球对物体表面透射能力和反射能力的明暗感知[203]。在 HSV 颜色系统中，亮度用空间竖直纵轴方向的距离来度量，取值范围为 0～1。亮度值越大，颜色越明亮。

由于该算法中所需要的度量空间为二维平面空间，只考虑 HSV 的色度和饱和度两个属性，将色度对应为速度的方向，将饱和度对应为速度的速率大小。由于亮度并不影响最终结果，为了在视觉化时拥有更好的表现效果，本小节中将亮度值恒定设为 1。

使用 HSV 颜色系统为中间转换媒介，将上一步得到的包含平面二维向量 (x, y) 的光流场，转化为 RGB 颜色的彩色图像。使用由 Zimmer 等[207]提出的、由 Baker 等[208]实现的复杂 HSV 颜色系统转化方法。图 5.14 为由 HSV 颜色系统转化光流场的示例。如图 5.14（c）所示，在 HSV 颜色系统将二维平面光流速度场转化为三波段的 RGB 颜色图像后，所要跟踪的目标便可以从复杂的背景环境中被明显高亮显示出来。由于目标大致位置已经被高亮出来，可以应用积分图，找到具有区域最低积分值的区域。

3. 计算积分图

积分图首先在 1984 年被 Crow 提出[209]，并且在 1995 年应用于计算机视觉领域[210]。它是一种能够快速而高效地计算得到图像矩形子区域内数值总和的算法。对一张图像上每个像素点左上方的数值进行积累计算，仅需要数个简单的操作。一旦积分图被计算出来，就可以在常数时间内任意尺度或位置上计算出区域积分值。积分图在像素点 (x,y) 处的值包括原图中其所有左上方的像素点的和，如下：

$$ii(x,y)=\sum_{x'\leqslant x,y'\leqslant y} i(x',y') \tag{5.16}$$

式中：$i(x',y')$ 为输入图像 (x,y) 点处的值；$ii(x,y)$ 为积分图对应输入图像坐标 (x,y) 点处的积分值。

4. 计算积分矩阵得到目标跟踪框

使用积分图，任何矩形区域的和都可以用矩形 4 个角点的积分图计算结果来得到。在单波段图像中，积分图在原图像上进行一次计算就可以得到。由于 RGB 图像中有三个波段，应该对每个波段的图像进行积分。如图 5.14 所示，当像素移动得越快，光流速率值越大。随着光流速率值的增大，颜色饱和度值也越大。当像素的光流值为零时，饱和度值为零。在该算法的 HSV 颜色系统中，亮度值（HSV 的第三个维度）默认为 1，当饱和度为 0 时，在 HSV 颜色系统中，该像素的颜色为白色，在对应的 RGB 颜色系统中，每个颜色波段的值为 255。总的来说，像素没有发生运动的背景区域，各个波段的灰度图像值为 255。而目标由于发生运动，具有光流速度，对应的颜色饱和度大，具有颜色值，因而 RGB 各个波段的灰度图像值都要小于或等于 255。综上所述，靠近目标，并且积分结果最低的区域，是目标最有可能的位置。

所以使用与 ground truth 跟踪框同样大小的矩形框进行积分图计算，对上一步得到的可视化图像进行积分，得到对应的积分矩阵。在积分矩阵中找到最小值，并将该最小值所对应的相对坐标位置作为目标跟踪矩形框的中心位置。根据目标跟踪框中心位置得到目标跟踪框。

此外，在绝大多数目标跟踪任务中，由于目标运动适度，使用连续两帧图像进行实验能够精准有效地进行目标跟踪任务。而在卫星视频中，目标的运动非常微小，导致可以提供的运动信息有限，因而该算法还引入了帧差方法用于进一步提高跟踪算法的准确性。

以加拿大温哥华海港数据集为例，如图 5.15（a）所示，连续两帧图像之间，目标的运动较小，在计算得到的光流场中，目标所在位置轮廓不够准确，边缘与背景混杂，可能导致跟踪结果的偏移。如图 5.15（b）所示，使用第 1 帧和第 5 帧图像进行光流计算，使用多帧差方法后，获得的光流场中，目标和背景的区别更加明显，更好地突出了光流场中的运动目标，因此采用多帧差法来获得更优越的结果。但另一方面，当两帧之间的间隔过大时，如图 5.15（c）所示，背景中一些与目标无关的像素点也开始产生光流，导致全图光流场变得混乱驳杂，出现大量干扰目标边缘检测的噪声点，使目标跟踪算法出现错误检测，进而导致逐渐丢失目标的准确位置。因此，找出两帧之间的最佳帧差值参数 i 以获得最佳性能也非常重要。

（a）温哥华数据集第1帧与第2帧之间的可视化光流场

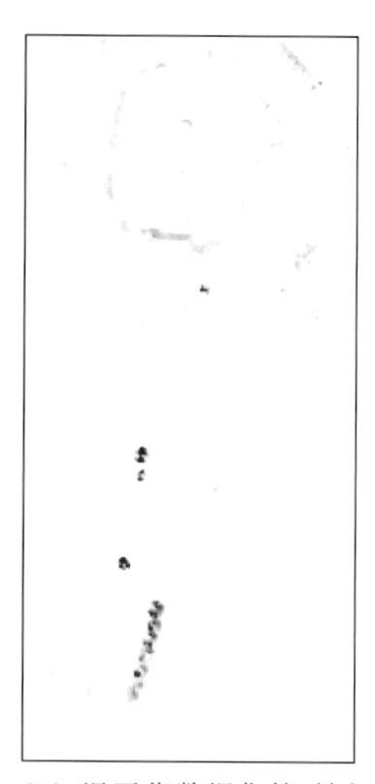

（b）温哥华数据集第1帧与第5帧之间的可视化光流场

（c）温哥华数据集第1帧与第10帧之间的可视化光流场

图 5.15 加拿大温哥华海港数据集的可视化光流场

该算法的主要步骤如算法 1 所示。

算法 1 基于光流特征的多帧差卫星视频目标跟踪算法的主要流程

输入： 视频第 k 帧和第 $k+i$ 帧图像，跟踪目标在第 k 帧初始跟踪矩形框位置 $P_k(x, y)$，搜索半径 r

步骤：

1. 计算第 k 帧和第 $k+i$ 帧图像之间的光流场
2. 使用 HSV 颜色系统转化光流速度为 RGB 颜色值
3. 使用积分矩形在搜索区域对 RGB 图像进行积分计算，搜索区域为上一帧图像中跟踪边界框向外拓展 r 个像素大小的矩形区域。积分得到积分矩阵 $\boldsymbol{I}(x, y)$
4. 取积分矩阵 $\boldsymbol{I}(x, y)$中的最小值，将该最小值对应的(x, y)坐标对应位置作为第 $k+1$ 帧跟踪矩形框结果位置 $P_{k+1}(x, y)$

输出： 第 $k+i$ 帧跟踪矩形框位置 $P_{k+1}(x, y)$

5.4.2 基于背景剪除策略的卫星视频目标跟踪算法

基于背景剪除策略的卫星视频目标跟踪（background subtraction satellite tracker，BSST）

算法的主流程如图 5.16 所示。

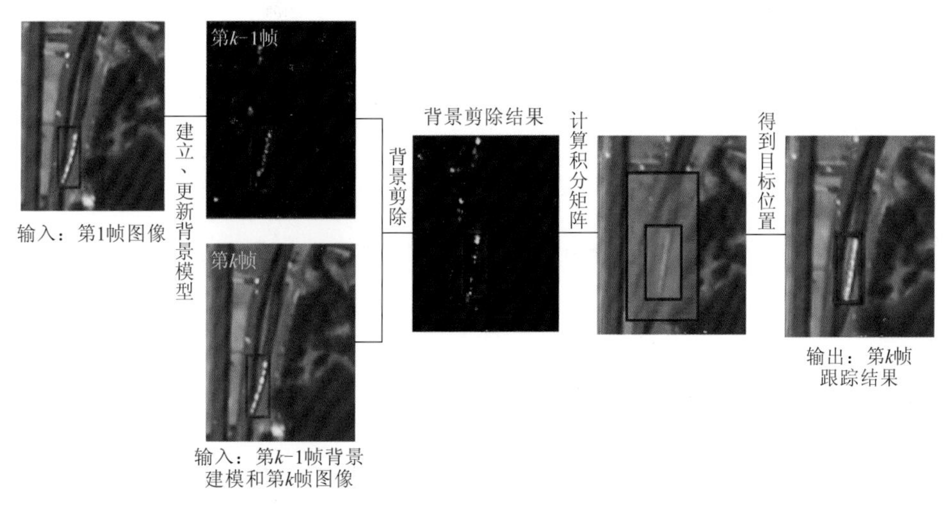

图 5.16　基于背景剪除策略的卫星视频目标跟踪算法主流程示意图

首先，在第 1 帧图像中使用基于高斯混合模型的背景剪除方法建立背景模型。之后，根据输入的前一张图像的背景模型，分割图像的前景和背景，并更新背景模型。然后利用积分图获取目标的最可能位置。此外，该算法也引入了多帧差方法，以获得更精确的目标位置。

基于背景剪除策略的卫星视频目标跟踪算法的详细流程如下。

1. 使用背景剪除策略在卫星视频第 1 帧建立背景模型

背景剪除是一种实用的目标检测方法，具有从背景中剪除大量背景噪声、分割出运动目标、提高跟踪算法检测和跟踪精确度的能力[211]。背景剪除方法可以通过多种典型方法实现，包括直方图法、卡尔曼滤波方法、单滤波高斯建模、隐马尔可夫模型等。在背景剪除所有典型的背景建模算法中，运用高斯混合模型建模后的背景，具有干净且准确度高的特点，是进行背景精确计算的较好选择[212]。

高斯混合模型在 1997 年被提出，并被用于背景剪除策略[213]。高斯混合建模的改进版本——自适应背景混合模型，是最常用的目标跟踪方法之一[214]。之后，Hayman 和 Eklundh 对自适应背景混合模型做了更详细地补充和改进，使自适应背景混合模型具有更加优越的性能[215]。高斯混合模型利用数学建模来估计像素的分类。由于高斯混合模型的统计特性，运用高斯混合模型进行背景剪除策略的背景建模，比单纯使用固定阈值来分割图像中背景和前景的方法更加客观和科学[216]。

高斯模型是使用正态分布函数进行模型建立的方法[217]。使用正态分布函数进行模型建立，设 X_t 是图像中坐标为 (x, y) 的像素点在 t 时刻的值，X_t 的概率密度为

$$p(X_t) = \sum_{k=1}^{K} w_{k,t} \eta(X_t, \mu_{k,t} \Sigma_{k,t}) \tag{5.17}$$

式中：K 为建立的高斯混合模型的数量，K 的取值越大，正态分布模型的数量越多，获

得的高斯密度函数更准确，对输入的数据的拟合能力也越高（但是，高斯混合模型数量并不是越多越好，当高斯混合模型的数量过多时，可能会导致建立的背景模型过拟合[218]，因此通常高斯混合模型的数量为 3～5 个）；$w_{k,t}$ 为在时间 t 时，第 k 个高斯分布混合模型的预计权重值，$w_{k,t}$ 的取值为 0～1，并且 $\sum_{k=1}^{K} w_{k,t}=1$；$\mu_{k,t}$ 为在时间 t 时，第 k 个高斯混合模型分布函数的均值；$\boldsymbol{\Sigma}_{k,t}$ 为在时间 t 时，第 k 个高斯混合模型分布函数的协方差矩阵；η 为高斯混合模型中，单个高斯模型的概率密度函数：

$$\eta(X_t,\mu,\sigma^2)=\frac{1}{\sqrt{2\pi\Sigma}}\mathrm{e}^{-\frac{(X_t-\mu_t)^{\mathrm{T}}(X_t-\mu_t)}{2\Sigma}} \tag{5.18}$$

为减少不必要的计算量，将协方差矩阵简化为

$$\boldsymbol{\Sigma}_{k,t}=\sigma_{k,t}^2\boldsymbol{I} \tag{5.19}$$

式中：$\sigma_{k,t}^2$ 为第 k 个高斯分布在 t 时刻的方差。

式（5.18）假设输入的 RGB 图像的三个波段的灰度图像是分别独立的，并且具有相同的方差。这种假设会损失一定程度的精度，但是可以避免代价高昂的矩阵求逆，降低内存和时间的消耗[219]。

当目标在移动时，移动目标的边界可能与现有的背景分布模型不匹配，这将导致创建新的背景分布模型或增加现有背景分布模型的方差。由于背景分布模型的数量和情况在不断变化，在进行模型匹配计算之前，需要确定当前已建立的所有背景分布模型中，哪些背景分布模型最能代表当前背景。

由当前所有背景分布模型中，选择权重最高的前 N 个背景分布模型，作为当前有效的背景模型：

$$N=\underset{n}{\operatorname{argmin}}\left(\sum_{k=1}^{K} w_{k,t}>T\right) \tag{5.20}$$

式中：T 为应分类为背景的像素阈值。

对当前高斯混合模型中的选出的 N 个背景分布模型进行得分计算，不同背景分布模型的得分 $s_{k,t}$ 可表示为

$$s_{k,t}=\frac{w_{k,t}}{\sigma_{k,t}} \tag{5.21}$$

如式（5.21）所示，当一个背景分布模型的权值增加或方差减小时，这个背景分布模型的得分会增加，说明该背景分布模型越符合当前背景情况。而当背景分布模型的权重减少或方差增大时，说明这个背景分布模型已经逐渐发生偏差，不符合当前背景情况。

对根据式（5.20）所选出的前 N 个背景分布模型，根据式（5.21）计算得到的得分，按得分从大到小进行排序。进行模型匹配时，将从得分 $s_{k,t}$ 数值最高的背景分布模型开始进行匹配，也就是按照符合当前背景情况的程度大小进行匹配。

进行模型匹配时，对于新输入的图像中每一个像素 X_t，基于式（5.22）将 X_t 与现有的 N 个高斯分布混合模型进行比较：

$$|X_t-\mu_{k,t}|\leqslant A\sigma_{k,t} \tag{5.22}$$

式中：A 为一个常数，使用高斯混合模型进行背景剪除时，一般将参数 A 的值定为 2.5[220]。

如果像素 X_t 在输入图像中的值，能够在第 $k(1\leqslant k\leqslant N)$ 个高斯混合背景分布模型中满足式（5.22），则可以认为它与第 k 个高斯分布函数相匹配，满足第 k 个背景分布模型，所以，将该像素点分类为背景像素。否则，如果像素 X_t 没有满足 N 个背景分布模型中的任何一个分布模型，则说明该像素点与所有背景分布模型都不匹配，该像素点不属于背景，将其视为前景，与背景分割开来。

随着视频的播放，图像中的像素值时刻都在变化，因此，需要根据输入的视频中每帧图像的变化对背景模型进行更新。背景模型的更新可以通过更新背景模型的参数来实现。

背景分布模型的权值在时间 t 时，根据式（5.23）进行更新：

$$w_{k,t}=(1-\alpha)w_{k,t-1}+\alpha M_{k,t} \tag{5.23}$$

式中：α 为学习率，α 的取值一般为 $0<\alpha<1$；对于能够匹配高斯混合背景分布模型的像素点，$M_{k,t}$ 的数值为 1，若是不匹配背景分布模型的像素点，$M_{k,t}$ 的数值为 0。

对于不匹配高斯混合背景分布模型的像素点，背景分布模型函数的均值 μ 和方差 σ^2 参数保持不变。

对于匹配背景分布模型的像素点，高斯分布函数的均值参数 μ_t 和方差参数 σ_t^2 的更新计算式分别为

$$\mu_t=(1-\rho)\mu_{t-1}+\rho X_t \tag{5.24}$$

$$\sigma_t^2=(1-\rho)\sigma_{t-1}^2+\rho(X_t-\mu_t)^{\mathrm{T}}(X_t-\mu_t) \tag{5.25}$$

式中：ρ 为第二个学习率参数，根据式（5.26）得到

$$\rho=\frac{\alpha}{w_{k,t}} \tag{5.26}$$

根据式（5.26），当背景分布模型的权重越高时，说明该背景分布模型符合当前背景的程度较高，因而参数更新速率较慢。而背景分布模型权重较小时，需要通过较大幅度地更新背景模型参数，从而实现对该高斯背景分布模型的快速更新[221]，使该分布模型更符合背景情况。

另外，为了保证所有背景分布模型权值之和为 1，每次进行背景分布模型参数更新之后，都要对高斯混合背景分布模型的各个分布模型的权值进行归一化处理：

$$w_{k,t}=\frac{w_{k,t}}{\sum_{k=1}^{k}w_{k,t}} \tag{5.27}$$

同时，在 t 时刻，若图像中每一个像素点 X_t，都能满足至少一个高斯分布函数，则按照当前图像，创建一个新的高斯分布函数。在新的高斯分布函数中，将在 t 时刻的像素值每个波段数值的均值设为新的均值 μ_t，将协方差矩阵 $\sigma_{k,t}^2$ 设为初始值，将新建立的高斯分布函数的权重值 $w_{k,t}$ 设为当前高斯混合背景分布模型中 $s_{k,t}$ 值最小的背景分布模型的权重值，并用新建立的背景分布模型替换掉 $s_{k,t}$ 数值最小的背景分布模型。

该算法在第 1 帧就使用高斯混合模型背景剪除法将图像前景与背景分离，以此建立了

背景模型。进行基于高斯混合模型的背景剪除处理之后，如图 5.17 所示。由图 5.17（c）可看出，使用基于高斯混合模型的背景剪除处理后，大部分背景像素都被处理干净，白色的部分为前景，目标所在位置被明显与背景分割开来。

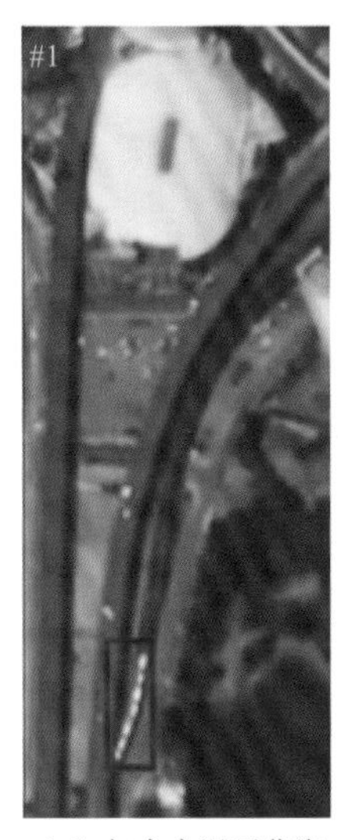

（a）加拿大温哥华海港数据集第1帧图像

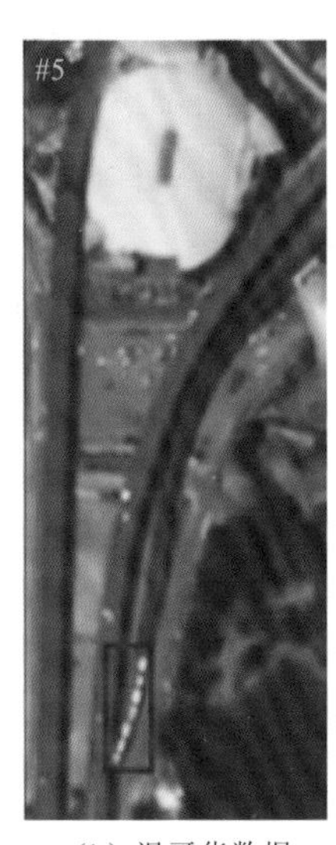

（b）温哥华数据集第5帧图像

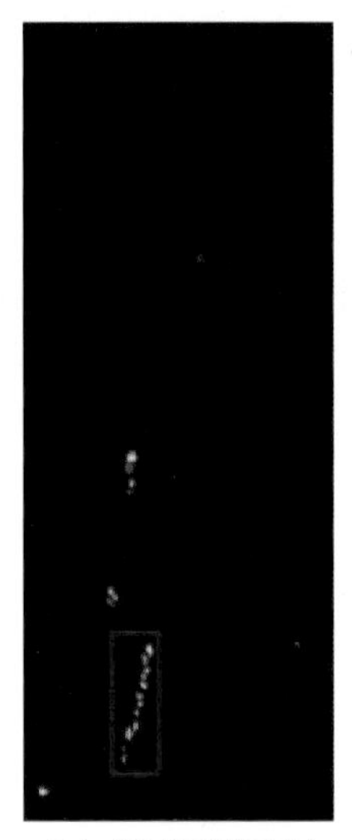

（c）第1帧和第5帧之间背景剪除后的结果

图 5.17　对输入的图像进行基于高斯混合模型的背景剪除之后的结果

目标是蓝色矩形框内的火车

对于背景剪除后的图像会用积分图对其进行后续处理，不过在此之前帧差法被引入，进行目标位置的微调。帧差法的具体介绍可参考 5.4.1 小节。引入帧差法后，目标边缘更加明显，能够更好地标识出目标区域。但随着帧差值进一步增大，图像出现更多边缘模糊的区域，反而会导致目标边缘区域模糊不清，降低目标检测和跟踪的精确度和成功率。因而，正确地选择帧差参数数值对跟踪结果将会起到影响。

2. 更新视频帧的背景模型

如果输入的图像并非第一帧，算法则需要根据上面所提到的高斯混合模型背景剪除法中的更新方法对背景模型进行更新。

3. 计算积分矩阵

使用与 ground truth 跟踪框大小相同的矩形积分框对上一步分割了前景与背景的图像进行积分，得到积分矩阵。积分矩阵可参考 5.4.1 小节。

4. 获取目标框

求出积分矩阵内的最大值，将矩阵中具有最大值的相对位置定为跟踪目标的中心位置。根据给定的目标跟踪框大小得到跟踪矩形框的区域。

5.4.3 混合核相关滤波卫星视频目标跟踪算法

前面所提出的基于光流的速度特征能够呈现卫星视频中运动目标像素级的变化，从而帮助核相关滤波器从复杂噪声背景中跟踪运动目标。但是，当目标颜色分布较为均匀且运动较慢时，基于光流的速度特征所呈现出的目标，其内部会出现“空洞”。图 5.18[222]展示了卫星视频中的不同特征，其中，每个目标的第一个特征图为基于光流的速度特征，第二个特征图为基于 HOG 的边缘特征。可以发现，在 Italy 和 Valencia 卫星视频数据集中，所跟踪目标（小车）的速度特征的内部均出现明显“空洞”。在 Italy 数据集中表现尤为明显，基于光流的速度特征只提取出视觉上有明显变化的小车前后两端，而失去了目标本身的形状。而基于 HOG 的边缘特征在这两个数据集上却表现很好，能够清晰地提取出目标的边缘信息。

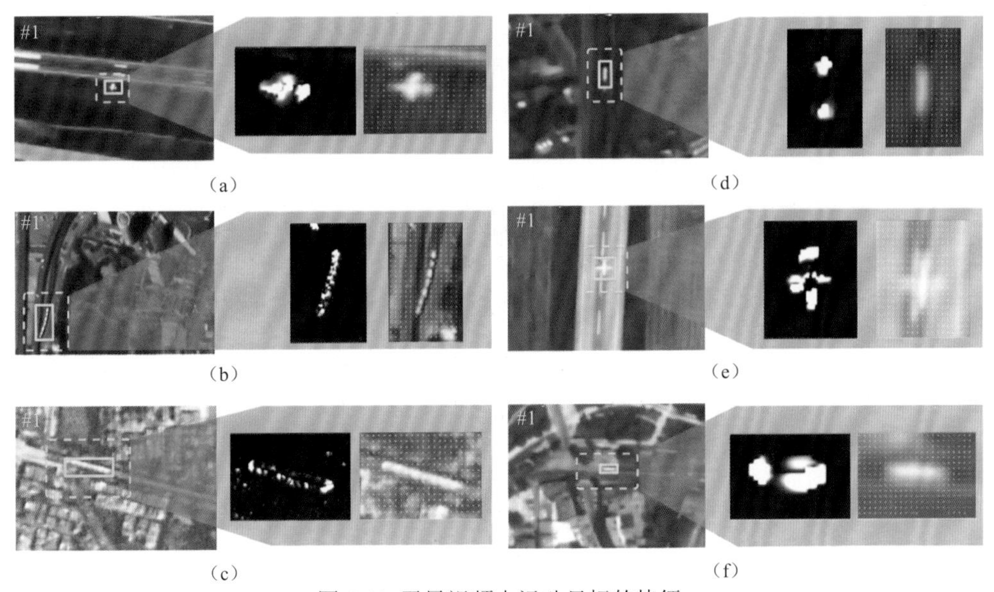

图 5.18 卫星视频中运动目标的特征

但是这两种特征在 Canada 和 India 卫星视频数据集上，其性能出现了反转。由于背景噪声的干扰，所跟踪目标（列车）的外观特征失真、轮廓变得模糊且与背景极为相似，导致 HOG 特征不能很好地提取列车的边缘信息。但是，由于列车的运行速度较快，基于光流的速度特征通过计算相邻两帧像素的变化，能够从复杂噪声背景中识别运动目标。基于光流的速度特征和基于 HOG 的边缘特征是一对互补特征，分别提取跟踪目标的运动信息和外观信息。只是在卫星视频数据中，这两个特征应用到不同数据集或者跟踪不同运动目标时，所提取相关特征的好坏会不一样。虽然对于大部分卫星视频数据集来说，基于光流的速度特征有更好的表现，但是也不能否定基于 HOG 的边缘特征能够提取目标的轮廓信息，特别是当基于光流的速度特征出现“空洞”时。

因此，混合核相关滤波卫星视频目标跟踪算法[222]被提出。算法的主要思想：在核特征空间中引入两个互补特征，其中一个特征是基于 HOG 的边缘特征，用于提取目标的轮廓信息；另一个特征是基于光流的速度特征，用于提取目标的运动信息。并提出自适应融合策略，即以显著性特征为主、弱特征为辅的原则，最大化这对互补特征在不同卫星视频数据集或者跟踪不同目标时的优势，实现对运动较慢且尺度更小的目标的精准跟踪。

混合核相关滤波的形式化描述如下。

在跟踪过程中，第 t 帧图像 x_t 的目标位置 p_t，是通过在候选边界框 $p \in S_t$ 中，最大化得分函数而获得

$$p_t = \arg\max_{p \in S_t} f(T(x_t, p), \theta_{t-1}) \tag{5.28}$$

式中：T 为图像变换函数；$f(T(x_t, p), \theta_{t-1})$ 为得分函数，即根据模型参数 θ_{t-1} 给边界框 p 打分。而模型参数 θ_t 是通过在历史帧图像及其目标位置（即 $X_t = \{(x_i, p_i)\}_{i=1}^{t}$）上，最小化损失函数 $L(\theta; X_t)$ 得

$$\theta_t = \arg\min_{\theta \in Q} \{L(\theta; X_t) + \lambda R(\theta)\} \tag{5.29}$$

式中：Q 为模型参数空间。为了避免过拟合，引入了权值为 λ 的正则化项 $R(\theta)$。

该算法提出的混合核相关滤波算法的得分函数为

$$f(x) = \gamma_{\text{hog}} f_{\text{hog}}(x) + \gamma_{\text{of}} f_{\text{of}}(x) \tag{5.30}$$

式中：γ_{hog} 和 γ_{of} 分别为基于 HOG 边缘特征和基于光流速度特征的权重。假设图像 x 的 HOG 特征有 N_d 个通道，$\boldsymbol{\Phi}_x = \{\boldsymbol{\Phi}_x^k\}_{k=1:N_d}$，则基于 HOG 的边缘特征得分为

$$f_{\text{hog}}(x; h) = \sum_{k=1}^{N_d} (h^k)^{\mathrm{T}} * \boldsymbol{\Phi}_x^k \tag{5.31}$$

式中：权值向量 $\boldsymbol{h}$ 也为 N_d 通道的矩阵，$\boldsymbol{h} = \{h^k\}_{k=1:N_d}$；符号*为卷积操作。图像 x 的基于光流的速度特征是一个单通道矩阵 $\boldsymbol{\psi}_x$，即图像光流的大小。则基于光流的速度特征得分为

$$f_{\text{of}}(x; \boldsymbol{\beta}) = \boldsymbol{\beta}^{\mathrm{T}} \boldsymbol{\psi}_x \tag{5.32}$$

式中：权值向量 $\boldsymbol{\beta}$ 为单通道的矩阵。因此，混合核相关滤波算法需要优化的模型参数为 $\theta = (h, \boldsymbol{\beta}, \gamma_{\text{hog}} \gamma_{\text{of}})$。

为了实现实时跟踪，该算法采用核相关滤波器来学习上述特征的得分。其为简单的最小二乘损失，但可以通过对特征图像进行循环移位获得密集的训练实例，且能够利用循环矩阵对角化性质加速计算。同时，允许多通道特征进行计算，如 HOG 特征，只需在傅里叶域中对各通道进行求和。

在核相关滤波器中，基础样本为以目标为中心，大小为 $M \times N$ 的图像块 X。通过对其循环移位获得密集训练样本 $x\{m,n\}, m \in \{0, \cdots, M-1\}, n \in \{0, \cdots, N-1\}$。

采用二维高斯函数对循环移位构建的训练样本进行标注，其中基础样本 $x\{0,0\}$ 的标签为 $y\{0,0\} = 1$。对于其他样本，高斯函数平缓地从 1 降到 0。在核相关滤波理论中，算法整体模型的代价函数为

$$\left\| \gamma_{\text{hog}} \sum_{k=1}^{N_d} \langle \Theta(\Phi_x\{m,n\}), h^k \rangle + \gamma_{\text{of}} \langle \Theta(\Psi_x\{m,n\}), \boldsymbol{\beta} \rangle - y \right\|^2 \tag{5.33}$$

式中：Θ 为希尔伯特空间映射，由内核函数 K 诱导，内积可以表示为 $\langle \Theta(f), \Theta(g) \rangle = K(f, g)$。由于该算法的最后得分是不同特征的线性加权，为了表述简明易懂，下面将以单通道的基于光流的速度特征为例。其得分公式（5.33）通过在基于光流的速度特征训练样本 $\Psi_x\{m,n\}$ 中，最小化如下损失函数：

$$\min_{\boldsymbol{\beta}} \sum_{m,n} \| \langle \boldsymbol{\beta}, \Theta(\Psi_x\{m,n\}) \rangle - y \|^2 + \lambda \| \boldsymbol{\beta} \| \tag{5.34}$$

基于光流的速度特征训练样本集$\Psi_x\{m,n\}$构成循环矩阵$\boldsymbol{Z}$，$\boldsymbol{Z}=C(\Psi_x)$，其可通过循环矩阵对角化性质，将复杂的矩阵运算转化为频域中的元素操作[158]。在下一帧中，以当前帧目标位置为中心，截取稍大范围的图像块z作为搜索区域，则基于光流的速度特征在搜索区域内各位置得分的计算公式为

$$f_{\text{of}}(\Psi_z;\boldsymbol{\beta})=\boldsymbol{\beta}^{\mathrm{T}}\Psi_z=\sum_{m,n}\alpha_{m,n}K(\Psi_x,\Psi_z) \tag{5.35}$$

$$\boldsymbol{\beta}=\sum_{m,n}\alpha_{m,n}\Theta(\Psi_x) \tag{5.36}$$

式中：Ψ_z，Ψ_x分别为训练样本中的两个不同的训练数据。

核相关滤波器α也可通过循环矩阵对角化性质计算得

$$\hat{\alpha}=\frac{\hat{y}}{\hat{k}^{\Psi_x\Psi_x}+\lambda} \tag{5.37}$$

式中：^为离散傅里叶变化；$\hat{k}^{\Psi_x\Psi_x}$为核自相关向量，其中每个元素为$\hat{k}_i^{\Psi_x\Psi_x}=K(\Psi_x\{m,n\},\Psi_x)$，$i\in\{0,\cdots,(M-1)\times(N-1)\}$。则基于光流的速度特征得分的计算公式可转化为

$$f_{\text{of}}(\hat{\psi}_z)=\hat{k}^{\Psi_x\Psi_z}\odot\hat{\alpha} \tag{5.38}$$

该算法采用常用的高斯核函数，其在频域中的计算公式为

$$\hat{k}^{xx'}=\exp\left(-\frac{1}{\sigma^2}(\|x\|^2+\|x'\|^2-2F^{-1}(\hat{x}\odot\hat{x}'))\right) \tag{5.39}$$

在图 5.18 中可以明显地发现：在 Italy 和 Valencia 卫星视频数据集中，由于所跟踪目标（小车），其颜色分布均匀、行驶速度较慢，基于光流的速度特征小车内部出现明显“空洞”，为弱特征。而基于 HOG 的边缘特征却在这两个数据集上表现很好，能够清晰地提取出目标的边缘信息，则为显著性特征。但在 Canada 和 India 卫星视频数据集上，这两种特征的性能出现了反转。由于背景噪声的干扰，基于 HOG 的边缘特征不能很好地提取列车的边缘信息，则表现为弱特征。而由于列车的行驶速度较快，基于光流的速度特征能够从复杂噪声背景中识别运动目标，则表现为显著性特征。

在卫星视频中，被跟踪目标的形状和背景环境变化不大。因此，在整个跟踪过程中，目标的显著性特征往往会保持相对理想的表达能力。为了更好地利用不同卫星视频中目标的显著性特征，同时避免弱特征的影响，该算法提出一种能最大化互补特征优势的自适应融合策略。其主要思想是：根据第 2 帧各特征的响应得分自适应地确定显著性特征。在此基础上，采用以显著性特征为主、辅助性特征为辅的方式，融合所有特征进行后续跟踪。

自适应融合策略分为两个阶段，分别是显著性特征的确定和特征权重更新。在第一阶段，通过特征在第 2 帧中的响应得分自适应地确定显著性特征和弱特征，其计算公式为

$$\text{dom}=\text{argmax}_{i\in\{\text{hog},\text{of}\}}\frac{V_i}{\delta_i} \tag{5.40}$$

$$\text{aux}=\text{argmin}_{i\in\{\text{hog},\text{of}\}}\frac{V_i}{\delta_i} \tag{5.41}$$

$$V_{\text{hog}}=\max(f_{\text{hog}}(2)) \tag{5.42}$$

$$V_{\text{of}}=\max(f_{\text{of}}(2)) \tag{5.43}$$

式中：dom 和 aux 分别指显著性特征和辅助性特征；$f_{\text{hog}}(2)$和$f_{\text{of}}(2)$分别为第 2 帧基于

HOG 的边缘特征的得分和基于光流的速度特征的得分；δ_i 为 f_i 的方差。为了进行公平的比较，分别对 $f_{\text{hog}}(2)$、$f_{\text{of}}(2)$进行归一化。之所以使用第 2 帧来确定显著性特征的主要原因是，核相关滤波跟踪理论其实是一个典型的单样本学习（one-shot learning），在整个跟踪过程中只有第 1 帧带有真实标签。图 5.19 展示了所提出算法的训练和跟踪过程。

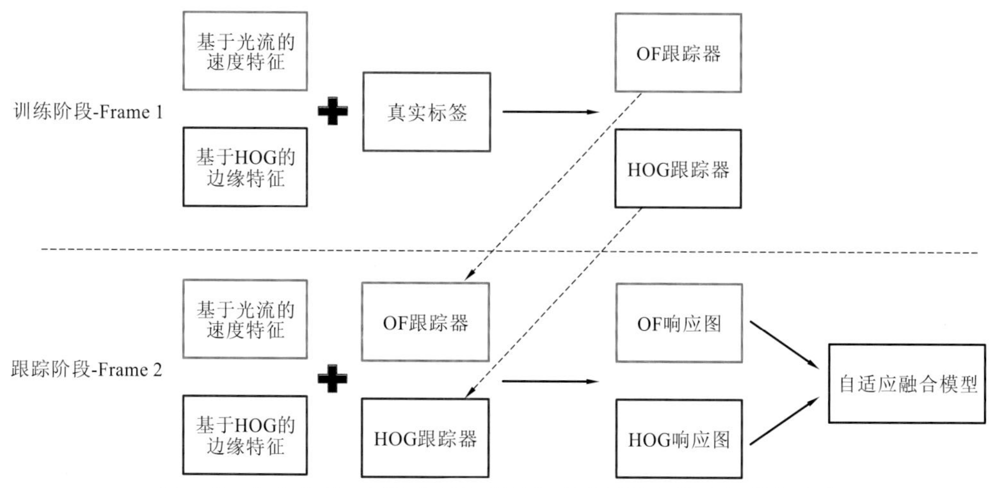

图 5.19　混合核相关滤波卫星视频目标跟踪算法的训练和跟踪过程

从图 5.19 可以看到，OF 跟踪器和 HOG 跟踪器是通过第 1 帧带有真实标签的样本训练得到。第 2 帧的跟踪阶段是采用第 1 帧训练好的跟踪器对特征进行打分，得到各自的响应图，确定目标的位置。第 2 帧的训练阶段是以当前的跟踪结果作为伪标签，训练并更新跟踪器，后续跟踪都采用这种在线学习更新的方式。因此，在第 2 帧确定显著性特征，其置信度最高。

在第二阶段，通过线性插值来更新特征权重 $\gamma_{\text{dom}}(t)$ 和 $\gamma_{\text{aux}}(t)$：

$$\gamma_{\text{dom}}(t)=(1-\eta)\gamma_{\text{dom}}(t-1)+\eta V_{\text{dom}}(t) \tag{5.44}$$

$$\gamma_{\text{aux}}(t)=(1-\eta)\gamma_{\text{aux}}(t-1)+\eta V_{\text{aux}}(t) \tag{5.45}$$

式中：η 为学习率，在实践中通常设置为 0.02。为了更好地利用显著性特征，采用以显著性特征为主、弱特征为辅的原则进行融合。因此，初始化 $\gamma_{\text{dom}}(2)$ 为 1，$\gamma_{\text{aux}}(2)$ 为 0。当 $\gamma_{\text{dom}}(t)$ 衰减超过阈值 ξ 时，重置 $\gamma_{\text{dom}}(t)$、$\gamma_{\text{aux}}(t)$ 以保持显著性特征的优势。

算法 2 给出了自适应融合策略的具体步骤。

算法 2　自适应融合策略

输入：帧索引 t，基于 HOG 的边缘特征得分 $f_{\text{hog}}(t)$，基于光流的速度特征得分 $f_{\text{of}}(t)$，学习率 η，显著性特征的权值阈值 ξ

输出：显著性特征权值 γ_{dom}，辅助性特征权值 γ_{aux}

第一阶段：显著性特征的确定

1. 将 $f_{\text{hog}}(2)$，$f_{\text{of}}(2)$进行归一化
2. 设置 $V_{\text{hog}}=\max(f_{\text{hog}}(2))$，$V_{\text{of}}=\max(f_{\text{of}}(2))$，$\delta_{\text{hog}}$，$\delta_{\text{of}}$ 分别为 f_{hog} 和 f_{of} 的方差
3. 根据 $\max([V_{\text{hog}}/\delta_{\text{hog}}, V_{\text{of}}/\delta_{\text{of}}])$，设置显著性特征 dom 和辅助性特征 aux
4. 设置 $\gamma_{\text{dom}}(2)=1$，$\gamma_{\text{aux}}(2)=0$

第二阶段：特征权重更新

5. 归一化 $V_{\text{dom}}(t)$，$V_{\text{aux}}(t)$
6. 更新 $\gamma_{\text{dom}}(t)=(1-\eta)\gamma_{\text{dom}}(t-1)+\eta V_{\text{dom}}(t)$
7. 更新 $\gamma_{\text{aux}}(t)=(1-\eta)\gamma_{\text{aux}}(t-1)+\eta V_{\text{aux}}(t)$
8. If $\gamma_{\text{dom}}(t)<\xi$ then
9. 设置 $\gamma_{\text{dom}}(t)=1$，$\gamma_{\text{aux}}(t)=0$
10. End if

方法总体框架如下。

混合核相关滤波卫星视频目标跟踪算法的总体框架如图 5.20 所示，主要是在岭回归框架中自适应地使用两个互补的特征。其中一个特征是基于光流的速度特征，用于提取目标的运动信息，如采用第 t 帧和第$(t-d)$帧计算第 t 帧的速度特征。另一个特征是基于 HOG 的边缘特征，它可以捕获目标的轮廓信息。为了保证跟踪算法的实时性，采用核相关滤波理论获得各特征的得分。最后，将获得的各特征得分输入提出的自适应融合模型中，并将最终得分的最优位置作为当前目标的位置，从而实现在不同卫星视频数据集或者跟踪不同目标时，获得更为精准且鲁棒的跟踪。

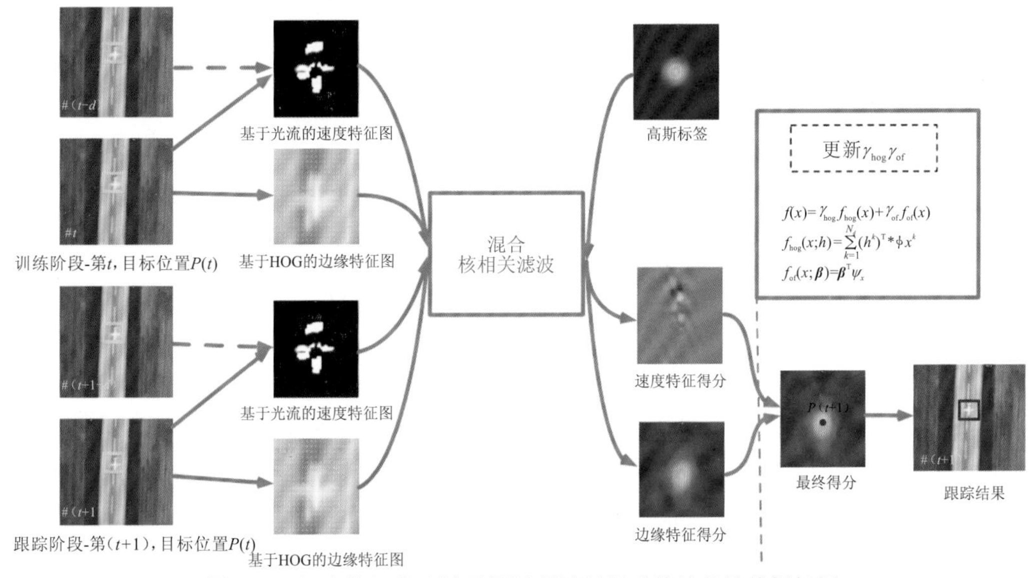

图 5.20　混合核相关滤波卫星视频目标跟踪算法的总体框架图

混合核相关滤波卫星视频目标跟踪算法的主要流程如下。

（1）初步训练滤波器。

将首帧以目标为中心的图像块分别输入采用基于 HOG 边缘特征的子核相关滤波和采用基于光流速度特征的子核相关滤波，并通过高斯分布分别构建训练样本的标签，初步训练两个子核相关滤波器。

（2）获取响应图。

以第 1 帧所跟踪目标为中心，剪切相同大小的区域作为搜索图像块（候选区域），分别输入步骤（1）训练的子核相关滤波器，得到对应两个特征的得分（响应图）$f_{\text{hog}}(2)$、$f_{\text{of}}(2)$。

（3）确定显著性特征。

按照式（5.40）、式（5.41）、式（5.42）、式（5.43）计算两个特征对该卫星视频数据集的表征质量，并确定该视频的显著性特征 dom 和辅助性特征 aux。

（4）融合特征。

在后续跟踪过程中，采用自适应融合策略，对这两个特征的响应图进行线性融合。即以显著性特征 dom 为主、辅助性特征 aux 为辅的原则，按照算法 2 进行自适应融合。

（5）确定跟踪结果。

根据融合后的响应图，将得分最高的位置作为当前帧目标的位置。

5.4.4 高分辨率孪生网络卫星视频目标跟踪算法

算法的主要思想是，通过设计一个轻量级且空间分辨率高的并行网络，来获得卫星视频中目标细粒度的表征，并应用于孪生网络，实现精准、实时的跟踪。此外，为了充分利用卫星视频所固有的帧间运动信息，提出跟踪与检测相结合的双流网络框架。其中，跟踪分支采用提出的具有高空间分辨率的孪生网络，检测分支则采用基于高斯混合模型的在线运动目标检测。最后，依据跟踪分支中跟踪框的变化，设计出自适应的融合策略，以增强卫星视频目标跟踪的鲁棒性。在 6 个真实的卫星视频数据集上进行定量实验，实验结果表明，所提出的高分辨率孪生网络（high-resolution siamese network，HRSiam）[223] 以 30 帧/s 的运行速度，实现了最先进的跟踪性能。

1. 高分辨率并行网络

深度学习领域中，典型的卷积神经网络，如 LeNet-5[91]、AlexNet[142]、VGGNet[68]、GoogleNet[224]、ResNet[69]、DenseNet[225]等，都是从分类问题中发展而来的。其特点是，在前向传播过程中特征的空间分辨率均从大逐渐变小，来获得高层语义特征用于分类。由于分类网络本质是获取低分辨率的高层语义表征，其并不适合针对空间精度敏感的区域层次或者像素层次的任务。为了弥补空间精度的损失，研究者们在分类卷积神经网络的基础上，通过引入上采样操作或组合空洞卷积来提升表征的空间分辨率，典型的结构包括 Hourglass[226]、U-Net[227]等。在这类网络结构中，最终的高分辨表征主要来源于以下两部分：第一是原本的高分辨率表征，但由于只经过了少量的卷积操作，其本身只能提供低层次的语义表达；第二是通过上采样获得的高分辨率表征，但由于受限高层语义特征所对应的分辨率，其空间灵敏度并不高。

2019 年，柯孙等提出新型的高分辨率网络 HRNet[228]，在人体姿态估计、图像分割、人脸对齐及目标检测等问题上都取得了不错的效果。尤其在 COCO 数据集的关键点检测、姿态估计、多人姿态估计这三项任务中，HRNet 超越了所有先前的模型，刷新了榜单。HRNet 的主要特点是，采用与众不同的并联结构，可以在整个前向传播过程中始终保持高分辨率的表征。同时，通过不断在多分辨率表征之间进行信息交互，以提升高分辨率和低分辨率表征的表达能力。HRNet 的整体网络结构如图 5.21 所示。HRNet 与以往分类卷积神经网络的本质区别是，前者采用并行连接的方式，而后者则采用串行连接的方式。因此，HRNet 在前向传播过程中始终保持了高分辨率的表征，并拥有与 AlexNet 相同的感受野，但其总步长为 4。

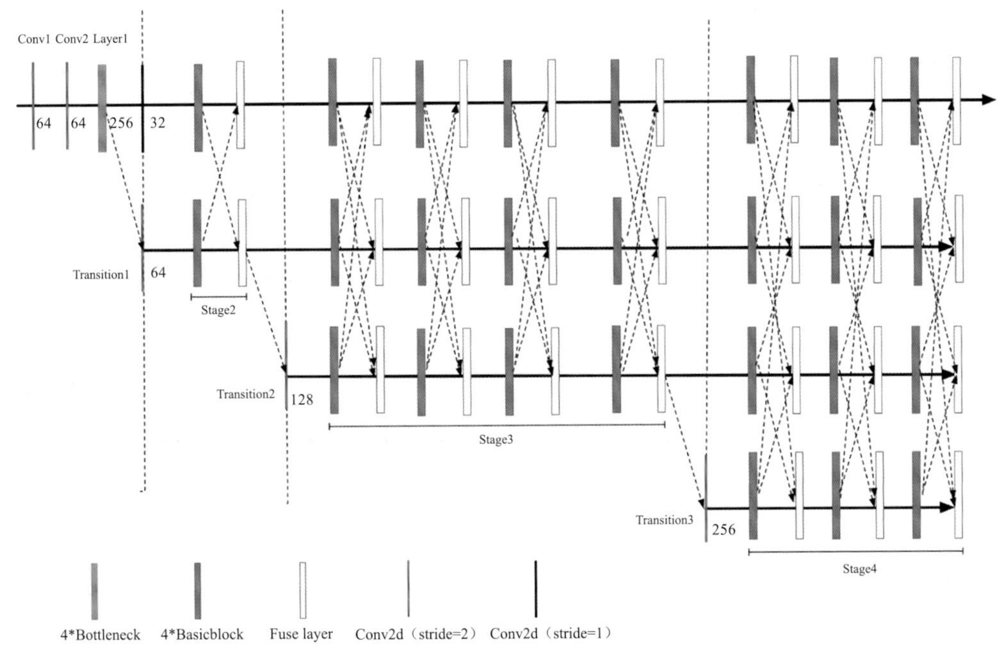

图 5.21　高分辨率并行网络的结构图

图 5.22 展示了 HRNet 网络中多分辨率表征的信息交互和融合示例。将高分辨率特征转化为低分辨率特征时，采用步长为 2 的 3×3 卷积；将低分辨率特征转化为高分辨率特征时，采用 1×1 卷积进行通道数的匹配，再采用最近邻插值的方式来提高分辨率。相同分辨率的表征则采用恒等映射的形式。

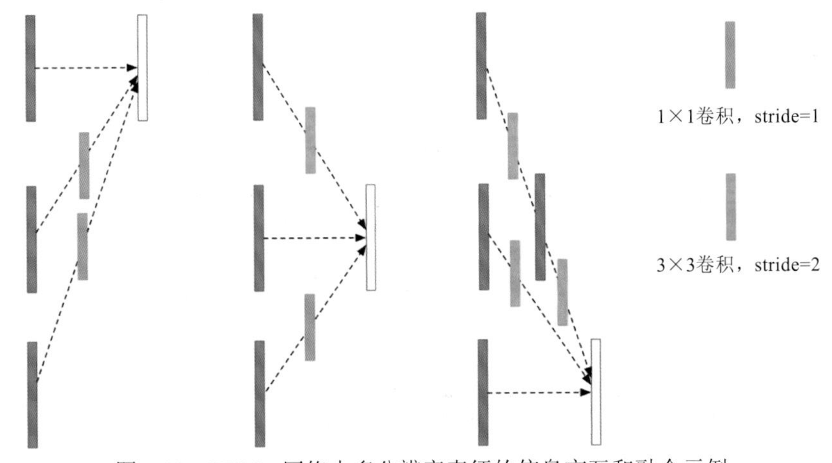

图 5.22　HRNet 网络中多分辨率表征的信息交互和融合示例

在卫星视频中，感兴趣的目标通常只有十几个像素，仅能观测大概轮廓而缺乏细节信息。目前，基于孪生网络的目标跟踪算法主要通过获取具有高层语义且空间分辨率低的深度特征进行目标跟踪。例如，常用的骨干网络 AlexNet[142]，其总步长为 32，意味着最后提取的深度特征图将会缩小为原图的 1/32，导致很难对卫星视频中的跟踪目标进行精准定位。而且实验也表明，只依靠具有高层语义的深度特征不能很健壮地表征卫星视频中的跟踪目标。因此，如何获取高空间分辨率且健壮的深度特征，是基于孪生网络的目标跟踪算法应用于新型卫星视频数据的关键技术。

该算法结合卫星视频中目标的特点，设计出两种轻量级的并行网络结构[228]来获得卫星视频中目标的高空间分辨率且健壮的深度特征。第一种考虑高层级的深度特征相对于低层级的深度特征对卫星视频跟踪目标的描述性弱，导致高层级的反复融合并不会提供有利的信息，甚至可能降低整体特征的性能，因此提出纵向剪枝并行网络（HRNet-V），即直接将底层子网和高层子网进行信息交互，如图 5.23 所示。第二种，考虑以低层信息为主的浅层特征，如边缘、形状、颜色，可能更适合描述卫星视频跟踪目标，因此提出横向剪枝并行网络（HRNet-H），即水平地对网络进行剪枝，如图 5.24 所示。

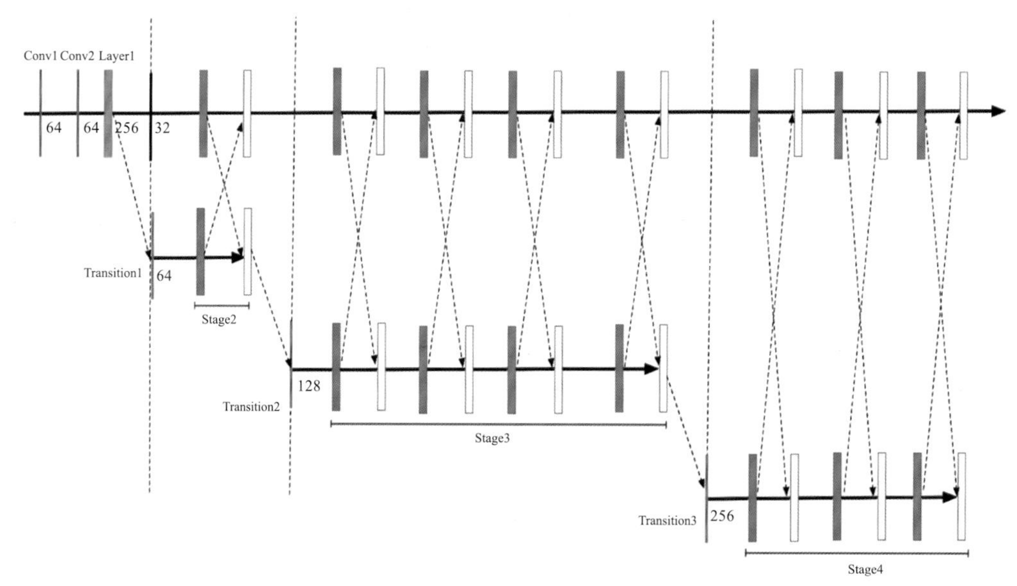

图 5.23　纵向剪枝并行网络的结构

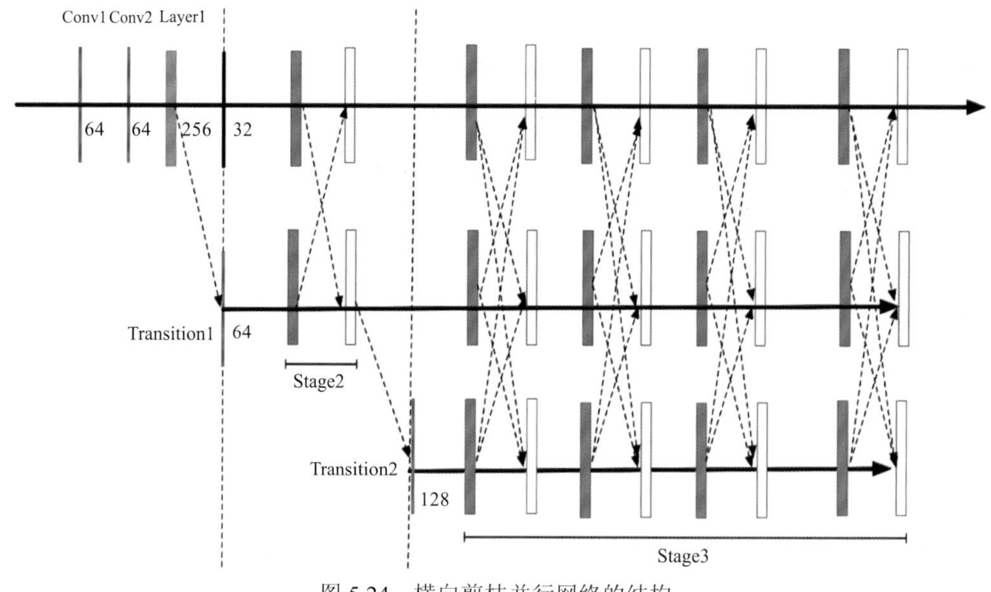

图 5.24　横向剪枝并行网络的结构

表 5.3 将原始 HRNet 网络和提出的并行网络的结构与参数进行了比较。从表 5.3 可以看出，HRNet 的网络参数主要来自 Stage 3 和 Stage 4。因此提出的两种并行网络在一定程度上降低了网络参数，特别是 HRNet-H 结构，其参数减少到原始参数的 1/3。

表 5.3　原始 HRNet 网络和提出的并行网络的结构与参数比较

网络层	HRNet	HRNet-V	HRNet-H
Conv1	1.7×10^3	1.7×10^3	1.7×10^3
Conv2	36.9×10^3	36.9×10^3	36.9×10^3
Layer1	286.2×10^3	286.2×10^3	286.2×10^3
Transition1	221.4×10^3	221.4×10^3	221.4×10^3
Stage2	390.8×10^3	390.8×10^3	390.8×10^3
Transition2	74.0×10^3	74.0×10^3	74.0×10^3
Stage3	6.8×10^6	5.2×10^6	6.6×10^6
Transition3	295.4×10^3	295.4×10^3	—
Stage4	20.4×10^6	14.6×10^6	—
合计	28.5×10^6	21.1×10^6	7.6×10^6

相关实验显示，HRNet-V 能够获得卫星视频中目标细粒度的表征，并应用于孪生网络可实现精准、实时地跟踪。因此，本章将采用 HRNet-V 提取目标的外观深度特征。

2. 高分辨率孪生网络

最近，Li 等在 SiamFC 的基础上，提出区域推荐孪生网络（SiamRPN）[185]。主要通过引入目标检测任务中的区域推荐网络 RPN[193]对跟踪边界框进行联合分类和回归，并在几个大型的训练数据集上进行离线训练，使得孪生网络目标跟踪算法的精度有了大幅度提升。基于 SiamRPN 跟踪框架的目标跟踪算法，在传统目标跟踪领域中最近的 VOT 竞赛及多个 Benchmark 上，都获得了优越的性能[185,13]。本章在 SiamRPN 跟踪框架上，引入轻量级且空间分辨率高的并行网络来获得细粒度的深度特征，实现对新型卫星视频数据中通常只有十几个像素的目标进行精准、实时地跟踪。

高分辨率孪生网络的整体框架如图 5.25 所示，主要由用于获取高分辨率深度特征的孪生特征提取子网络（siamese feature extraction）和用于边界框分类和回归的孪生区域推荐子网络（Siamese RPN）组成。孪生特征提取子网络包含两个分支。一个是模板分支，用于接收第 1 帧目标图像块 Z 作为输入。另一个是搜索分支，用于接收当前帧搜索图像 X 作为输入。通过上下两个结构相同、参数相同的高分辨率并行网络 HRNet-V，分别提取模板图像和搜索图像的高分辨率深度特征 $f_\rho(Z)$ 和 $f_\rho(X)$。孪生区域推荐子网络同样也包含两个分支，一个分支用于前景/背景分类，另一个分支则负责边界框回归。假设锚点数为 k，分类分支则有 $2k$ 个通道，回归分支则有 $4k$ 个通道。因此，需要通过两个卷积层将 $f_\rho(Z)$ 分别转化成通道数为 $2k$ 的 $f_\rho(Z)_{\text{cls}}$ 和通道数为 $4k$ 的 $f_\rho(Z)_{\text{reg}}$。同样，$f_\rho(X)$ 也通过两个卷积层分别转化成通道数为 $2k$ 的 $f_\rho(X)_{\text{cls}}$ 和通道数为 $4k$ 的 $f_\rho(Z)_{\text{reg}}$。再采用轻量级的通道互相关层（DWXCorr）[13]，实现分类分支和回归分支各自对应模板和搜索通道之间的有效互相关：

$$[A_{w\times h}^{\text{cls}}]_i^{2k}=[f_\rho(Z)_{\text{cls}}]_i^{2k}*[f_\rho(X)_{\text{cls}}]_i^{2k} \tag{5.46}$$

$$[A_{w\times h}^{\text{reg}}]_j^{4k}=[f_\rho(Z)_{\text{reg}}]_j^{4k}*[f_\rho(X)_{\text{reg}}]_j^{4k} \tag{5.47}$$

式中：$i\in[1,2k]$ 和 $j\in[1,4k]$；$*$ 为卷积操作；$[A_{w\times h}^{\text{cls}}]_i^{2k}$ 中的每个点都包含一个 $2k$ 维向量，为每个锚点的正激活和负激活；$[A_{w\times h}^{\text{reg}}]_i^{4k}$ 中的每个点都包含一个 $4k$ 维向量 $[D_1,D_2,\cdots,D_k]$，其中 $D_k=[d_0,d_1,d_2,d_3]$ 为第 k 个锚点与对应 ground truth 之间的距离。

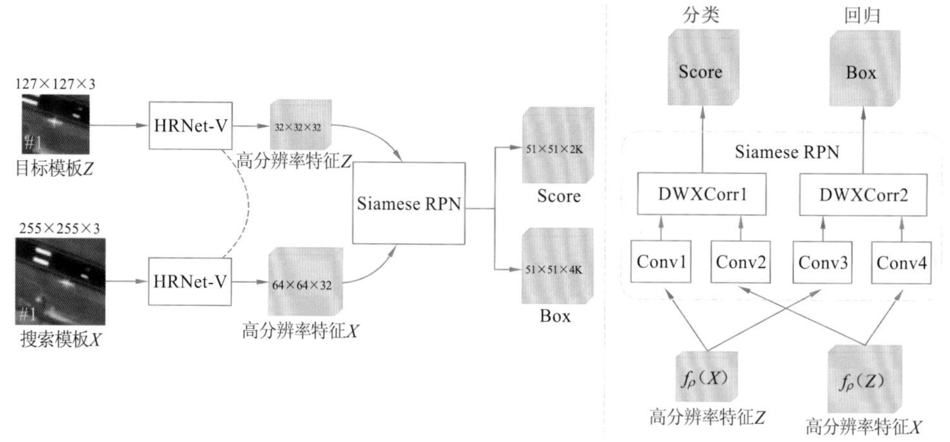

图 5.25　高分辨率孪生网络的结构图

假设 G_x,G_y,G_w,G_h 为 ground truth，P_x,P_y,P_w,P_h 为锚点边框。由于不同图片之间尺寸存在差异，需要进行归一化处理，归一化距离的计算公式为

$$\sigma_0=\frac{G_x-P_x}{P_w} \tag{5.48}$$

$$\sigma_1=\frac{G_y-P_y}{P_h} \tag{5.49}$$

$$\sigma_2=\ln\frac{G_w}{P_w} \tag{5.50}$$

$$\sigma_3=\ln\frac{G_h}{P_h} \tag{5.51}$$

网络的损失函数由两部分组成：一个是用于分类的交叉熵损失；另一个是用于坐标回归的平滑 L_1 损失，其表达式为

$$\text{loss}=L_{\text{cls}}+\lambda L_{\text{reg}} \tag{5.52}$$

式中：λ 为权衡交叉熵损失和平滑 L_1 损失的超参数；L_{cls} 为交叉熵损失，而 L_{reg} 的表达式如下：

$$L_{\text{reg}}=\sum_{i=0}^{3}\text{Smooth}_{L_1}(d_i,\sigma_i) \tag{5.53}$$

$$\text{Smooth}_{L_1}(d_i,\sigma_i)=\begin{cases}0.5\sigma_i^2 d_i^2, & |d_i|<\dfrac{1}{\sigma_i^2}\\[2ex] |d_i|-\dfrac{1}{2\sigma_i^2}, & |d_i|\geqslant\dfrac{1}{\sigma_i^2}\end{cases} \tag{5.54}$$

3. 方法总体框架

为了充分利用卫星视频所固有的帧间运动信息，提出跟踪与检测相结合的双流网络框架，如图 5.26 所示。其中，跟踪分支采用提出的高分辨率孪生网络。检测分支则采用基于高斯混合模型（Gaussian mixed model，GMM）的在线运动目标检测，获得运动前景的二进制掩模。再在以跟踪框为中心的掩模图 patch I 上，采用跟踪结果对 Mean Shift 算法[180]进行初始化，通过迭代收敛获得目标的侦测位置。最后，依据跟踪分支中跟踪框的变化，设计出自适应的融合策略，以增强卫星视频目标跟踪的鲁棒性。

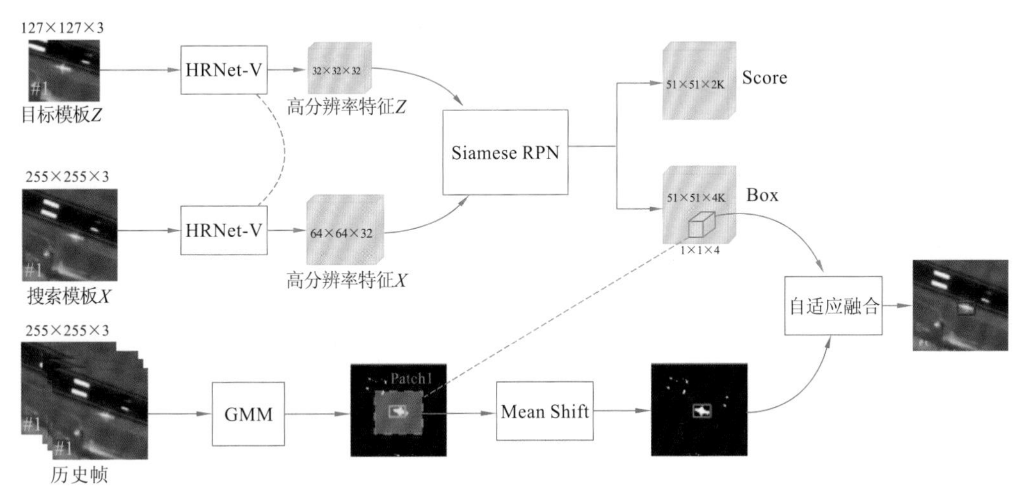

图 5.26　高分辨率孪生网络卫星视频目标跟踪算法的整体结构图

本节提出的高分辨率孪生网络卫星视频目标跟踪算法的主要流程如下。

步骤 1：将首帧以目标为中心、大小为 127×127×3 像素的图像块，记为模板 Z。输入提出的高分辨率并行网络，获得模板 Z 的高分辨率表征 $f_\rho(Z)$。

步骤 2：将当前帧大小为 255×255×3 像素的搜索区域图像块，记为搜索区域 X。输入提出的高分辨率并行网络，获得搜索区域 X 的高分辨率表征 $f_\rho(X)$。

步骤 3：将模板 Z 的细粒度表征 $f_\rho(Z)$ 和搜索区域 X 的细粒度表征 $f_\rho(X)$，同时输入孪生区域推荐子网络，获得精准的跟踪位置，其中跟踪框的中心位置设为 T。

步骤 4：将当前帧的搜索区域 X，输入采用历史帧训练好的高斯混合模型，获得运动目标的检测图，即一个二进制的运动前景掩模。

步骤 5：在以跟踪框为中心的掩模图像块（patch I）上，采用跟踪结果对 Mean Shift 算法[180]进行初始化，迭代收敛获得精准的检测位置，其中检测框的中心位置设为 D。

步骤 6：考虑到跟踪和检测各自的特性，将目标跟踪结果和目标检测结果进行自适应融合，从而获得更为鲁棒、精准的目标位置 P。

步骤 6 中的自适应融合策略如下。

其基本思想：当目标被遮挡、光照变化及受相似环境和噪声的影响时，跟踪框会发生明显形变。这与卫星视频中目标的尺度和长宽比基本不变背道而驰。另外，考虑高斯混合模型是一个在线建模过程，在跟踪初期，模型往往还没有得到充分的学习与参数更新，导致不能完整地检测出运动目标。因此，本章巧妙地采用跟踪框的变形来反映跟踪的性能，并将其作为跟踪结果与检测结果融合的权重因子。具体过程：假设 $D(t)=[D_x(t),D_y(t)]$ 是第 t 帧检测框的中心位置，$T(t)=[T_x(t),T_y(t)]$ 是第 t 帧跟踪框的中心位置，采用线性插值进行融合，获得最终目标的中心位置 $P(t)=[P_x(t),P_y(t)]$。

$$P_x(t)=(1-\eta(t))D_x(t)+\eta(t)T_x(t) \tag{5.55}$$

$$P_y(t)=(1-\eta(t))D_y(t)+\eta(t)T_y(t) \tag{5.56}$$

式中：η 为融合因子，其只与跟踪框的大小和比例变化有关。其计算方法为

$$\eta(t)=\mathrm{e}^{-(r(t)*s(t)-1)\gamma} \tag{5.57}$$

$$r(t)=\max\left[\frac{\frac{w}{h}}{\frac{w_T(t)}{h_T(t)}},\frac{\frac{w_T(t)}{h_T(t)}}{\frac{w}{h}}\right] \tag{5.58}$$

$$s(t)=\max\left[\frac{\sqrt{\left(w+\frac{w+h}{2}\right)\left(h+\frac{w+h}{2}\right)}}{\sqrt{\left(w_T(t)+\frac{w_T(t)+h_T(t)}{2}\right)\left(h_T(t)+\frac{w_T(t)+h_T(t)}{2}\right)}},\frac{\sqrt{\left(w_T(t)+\frac{w_T(t)+h_T(t)}{2}\right)\left(h_T(t)+\frac{w_T(t)+h_T(t)}{2}\right)}}{\sqrt{\left(w+\frac{w+h}{2}\right)\left(h+\frac{w+h}{2}\right)}}\right] \tag{5.59}$$

式中：$[w,h]$ 为 ground truth 的长和宽；$[w_T(t),h_T(t)]$ 为第 t 帧高分辨率孪生网络所获得跟踪框的长和宽；γ 为跟踪框变化的惩罚因子。在跟踪初期，跟踪的效果往往非常好，跟踪框尺度和比例基本不变，按照以上公式计算，融合因子 η 接近 1。此时主要将跟踪框作为最终目标的位置，从而能够有效地避开高斯混合模型的训练过程。

5.5 本章小结

本章主要对卫星视频目标跟踪任务的主干跟踪模块进行了系统地介绍。首先介绍了传统目标跟踪的基本概念、研究现状及所面临的问题。在此基础上，进一步详细介绍了卫星视频目标跟踪模型面临的新挑战：①目标跟踪的精度难以保证；②卫星视频目标跟踪的鲁棒性难以保证；③卫星视频目标跟踪算法的实时性和效率亟待提高。接着介绍了卫星视频目标跟踪模型中的关键技术，主要包括核相关滤波目标跟踪方法和孪生网络目标跟踪方法的基本原理和特点，以及所采用的标注方式和评价指标。最后，针对卫星视频目标跟踪的新挑战，并基于上述卫星视频目标跟踪模型的关键技术，展示了 4 种卫星视频目标跟踪模型的示例，分别为：①基于光流特征的多帧差卫星视频目标跟踪算法；②基于背景剪除策略的卫星视频目标跟踪算法；③混合核相关滤波卫星视频目标跟踪算法；④高分辨率孪生网络卫星视频目标跟踪算法。

第6章 后处理方法

6.1 后处理的概念

后处理的概念与预处理相对应，通常指在某一阶段工作后进行的步骤。后处理存在于不同领域，比如材料制造领域、电子图像领域、工业处理领域等。这些领域中的后处理方法有所区别。本书的后处理方法主要适用于卫星视频目标跟踪领域。目前后处理并没有特别严格的限制，如果情境合适的话，在预处理中的方法也可以应用于后处理。

6.2 后处理的必要性

由于受不确定星际成像环境和星地传输条件等影响，卫星视频数据的质量不稳定，噪声普遍存在。而所跟踪目标，如小车、列车、飞机等，在卫星视频中的画面呈现通常是白色的点或者线，与背景噪声极为相似。当被跟踪目标移动到相似背景或者光照骤变时，目标的视觉属性急速下降，以致人眼无法识别目标。并且对于遮挡、重影、形变等挑战，目标的特征提取与模型更新将受影响，导致模型漂移。模型漂移是指视觉上跟踪边框出现抖动，甚至偏离目标。为了防止模型漂移，实现持续鲁棒的跟踪，对跟踪后的结果进一步采用后处理技术是非常有必要的。

6.3 后处理的关键技术

6.3.1 基于惯性机制的自适应轨迹预测

为了实现平滑精准的跟踪，邵佳等[229]提出基于惯性机制的自适应轨迹预测（inertial mechanism，IM）。该方法的主要思想：依据卫星视频中目标的运动轨迹在短时间内是连续且线性的，计算目标的惯性位置。当跟踪框出现抖动及偏离目标时，能够自动检测并及时启动惯性机制，即放弃当前跟踪的位置，将惯性位置作为目标位置，实现平滑精准的跟踪。基于惯性机制的自适应轨迹预测的基本原理如图6.1所示。

假设第 t 帧目标的跟踪位置为 $P(t)$，在图6.1中用实心圆标识。第 t 帧目标的惯性位置为 $P_i(t)$，在图6.1中用虚线圆标识，其计算公式为

$$P_i(t) = P(t-1) + I(t-1) \tag{6.1}$$

式中：$I(t-1)$ 为通过线性加权更新获得直到 $t-1$ 时刻的惯性距离。对其进一步线性加权更新可获得第 t 时刻的惯性距离 $I(t)$：

$$I(t) = (1-\gamma)I(t-1) + \gamma(P(t) - P(t-1)) \tag{6.2}$$

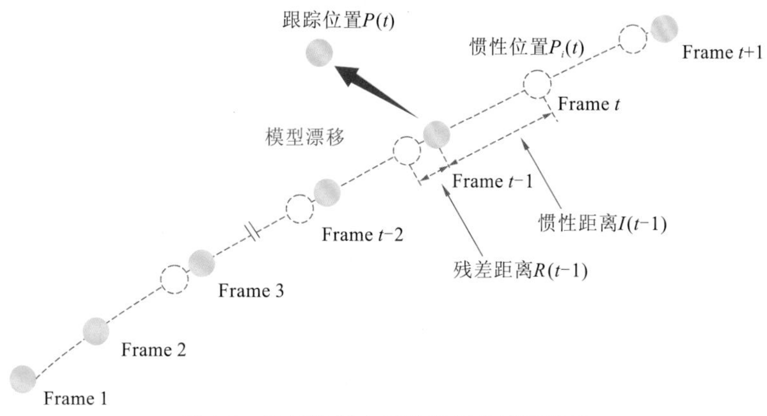

图 6.1 卫星视频中运动目标的速度特征

当$|P(t)-P_i(t)|$超过阈值$\beta R(t-1)$时，惯性机制激活，当前跟踪位置$P(t)$将被惯性位置取代。其中$R(t-1)$表示通过线性加权更新获得的直到$t-1$时刻的残差距离：

$$R(t)=(1-\gamma)R(t-1)+\gamma(P(t)-P_i(t)) \tag{6.3}$$

式中：γ为惯性因子，其控制线性加权更新的权重，使得惯性机制能够针对不同视频数据自适应地计算其惯性位置、惯性距离及残差距离；β为阈值因子，其控制惯性机制判断模型是否漂移的灵敏度。

基于惯性机制的自适应轨迹预测算法的具体过程如下：

算法 1 基于惯性机制自适应轨迹预测算法的主要流程

输入： 帧数t，第t时刻跟踪器确定的目标位置$P(t)$，第$t-1$时刻跟踪器确定的目标位置$P(t-1)$，惯性距离$I(t-1)$，残差距离$R(t-1)$，参数β,γ

输出： 由惯性机制确定的最终目标位置$PP(t)$

步骤：

1. 计算第t时刻目标的惯性位置，$P_i(t)=P(t-1)+I(t-1)$
2. 判断是否出现模型漂移的情况，即计算$|P(t)-P_i(t)|>\beta|R(t-1)|$
3. 如果出现模型漂移，则采用惯性位置作为最终目标位置，$PP(t)=P_i(t)$
4. 如果没有出现模型漂移，则采用跟踪位置作为最终目标位置，$PP(t)=P(t)$
5. 更新惯性距离，$I(t)=(1-\gamma)I(t-1)+\gamma(P(t)-P(t-1))$
6. 更新残差距离，$R(t)=(1-\gamma)R(t-1)+\gamma(P(t)-P_i(t))$

6.3.2 基于卡尔曼滤波的轨迹预测

卡尔曼滤波（Kalman filter，KF），又称线性二次估计，是一种高效自回归滤波器[230]。能够从一系列不完备或者存在噪声的测量值中估计动态系统的内部状态。由于卡尔曼滤波主要通过对动态系统内部状态进行建模并根据不同时刻的观测值（测量值）进行修正。因此，比只依靠单一测量为基准的估计更为可靠。随着卡尔曼滤波理论的进一步发展，现已广泛应用于控制理论、系统工程及计算机视觉等领域，如机器人运动规划、飞行器轨道预测及导航定位等[231]。

线性卡尔曼滤波的状态空间模型为

$$\boldsymbol{x}_k = \boldsymbol{A}x_{k-1} + \boldsymbol{B}\boldsymbol{u}_k + \boldsymbol{w}_k \tag{6.4}$$

$$\boldsymbol{z}_k = \boldsymbol{H}x_k + v_k \tag{6.5}$$

式（6.4）、式（6.5）分别为卡尔曼滤波的状态方程和观测方程。式中：$\boldsymbol{x}_k$ 为 k 时刻的状态向量；$\boldsymbol{u}_k$ 为 k 时刻的控制向量；$\boldsymbol{z}_k$ 为 k 时刻的测量（观测）向量；$\boldsymbol{w}_k$ 和 $\boldsymbol{v}_k$ 分别为过程噪声和观测噪声，通常假设 $\boldsymbol{w}_k$ 和 $\boldsymbol{v}_k$ 服从均值为 0 且相互独立的正态分布，即 $P(w)\sim N(0,Q)$、$P(v)\sim N(0,R)$；$\boldsymbol{A}$ 为状态转移矩阵，实现将第 $k-1$ 时刻的状态向量向第 k 时刻的状态向量转变；$\boldsymbol{B}$ 为控制矩阵，应用于控制向量 $\boldsymbol{u}_k$；$\boldsymbol{H}$ 为观测矩阵，实现将第 k 时刻的状态向量向第 k 时刻的观测向量转变。

卡尔曼滤波是以预测校正的形式，进行一个两步递归的过程。首先，卡尔曼滤波预测某一时刻的状态。然后通过其观测值对该状态进行校正。在预测阶段，以上一时刻状态预测当前状态及估计协方差矩阵，获得对当前状态的先验估计[232]。预测阶段的具体表达式为

$$\hat{\boldsymbol{x}}'_k = \boldsymbol{A}\hat{\boldsymbol{x}}'_{k-1} + B\boldsymbol{u}_k \tag{6.6}$$

$$\boldsymbol{P}'_k = \boldsymbol{A}\boldsymbol{P}_{k-1}\boldsymbol{A}^{\mathrm{T}} + \boldsymbol{Q} \tag{6.7}$$

式中：$\hat{\boldsymbol{x}}'_k$ 为 k 时刻预测的先验状态向量；$\hat{\boldsymbol{x}}'_{k-1}$ 为 $k-1$ 时刻校正后的后验状态向量；$\boldsymbol{P}'_k$ 为 k 时刻的先验协方差矩阵；$\boldsymbol{P}_{k-1}$ 为 $k-1$ 时刻的后验协方差矩阵；$\boldsymbol{Q}$ 为状态噪声协方差矩阵。

在校正阶段，采用观测值校正先验估计，以获得状态的后验估计。具体的校正步骤方程如下：

$$K = \boldsymbol{P}'_k\boldsymbol{H}^{\mathrm{T}}(\boldsymbol{H}\boldsymbol{P}'_k\boldsymbol{H}^{\mathrm{T}} + \boldsymbol{R})^{-1} \tag{6.8}$$

$$\hat{\boldsymbol{x}}_k = \hat{\boldsymbol{x}}'_k + K(\boldsymbol{z}_k - \boldsymbol{H}\hat{\boldsymbol{x}}_k) \tag{6.9}$$

$$\boldsymbol{P}_k = (I + K\boldsymbol{H})\boldsymbol{P}'_k \tag{6.10}$$

首先，按照式（6.8）计算卡尔曼滤波增益 K。卡尔曼滤波增益 K 在校正阶段起到至关重要的作用，其通过权衡预测的先验协方差矩阵 $\boldsymbol{P}'_k$ 和观测噪声协方差矩阵 $\boldsymbol{R}$ 的大小，来权衡预测状态向量与观测向量的权重。与此同时，卡尔曼滤波增益 K 还负责实现观测域到状态域的转换。然后通过观测向量 $\boldsymbol{z}_k$ 对预测的先验状态向量 $\hat{\boldsymbol{x}}'_k$ 进行校正，获得后验状态向量 $\hat{\boldsymbol{x}}_k$，如式（6.9）所示。最后，按照式（6.10），对当前预测的先验协方差矩阵 $\boldsymbol{P}'_k$ 进行更新，获得后验协方差矩阵 $\boldsymbol{P}_k$。

设置卫星视频中跟踪目标的运动物理模型为匀速。并将目标位置坐标和速度设置为系统状态向量 $\boldsymbol{x}_k = (x, y, v_x, v_y)$，将目标的跟踪位置/侦测位置设置为观测向量 $\boldsymbol{z}_k = (\hat{x}, \hat{y})$，则状态转移矩阵为 $\boldsymbol{A} = \begin{bmatrix} 1 & 0 & 1 & 0 \\ 0 & 1 & 0 & 1 \\ 0 & 0 & 1 & 0 \\ 0 & 0 & 0 & 1 \end{bmatrix}$，控制矩阵 $\boldsymbol{B} = 0$，观测矩阵为 $\boldsymbol{H} = \begin{bmatrix} 1 & 0 & 0 & 0 \\ 0 & 1 & 0 & 0 \end{bmatrix}$。

6.4 后处理示例

本节在速度核相关滤波跟踪器（VCF）[229]上，分别耦合基于惯性机制的自适应轨迹预测与基于卡尔曼滤波的轨迹预测。在基于惯性机制的自适应轨迹预测中，将每一帧的跟踪结果，输入惯性机制模块。当出现模型漂移时，惯性机制将自行启动，当前跟踪位置被惯性位置替换。在基于卡尔曼滤波的轨迹预测中，按照以下两种情况来防止卫星视频目标跟踪的模型漂移：第一种情况是当边界框能跟踪目标时，卡尔曼滤波首先预测当前帧的状态，然后利用跟踪的目标位置对当前帧状态进行校正；第二种情况是当出现模型漂移时，卡尔曼滤波仅依靠边界框之前的状态来预测目标当前帧的位置。为了便于比较，确定跟踪器是否漂移的措施相同。

表 6.1 展示了在三个卫星视频数据集上，分别采用基于惯性机制的自适应轨迹预测、基于卡尔曼滤波的轨迹预测与 VCF 跟踪器耦合的比较结果。在 India 数据集中，跟踪目标（列车）与背景非常相似，特别是在最后几十帧，目标几乎融入背景噪声中，VCF 的跟踪框出现明显的抖动。基于惯性机制的自适应轨迹预测和基于卡尔曼滤波的轨迹预测都能缓解 VCF 跟踪框的抖动，实现平滑跟踪。其中，基于惯性机制的自适应轨迹预测在 India 数据集上，表现更为突出，其在精度图上提高了 0.02，在成功图上提高了 0.012。在 Canada 数据集中，基于卡尔曼滤波的轨迹预测甚至降低了 VCF 跟踪器的性能。主要原因：卡尔曼滤波的测量方程和状态方程都是线性的。在 Canada 数据集和 India 数据集中，被跟踪列车的运动轨迹都有不同程度的弯曲。在 Canada 数据集中，列车的运动轨迹弯曲更为明显，且 VCF 的跟踪边界框能够很好地跟踪目标。虽然卡尔曼滤波可以缓解跟踪框漂移的问题，但当目标运动轨迹弯曲略微明显时，卡尔曼滤波则会降低跟踪性能。因此，基于卡尔曼滤波的轨迹预测在整个跟踪过程对状态的预测与校正可能会弱化跟踪器本身的跟踪结果，尤其是当轨迹弯曲略微明显的情况。而基于惯性机制的轨迹预测只在发生模型漂移时，才自动启动惯性机制，用惯性位置代替当前的跟踪位置。因此，在目标速度特征明显且整体跟踪过程中不发生漂移的 Canada 数据集中，基于惯性机制的自适应轨迹预测对跟踪没有影响。图 6.2 展示了在 Canada 和 India 数据集上采用 VCF+IM/KF 进行跟踪的示例，其中红色虚线是线性预测。从图 6.2 的（b）和（d）可以看出，当目标运动轨迹为轻微弯曲时，基于卡尔曼滤波的轨迹预测降低了 VCF 跟踪器的性能。

表 6.1　在三个卫星视频数据集上比较基于惯性机制的自适应轨迹预测和基于卡尔曼滤波的轨迹预测分别与速度核相关滤波跟踪器耦合的结果

项目	Afghanistan 数据集		Canada 数据集		India 数据集	
	精度图	成功图	精度图	成功图	精度图	成功图
VCF	0.935	0.683	0.948	0.872	0.920	0.820
VCF + KF	0.936	0.695	0.947	0.837	0.928	0.830
VCF + IM	0.935	**0.702**	**0.948**	**0.872**	**0.940**	**0.832**

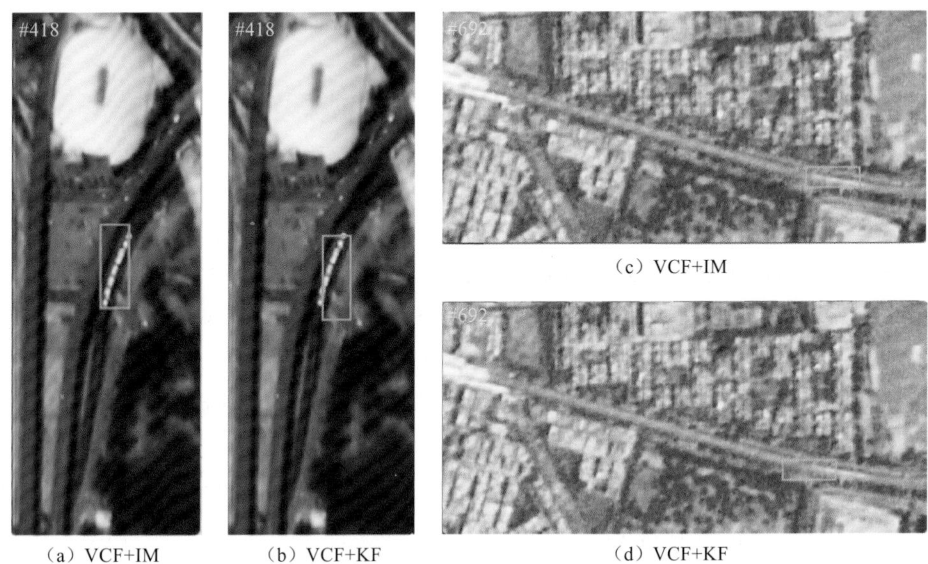

（a）VCF+IM （b）VCF+KF （c）VCF+IM （d）VCF+KF

图 6.2 在 Canada 和 India 数据集上采用 VCF+IM/KF 进行跟踪的示例

以上内容中，惯性机制可以合理地利用卫星视频中目标的运动轨迹在短时间内是连续且线性的特性，自适应地响应漂移，为不同的卫星视频数据集提供更平滑、准确的跟踪。

6.5 本 章 小 结

在面对相似背景、光照骤变、遮挡、重影及形变等挑战时，跟踪目标的视觉属性急速下降，导致特征提取与模型更新受其影响发生模型漂移。为了防止模型漂移，实现持续鲁棒的跟踪，对跟踪结果进一步采用后处理技术是非常有必要的。本章从概念、必要性及关键技术这三个方面对卫星视频目标跟踪任务中的后处理技术进行了系统地阐述，其中着重介绍了基于惯性机制自适应轨迹预测与基于卡尔曼滤波轨迹预测的基本原理。并结合具体示例直观地分析了以上两种后处理技术在 Canada 和 India 卫星视频数据集上的效果。

第7章　卫星视频目标跟踪示例

本章将进一步展示卫星视频目标跟踪算法的实例，包括基于光流特征的多帧差卫星视频目标跟踪算法、基于背景剪除策略的卫星视频目标跟踪算法、混合核相关滤波卫星视频目标跟踪算法、高分辨率孪生网络卫星视频目标跟踪算法，以及传统跟踪领域中具有代表性的10种经典跟踪算法。

7.1　卫星视频示例数据

本章卫星视频示例数据主要来源于“吉林一号”视频卫星与国际空间站提供的6个卫星视频数据集（表7.1），跟踪目标有小车、列车、飞机、货轮。图7.1展示了这6个视频数据集的第1帧及跟踪目标。

表7.1　卫星视频数据集的基本信息汇总

数据集名称	拍摄卫星	空间分辨率/m	长宽/像素	帧数	目标大小/像素	目标类型
Canada	国际空间站	1	3 840×2 160	418	30×80	列车
Saudi Arabia	“吉林一号”03星	0.92	1 168×877	171	4×4	小车
Italy	“吉林一号”03星	0.92	3 840×2 160	500	8×19	小车
Germany	“吉林一号”03星	0.92	1 440×1 080	200	10×12	飞机
Hong Kong	“吉林一号”03星	0.92	1 160×880	297	17×22	货轮
India	“吉林一号”02星	1.13	3 600×2 700	700	72×26	列车

跟踪目标：列车
（a）Canada

跟踪目标：小车
（b）Sauci Arabia

跟踪目标：小车
（c）Italy

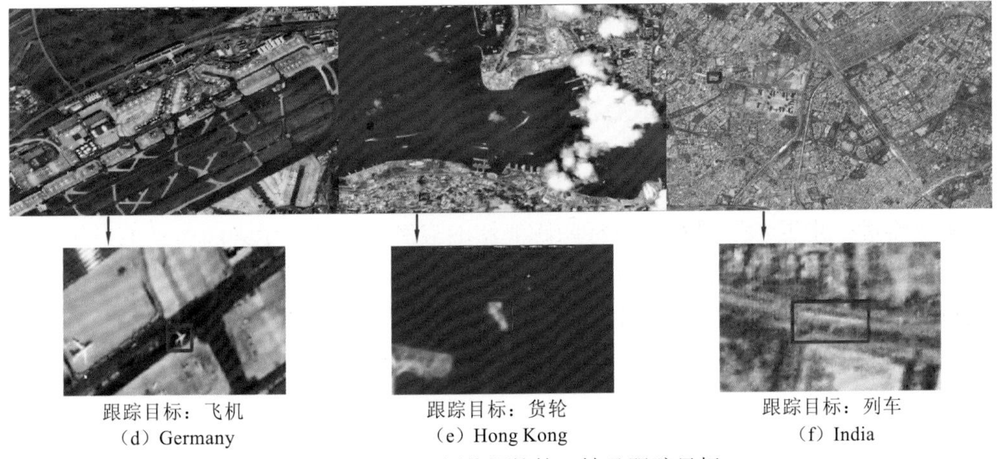

图 7.1　卫星视频数据的第 1 帧及跟踪目标

Canada 数据集是由 IEEE GRSS 数据融合大赛主办方提供的。该视频是搭载在国际空间站的全彩色、超高清相机（Irish）拍摄的。其地面采样间隔（GSD）为 1 m，拍摄帧率为 3 帧/s。视频单帧尺度为 3 840×2 160 像素，持续时长为 14 s，共 418 帧，覆盖加拿大温哥华城区及港口。所选取的跟踪目标为一列缓慢行驶的列车，目标大小为 30×80 像素。其余 5 个卫星视频数据集都由长光卫星技术有限公司提供。其中，视频数据 Saudi Arabia 由“吉林一号”03 星获取，其地面采样间隔（GSD）为 0.92 m，拍摄于北纬 21.50° 和东经 39.17° 的沙特阿拉伯吉达港，共 171 帧。视频展示了一组快速运动的车流，随着车道的变化，车流的运行轨迹存在弯曲。在该视频数据中选取大小为 4×4 的小车作为跟踪目标。视频数据集 Italy 由“吉林一号”03 星获取，拍摄于北纬 40.86° 和东经 14.30° 的意大利坎帕尼亚大区首府，单帧尺度为 3 840×2 160 像素，持续时长为 20 s，共 500 帧。视频展示跟踪目标为一辆小车穿过高架桥的场景，小车在行驶过程中出现半遮挡、全遮挡的情况，小车尺度大小为 8×19 像素。视频数据集 Germany 由“吉林一号”03 星获取，拍摄的区域是德国的机场，单帧尺度为 1 440×1 080 像素，持续时长为 20 s，共 200 帧。所跟踪的目标是一架缓慢行驶并停靠的飞机，运动轨迹存在大幅度的弯曲，飞机尺度大小为 10×12 像素。视频数据集 Hong Kong 由“吉林一号”03 星获取，拍摄于北纬 22.30° 和东经 114.16° 的香港海港，共 297 帧。视频展示了 3 艘快速行驶的货轮，其在尾部拖出长长的水纹。由于水纹远大于货轮，极易干扰对货轮本身的精准定位。在该视频中选取目标货轮大小为 17×22 像素。视频数据集 India 由“吉林一号”02 星获取，其地面采样间隔为 1.13 m，拍摄区域是印度的首都新德里城区，单帧尺度为 3 600×2 700 像素，持续时长为 28 s，共 700 帧。所跟踪的目标是一列缓慢行驶的列车，目标尺度大小为 72×76 像素。由于背景噪声的影响，列车外观特征失真，轮廓变得模糊，与背景极为相似。

7.2　跟踪结果与分析

在 6 个真实的卫星视频数据集上，对第 5 章阐述的卫星视频目标跟踪算法及传统领域中先进的跟踪算法，进行系统地比较与分析。其中，卫星视频目标跟踪算法有：基于光流特征的多帧差卫星视频目标跟踪算法（MOFT）[201]、基于背景剪除策略的卫星视频目标跟踪算法（BSST）、混合核相关滤波卫星视频目标跟踪算法（HKCF）[222]、高分辨率孪生网络卫星视频目标跟踪算法（HRSiam[223]）。传统领域的先进跟踪算法有：Meanshift[180]、KCF[187]、SAMF[189]、HCF[161]、CCOT[162]、fDSST[11]、BACF[233]、AUTO[234]、ARCF[235]、SiamRPN++[13]。

图 7.2 分别展示了以上跟踪算法在上述 6 个卫星视频数据集上的成功图。图 7.3 分别展示了以上跟踪算法在这 6 个卫星视频数据集上的精度图。在成功图中采用跟踪算法的曲线下面积来衡量跟踪的优劣性。在精度图中评价指标采用中心定位误差小于中心定位误差阈值（r_d=5）时，图像帧数占视频总图像帧数的百分比（上述评价指标详见 5.3.3 小节）。第 5 章所介绍的目标跟踪算法在 6 个卫星视频数据集上取得了较为先进的跟踪结果。在 Canada 卫星视频数据集中，由于轨道弯曲，跟踪目标（列车）的形状在行驶过程中发生变化，面向普通视频的跟踪方法不能较好地应对此挑战，纷纷出现跟丢现象。而第 5 章介绍的 BSST 方法能够精准地跟踪目标，在成功图上的 AUC 值为 0.896，在精度图上结果为 0.955。在 Saudi Arabia 卫星视频数据集中，跟踪快速运动车流中的一辆小车，目标大小只有 4×4 像素，画面呈现仅为白色点，并在小车行驶过程中有云层的遮挡，使得大多数方法难以应对该跟踪场景的挑战，纷纷在最开始就出现模型漂移，只有第 5 章介绍的 HKCF 方法能够勉强跟踪上目标。在 Italy 卫星视频数据集中，跟踪一辆穿过高架桥的小车，目标大小为 8×19 像素，因此在整个跟踪过程中同样也出现遮挡挑战，第 5 章介绍的 HRSiam 和 HKCF 方法能够持续精准地跟踪目标，在成功图上的 AUC 值分别为 0.791 和 0.732，在精度图上结果分别为 0.988 和 0.934。在 Germany 和 Hong Kong 卫星视频数据集中，所跟踪目标是尺度稍大的飞机和货轮，目标大小分别为 10×12 像素和 17×22 像素，具有较为清晰的基本轮廓。第 5 章介绍的 HRSiam 方法相对当前先进的深度学习跟踪方法仍能够获得精准的跟踪。在 India 卫星视频数据集中，由于背景噪声的影响，所跟踪列车的外观特征失真，轮廓变得模糊且与背景极为相似，画面呈现为一条缓慢移动的白线。大多数跟踪算法在这个极为模糊的数据集上纷纷出现模型漂移。第 5 章介绍的 BSST、MOFT 及 HRSiam 方法仍可以获得精准的跟踪。

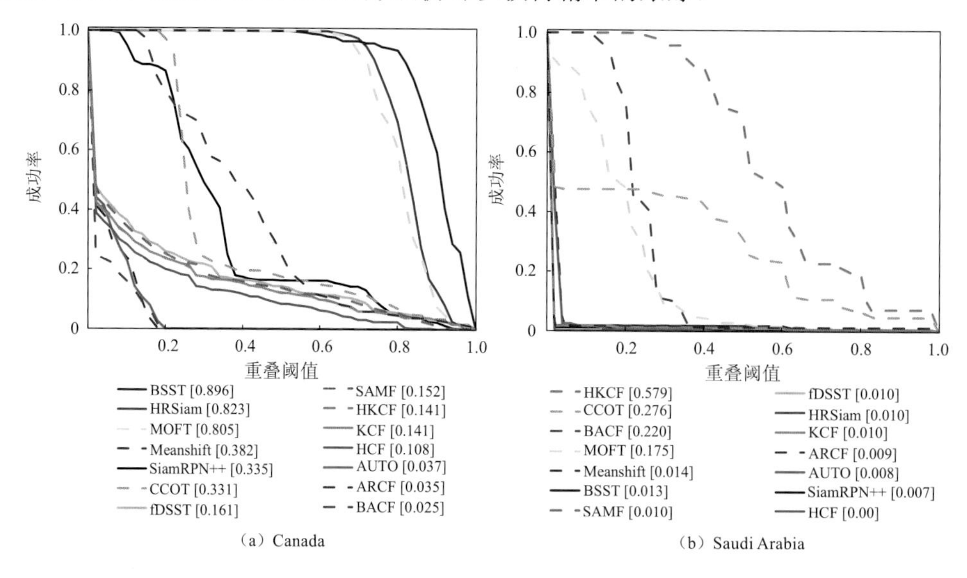

（a）Canada

（b）Saudi Arabia

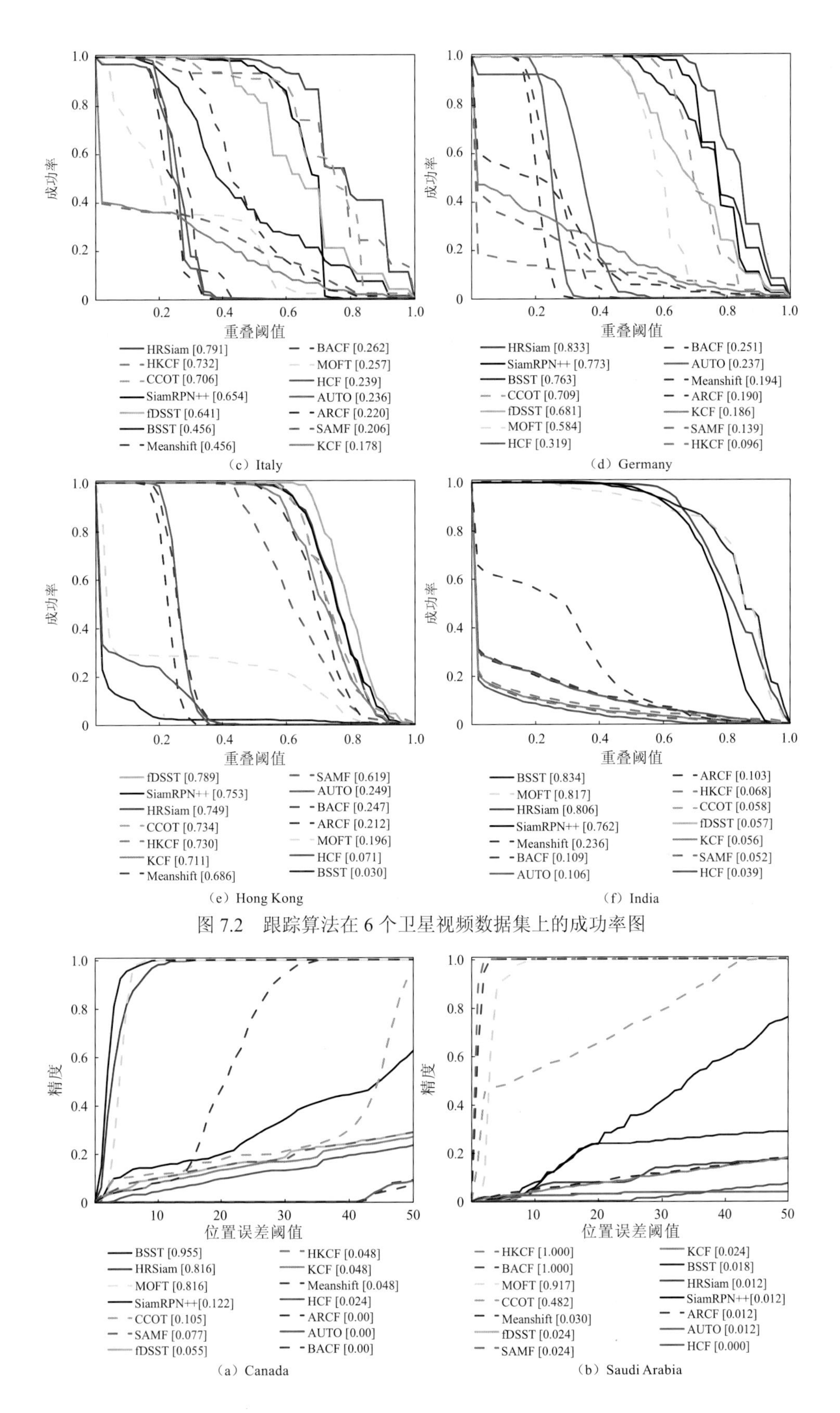

图 7.2 跟踪算法在 6 个卫星视频数据集上的成功率图

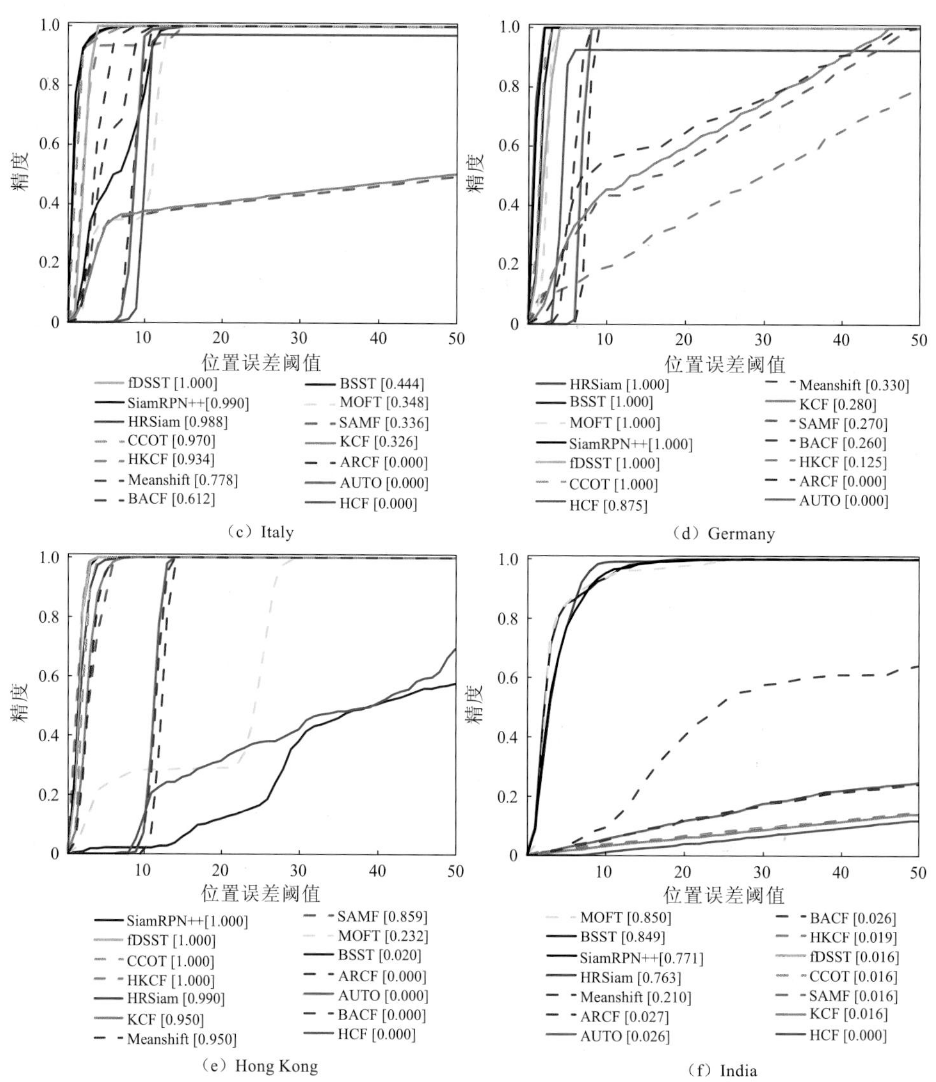

图 7.3　跟踪算法在 6 个卫星视频数据集上的精度图

对以上跟踪算法的各个模块进行总结，并给出在这 6 个卫星视频数据集上跟踪的平均结果及运行速度，如表 7.2 所示。跟踪性能最好的前三个跟踪结果分别用红、蓝、绿三种颜色标识。从表 7.2 中可以发现，主流的跟踪器是采用了各种不同特征或者模块的相关滤波，从手工特征的跟踪器 KCF，到多层卷积深度特征的跟踪器 C-COT。而近两年出现的基于孪生网络的跟踪算法，创新性地将目标跟踪视为相似性度量学习问题，并通过大型标注数据集进行端到端离线训练。在新型卫星视频数据中，其跟踪效果也明显优于基于相关滤波的跟踪算法。第 5 章介绍的跟踪器 HRSiam 是在孪生网络的基础上，通过设计一个轻量级且空间分辨率高的并行网络，来获得卫星视频中目标细粒度的表征，并采用双流网络框架，结合了跟踪与检测，实现在遮挡、形变及噪声等复杂环境下的鲁棒跟踪。在 6 个卫星视频数据集上跟踪器 HRSiam 获得了最好的跟踪结果，其平均精度图和成功图的值分别为 0.669 和 0.761。而基于孪生网络的前沿跟踪器 SiamRPN++的精度图和成功图则分别位居第二和第三。相比于跟踪器 SiamRPN++，跟踪器 HRSiam 在成功图中提升了12.2%，在精度图中提升了11.2%。第5章介绍的跟踪器MOFT和BSST，分别采用光流和背景减除的方法侦测运动像素，在此基础上基于积分图锁定目标位置。跟踪器MOFT在精度图上位居第二，跟踪器BSST在成功图上位居第三。值得一提的是，得益于孪生网络的离线训练在线跟踪方式，跟踪器HRSiam的运行速度在每秒30帧以上，可实时、精准地跟踪卫星视频中的运动目标。

表7.2 本章跟踪算法的总结与对比

方法	搜索策略	特征	防止漂移模块	尺度模块	成功图	精度图	FPS
Meanshift	MS	I	—	√	0.328	0.359	3.98
KCF	KCF	HOG	—	—	0.214	0.274	**326.15**
SAMF	KCF	HOG+CN	—	√	0.196	0.263	0.98
HCF	KCF	ConvFeat	—	√	0.129	0.150	0.84
CCOT	CCF	ConvFeat	—	√	0.469	0.596	0.56
fDSST	CF	HOG	—	√	0.390	0.516	**183.17**
BACF	CF	HOG	—	√	0.186	0.316	52.00
AUTO	CF	HOG+CN+I	—	√	0.146	0.006	60.00
ARCF	CF	HOG	—	√	0.128	0.007	51.00
SiamRPN++	SiamFC	ConvFeat	—	√	**0.547**	**0.649**	35.88
MOFT	积分图	OF	—	—	0.472	**0.694**	3.00
BSST	积分图	背景剪除	—	—	**0.499**	0.548	3.00
HKCF	KCF	HOG+OF	—	—	0.391	0.521	**138.27**
HRSiam	SiamFC	DHR	√	—	**0.669**	**0.761**	31.06

搜索策略：MS为均值偏移，CF为相关滤波，KCF为核相关滤波，CCF为连续卷积滤波器，SiamFC为全卷积孪生网络；特征表示方法：I为灰度强度，OF为光流，HOG为方向梯度直方图，CN为自适应颜色属性，ConvFeat为分层卷积深度特征，DHR为高分辨率深度特征。

图7.4展示了前6个跟踪算法的示例，这6种算法分别为CCOT[162]（玫红色）、SiamRPN++[13]（蓝色）、MOFT[201]（绿色）、BSST（黄色）、HKCF[222]（黑色）及HRSiam[223]（红色）。这些方法可以不同程度地应对卫星视频中的形变、遮挡、模糊及跟踪弱信号目标等挑战。例如，在图7.4（a）中，由于轨道弯曲，跟踪目标（列车）的形状在行驶过程中发生变化，HRSiam、MOFT和BSST可以很好地应对该挑战。在图7.4（b）中，跟踪快速运动车流中的一辆小车，目标大小只有4×4像素，画面呈现仅为白色点，大部分方法纷纷出现跟丢、跟错的现象，HKCF方法能够持续跟踪该弱信号目标。在图7.4（c）中，跟踪目标小车穿过高架桥时，存在半遮挡、全遮挡挑战，这6种方法都能够很好地进行持续跟踪。在图7.4（e）中，跟踪快速行驶的货轮，由于水纹远大于货轮，极易干扰对货轮本身的精准定位，HRSiam、SiamRPN++、HKCF及C-COT能够精准地对货

船本身进行持续跟踪。在图 7.4（f）中，由于背景噪声的干扰，所跟踪目标（列车）的轮廓逐渐变得模糊，视觉属性越来越弱，BSST、MOFT、HRSiam 及 SiamRPN++仍然能够侦测出运动目标，实现持续精准的跟踪。

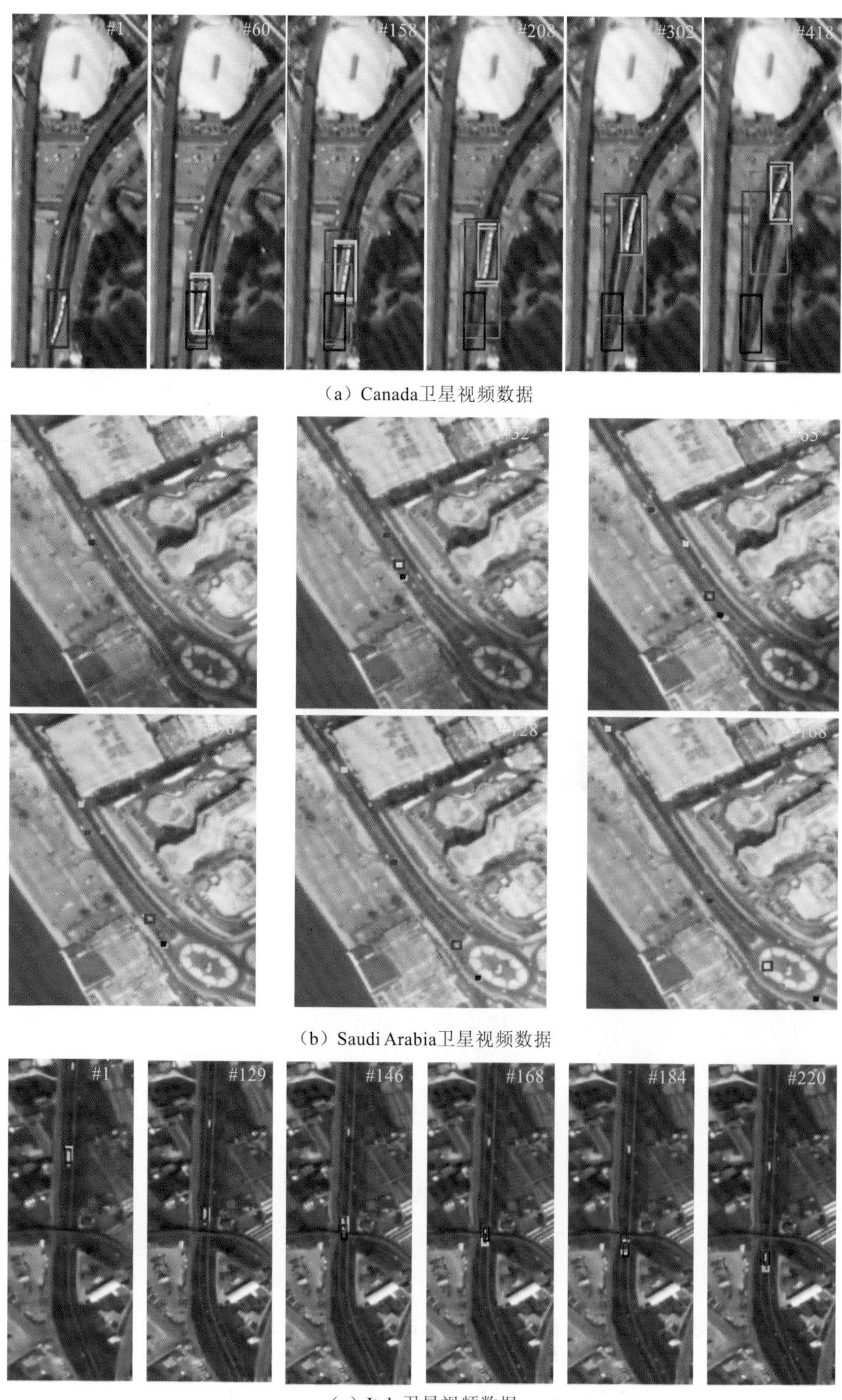

（a）Canada卫星视频数据

（b）Saudi Arabia卫星视频数据

（c）Italy卫星视频数据

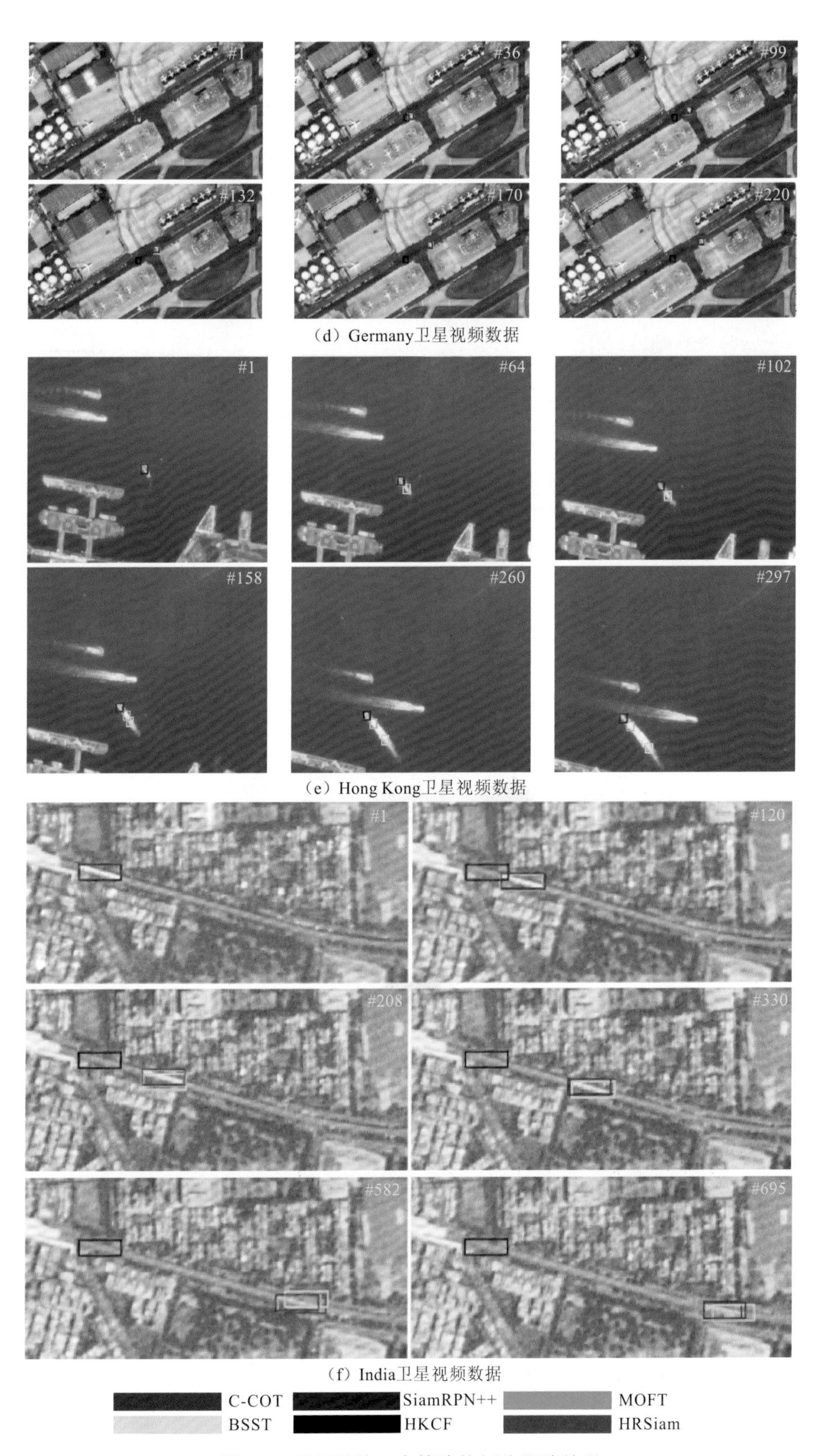

图 7.4　展示了前 6 个算法的部分跟踪结果

7.3 本 章 小 结

本章在 6 个真实卫星视频数据集上，进一步对第 5 章介绍的面向卫星视频的跟踪算法进行了实例分析，跟踪算法包括：基于光流特征的多帧差卫星视频目标跟踪算法、基于背景剪除策略的卫星视频目标跟踪算法、混合核相关滤波卫星视频目标跟踪算法、高分辨率孪生网络卫星视频目标跟踪算法。并从方法原理、跟踪性能及在应对复杂场景时的鲁棒能力等多个方面，与传统跟踪领域中具有代表性的方法，进行了系统地评价与分析。结果表明：第 5 章介绍的卫星视频目标跟踪算法可以应对卫星视频中的形变、遮挡、模糊及跟踪弱信号目标等挑战。

第 4 章、第 5 章及第 6 章已经初步实现从复杂噪声背景中实时、精准且鲁棒地跟踪单个目标，为新型卫星视频目标跟踪任务的深入研究打下了坚实的基础。但目前面向新型卫星视频进行目标跟踪仍处于起步阶段，有许多问题有待解决和进一步推进。未来可以从以下几个方面，继续深入开展研究。

（1）通过迁移学习缓解当前卫星视频数据不足的痛点问题。由于卫星视频数据非常难以获取，目前卫星视频目标跟踪是一个典型的小样本学习任务。后续可以采用无监督领域自适应方法，将普通视频的跟踪模型迁移到卫星视频跟踪任务，以缓解当前卫星视频数据不足的痛点问题。

（2）构建大型的卫星视频数据集。数据才是推动新型卫星视频目标跟踪领域进一步发展的动力引擎。构建一个大型的卫星视频数据集极为重要。

（3）与动态目标检测相结合，实现自动检测连续跟踪一体化。目前，卫星视频目标跟踪是人为给定第一帧目标的位置，通过跟踪算法，锁定目标在后续视频序列中的位置，以达到实时跟踪的效果。但在实际应用中，往往需要自动检测运动目标，再进行后续跟踪。并且当目标跟丢时，可采用动态目标检测技术重新锁定目标位置，提高跟踪的鲁棒性。

（4）对卫星视频中的弱信号目标进行跟踪。当前主要针对卫星视频中运动明显、所占像素稍大的强信号目标进行跟踪。如何对弱信号的小目标（如小汽车、人）进行准确跟踪，将更具有挑战，也更具有实际意义。由于像素信息严重缺乏，弱信号的小目标更容易受周围环境的干扰，使得跟踪算法难以锁定弱信号目标的位置，且更容易出现跟丢的现象。

（5）对卫星视频的多目标进行跟踪。目前主要对单个运动目标进行连续跟踪。而多目标跟踪更贴合实际应用，其能够同时对卫星视频中的多个感兴趣的目标进行定位，并记录其运行轨迹。但由于在视频卫星中目标的面积更小、辨识精度更低，加上诸如光照、云团等复杂自然环境因素的干扰，当多个目标相互遮挡或者靠在一起再分离时，更容易出现跟丢、跟错、轨迹混淆等问题。

第 8 章 视频卫星监测技术展望及应用前景

8.1 视频卫星监测技术展望

8.1.1 面向更高质量数据的视频卫星监测技术

技术发展离不开数据支持，目前没有人工智能算法可以完全离开数据，实现高性能的鲁棒性算法。第 1 章就曾讨论视频卫星监测技术的发展与视频卫星数据质量进步、计算机硬件性能提升的关系。不难发现，随着卫星视频数据的空间分辨率、信噪比、波段数量、视频帧率、下一段视频间隔等参数的不断提升，视频卫星监测技术必将迎来新的发展和挑战。

卫星视频数据空间分辨率的提升使得跟踪目标与背景的视觉可区分性得到提升，依赖于更丰富的目标表征，学习算法可以更容易地发掘目标和目标、目标和背景、背景和背景间的不同表征差异。空间分辨率的提升一般而言会带来算法效果的提升，但会导致计算量上升。相较于基于图像的算法，基于视频的算法对实时性或者运算速度要求更高。为了能实现实时卫星视频跟踪，必然在视频下载过程中对图像进行压缩。既而如何高效地压缩和超分重建，又成为值得研究的热点问题。

信噪比作为衡量遥感图像质量的重要指标，但随着采集和处理技术的提升，卫星视频数据的信噪比提升明显，数据质量也改善明显。从遥感图像采集的角度，卫星视频噪声可以被分为两类：一类是在硬件测量的过程中产生的，如数据收集时的电磁波干扰、抖动等；另一类则来自地面真值图像中非目标图像，如遥感图像中的云层等。随着设备的不断发展，第一类噪声明显降低。第二类噪声则无法改变，只能通过算法降低这类噪声的影响。去噪是视频卫星监测预处理技术中的重要一环，随着数据质量的提升，去噪对第二类噪声的鲁棒性愈发重要。但需说明，预处理中的去噪在视频监测技术中不一定是必要的，因为有些监测算法本身，在模型构建过程中，就已经特别考虑到或者本身就对相关噪声鲁棒，从而不需要额外的预先去噪步骤。

波段数量是非常重要的遥感数据指标，其在很大程度上导致了一些传统的图像和视频处理方法无法直接在遥感领域直接使用。从早期的黑白到现在的三通道的遥感视频数据，再到以后的多光谱和高光谱的遥感视频数据，通道数的增加带来了很多值得深入研究的课题。更多通道数据意味着更加丰富的信息量，这将带来更好的模型表征和模型泛化能力。所以，一方面如何挖掘高维特征图像中的隐藏信息，如何在冗余数据中抓住关键信息，尤为重要。而另一方面，更多通道的数据也将带来计算量的消耗。总之，如何高效快捷地去除冗余特征的同时保留关键特征，将是多通道卫星视频面临的巨大挑战。此外，对深度学习网络而言，随着输入图像维度的增加，现有深度模型结构需要重新修改，以使网络能够有保留关键信息的能力。例如，在研究高光谱图像与深度网络通道数的关系时，需要根据实验效果，重新确定原本适用于三波段视频图像深度网络的通道数。

针对视频帧率上的算法改进，是很棘手的问题。目前考虑较为简单，总体分为两种研究思路：①把时间间隔过小的帧直接视为信息冗余。以视频目标跟踪为例，如 ECO[159]等目标跟踪算法，认为对每个视频帧进行学习是没有必要的，会选择性略过一些中间帧图像，达到加速和实时跟踪的效果。这种方法较为简单，可以直接跳过一些帧进行目标跟踪，也可以根据预先设计的响应检测方法得到的结果，选择性地跳过冗余信息较多的帧。这样会导致算法可能遗漏一些关键信息，使得跟踪效果不够好。②跨时域地对每一帧图像进行建模，获得视频的连贯性特征或者运动特征进行跟踪。目前，这个方向的研究较少，典型的工作如基于光流的目标跟踪算法。

下一段视频间隔是用来反映卫星在对某个区域进行监测后，下一次进行卫星视频监测的时间间隔。当卫星星座能够持续地对目标进行跟踪时，或者对同一区域有较小时间间隔时，可以很容易催生出新的视频卫星监测技术，如卫星视频目标重识别、长时目标跟踪等。不同于普通卫星视频，面向间隔较长的遥感图像序列的关联监测其实更加困难。更长的时间间隔意味着两帧之间目标可能变化更大。所以，提取跨时间不变的信息更加困难。

总之，随着卫星视频数据质量在各项参数上的提升，有些适用于早期数据的监测技术和辅助技术不再必要。同时，也催生出一些新的应用和研究领域。更高质量的卫星视频数据意味着更好的监测效果，但同时也将带来更大的计算量和新的研究问题。因此，研究面向更高质量数据的视频卫星监测技术还长路漫漫。

8.1.2 面向多源异质数据融合的多任务视频卫星监测技术

技术进步离不开数据的发展，但模型对一种类型数据的学习能力很有限。根据集成学习理论，可以通过构建并融合多个学习器来共同完成学习任务[236-237]。除了视频卫星数据，视频卫星监测技术还可以同时结合多光谱和高光谱遥感影像、无人机航拍视频等进行数据融合建模。只要这些融合的数据在消除噪声后不是完全相关的，都可以尝试通过数据融合提升最终的监测效果。除了单纯面向图像数据融合，还可将遥感视频图像数据和 GPS 定位数据、医疗健康数据互相融合，构建基于多模态融合的复杂场景监测系统。

多源异质数据融合会给视频卫星监测技术带来新的挑战。例如，怎样把文本和图像数据进行结合，怎样把不同结构的数据输入一个模型中，怎样针对不同类型和维度的数据进行特征提取等，多模态数据融合将带来许多面向单一视频卫星数据不需要考虑的问题。

与多源异质数据类似，多任务的检测技术也是标准的集成模型。很多算法都证明了一个事实：集成相关性较强的多任务学习模型可以达到更优的精度[238]。对于遥感视频数据，去噪、跟踪和分割是三个完全不同的问题。但是，这三个问题又同时具有一个相同的子问题——需要提取地物的深层次鲁棒特征。在深度学习中运用多任务的思想，一般是通过共用同一个特征提取器。通过对数据集在多个不同任务上进行训练，可以提取到共有的形态特征。一般来说，只要几个子任务拥有共同的点，最后对每一个子任务，算法的精度可能都会有所提升。目前，在遥感领域，有很多工作都把去噪和分类集成学习，且取得超过仅分类或者仅去噪的性能。但目前在视频卫星监测中，很少有工作集成多个相关任务一起学习，因此，基于多任务学习的卫星视频监测技术可作为未来的一个研究方向。

8.1.3 面向小样本标签的卫星视频监测技术的学习方法

在数据科学领域，数据的标注始终是一个耗时、昂贵的过程，卫星视频样本也存在类似的问题。如何在只有少量标签样本的情况下，对模型进行学习，是一个具有挑战性的实际问题。应对这类小样本学习问题，一般的解决方法有：领域自适应、迁移学习、自监督学习。

迁移学习和领域自适应指的是利用一个情景（如分布 P1）已经学到的内容去改善另一个情景（如另外一个分布 P2）的泛化情况，主要用于在无监督学习任务和监督学习任务之间转义表示。

在迁移学习中，学习器必须执行两个或多个不同的任务，然后根据任务的特点复用类似的规则提取方式（如特征提取方法）。迁移学习建立在一个重要的假设，即能够解释 P1 变化的许多因素规则也可用于解释 P2 相关变化的因素。对视频卫星图像而言，这个假设来源于许多视觉类别共享一些低级概念，比如边缘、视觉形状、几何变化、光照变化等。一般而言，对不同情景下类似任务的有用表征，其实完全是可以复用的。在深度学习中，一般认为学习任务分为两个阶段：①编码阶段，即通过类似于计算机数据压缩的编码（encoding）思想，通过数据维度挤压，学习到有用的数据表征；②解码（decoding）阶段，即通过把学习到的编码特征，再根据实际的用途，进行特征解码。解码器可以是分类器网络，也可以是分割网络或者其他网络等。视频卫星监测技术一般指编码阶段的迁移学习，除编码过程中的特征提取器外，有的视频卫星监测任务还可以结合使用解码器阶段的迁移学习。除了应对视频卫星数据标记样本较少采用小样本学习技术，还可以针对新的卫星视频分割问题（目前还没有相应的训练数据集），尝试零样本学习增强最终效果。

领域自适应和迁移学习类似，它强调对每个不同场景的任务是相同的，但是数据输入分布稍有不同。但与迁移学习不一样，领域自适应一般还会使用非监督学习思想。现有的领域自适应方法很多都会和生成对抗网络进行结合。通过提取器和辨别器的对抗，可以充分利用无标签样本中的聚类信息。有标签的卫星视频数据获取的成本很高，无标签的视频数据的获取相对比较廉价。可以通过通用的视频数据集或者遥感图像数据集，训练出一个适合于通用视频或者遥感图像的解码器。通过解码器对卫星视频数据打上伪标签，再通过对抗网络的形式，进行领域匹配和领域对齐。从而提高视频卫星监测技术的泛化能力。

自监督学习和迁移学习、领域自适应完全不一样，自监督学习是指用于机器学习的标注源于数据本身，而非来自人工标注。首先，自监督学习首先属于无监督学习，因此其学习的目标无须人工标注。其次，目前的自监督学习领域可大致分为两个分支。第一个分支是用于解决特定任务的自监督学习，例如去遮挡、深度估计、光流估计、图像关键点匹配等。另一个分支则用于表征学习，典型的方法包括：解决运动传播、旋转预测及目前热度很高的MoCo（momentum contrast）等。自监督学习有助于突破卫星视频数据无标签的问题。

对于视频卫星监测技术，其与自监督学习相结合需要解决两个重要的问题。第一个问题是如何自动地为卫星视频数据产生标签。对普通的图像数据，可以随机旋转一个角度，然后把旋转后的图片作为输入，随机旋转的角度作为标签。再例如，把输入的图片均匀分割成3×3的单元格，每个单元格里的内容作为一个patch，随机打乱patch的排列顺序，然后用打乱顺序的patch作为输入，正确的排列顺序作为标签。通过这种自动产生的标注，完全无须人工参与。但是，如何对卫星视频数据打标签使得其更加适合对应的任务，依旧还在探索之中。除标签生成的问题外，自监督学习如何评价性能也是关键的问题。自监督学习性能的高低，主要通过模型学习出的特征质量来评价。特征质量的高低，则是通过将特征用到其他视觉任务中，然后通过视觉任务结果的好坏来衡量（或者通过一些非量化的可视化结果进行衡量）。目前没有统一、标准的衡量方式。因为卫星视频数据同时具有视频数据特性和遥感图像数据特性，所以既可以使用其遥感图像数据特性，尝试采取上述图像自监督的方式，也可以和光流（optical flow）类似，采取视频自监督的方式。由于自监督学习具有完全不依赖标签数据的特性，基于自监督学习的视频卫星监测技术具有更加广阔的研究和运用前景。

8.1.4 迈向未知技术尝试

随着人工智能的不断进步，很多新的技术和理念被提出，但是相关技术被使用于视频卫星监测任务上还并不成熟，但这些技术具有巨大的潜力，也许在未来可以助力视频卫星监测技术的发展。本小节以强化学习、元学习为例，说明这些未来可能对视频卫星监测技术发展有所助力的方法。

强化学习（reinforcement learning）与自监督学习类似，都是通过自身产生"标签"来进行学习。强化学习中智能体（agent）以"试错"的方式进行学习，通过与环境（environment）进行交互获得奖赏（reward），从而学习到参数。强化学习技术很适用于面向视频任务的学习，以目标跟踪为例，Yun等[239]和Ren等[240]提出使用强化学习框架进行目标跟踪，但目前框架设计不够成熟。

元学习（meta learning）又称为学会学习（learning to learn），元学习主要因为强化学习中的"奖赏"不好设定，或者在实际使用过程中无法接受长时间的梯度下降训练。元学习主要研究如何学习，并存在很多不同的思路。例如，可以通过在神经网络上添加Memory[241]来实现或者可以让神经网络利用以往的任务学习如何预测梯度，这样面对新的任务，只要梯度预测得准，那么学习得更快[242]。总之，元学习技术有很多拓展思路，可以解决目前网络训练的诸多问题。目前视频卫星监测技术和元学习并未进行结合，但在通用目标跟踪领域中，元学习已获得了很好的效果[243]。

8.1.5 面向多目标、长时的视频卫星监测技术

8.1.1小节到8.1.4小节主要从技术层面上讨论了未来可能的研究方向，本小节将从

多目标和长时跟踪这两个应用角度分析视频卫星监测技术上的突破。

目前主流的视频卫星监测算法主要以单目标视频监测为主，而面向多目标监测的算法一般涉及较少。很多多目标视频卫星监测应用，都是基于单目标算法进行的小幅改进。至于监测算法本身便可以应对多目标，一般是基于目标检测或者实例分割[244-245]。这些算法有一定效果，但因缺乏在线学习，会导致模型持续监测的稳定性不够。

鲁棒性的快速在线学习一直困扰着和视频卫星监测技术有关的发展，对于短时监测问题，因为监测时长较短，此问题可以直接忽略，但对于长时目标监测问题，如果模型变动比较剧烈，很容易在监测过程中丢失目标或者对目标的解译发生问题。除在线学习模型比较重要外，以目标跟踪为例，长时目标跟踪一般还包括两个功能：①目标跟踪功能；②丢失目标后的重新检测功能。因此，长时目标监测问题和短时目标监测问题有着很大区别。目前的视频卫星监测技术，尚未对多目标、长时间的监测技术展开系统研究。

8.2 视频卫星监测技术应用前景

卫星视频自诞生以来发展迅速，正日益广泛地在科学技术、国防建设、航空航天、空间探测、娱乐传媒、信息传播、公共安全、交通管理、特殊场所安保、突发事件监控及国民经济的其他领域发挥着重要作用，有着重大的实用价值和广阔的发展前景，典型应用如下。

8.2.1 公共安全监控

在现阶段，电视监控系统作为公共安全系统中的一项重要组成部分已经得到了广泛应用。但是传统的电视监视系统监控的区域有限，且依赖监控者对视频信号的处理，安全事件的处理也依靠事后对视频录像的分析等。这样不但浪费了大量的人力物力，监控效果也不够理想，系统反应也不够灵敏，而且因为如人类疲劳等原因，更容易出现问题。其次公共安全问题涉及所有的公共场所，从地域上来讲是一个连通的整体，对其监控应该有一个尺度更大的、地域连续的监控手段，而传统的电视监控区域有限，且不能很好地对接；再者，公共安全的监控应当全天候不间断工作，而人作为监控者总是要受到各种因素的影响，这些情况会造成监控空挡，为公共安全监控带来漏洞。另外，监控者发现异常情况后，需要采取相应的措施，这种措施一般都是由监控的下一个或多个环节来完成，这样一来，从发现异常到处理就多出了一个或多个中间环节，破坏了安全系统的灵敏性。

而新的卫星视频智能监控系统，监控范围大，监控区域连续，而且增加了视频智能分析模块。该模块借助地面站强大的数据处理能力，通过图像预处理、去除噪声等过滤掉视频中无用或干扰的信息，利用合适的算法检测出运动目标，再应用目标跟踪算法跟踪目标在视野内的运动，通过一些其他手段估计和预判目标的行为，从而在必要的时候自动报警和记录数据。这样一来，智能监控系统就能做到反应灵敏、迅速、准确地全天候不间断工作，并只记录异常时刻发生前后若干长时间的视频数据，以供事后回访、调查取证等，节省大量的人力物力，且监控效果比传统视频监控好。而在整个智能视频监控系统中，运动目标的检测和跟踪技术处于核心地位，是保证智能监控系统准确高效运行的关键。

8.2.2 突发事件监控

突发事件的产生往往是毫无预兆的，并且多数情况下是在随机的时间、随机的地点发生，往往造成比较严重的经济损失、人员伤亡等。对于突发事件的监控，例如澳大利亚森林火灾（图 8.1）、汶川大地震等，传统的监控方法大多是预测、估计和提前防范。但是对于这种随机事件的预测，其准确度是非常低的，甚至是无效的。例如对于森林火灾，监控手段几乎是空白的，再比如对地震的预报，成功率也非常低。而视频卫星的应用则填补了这些空白，利用视频卫星监测技术，可以对某一地区进行实时观测，在大范围内追踪突发事件的异常迹象，从而报警和记录突发事件的发生过程。

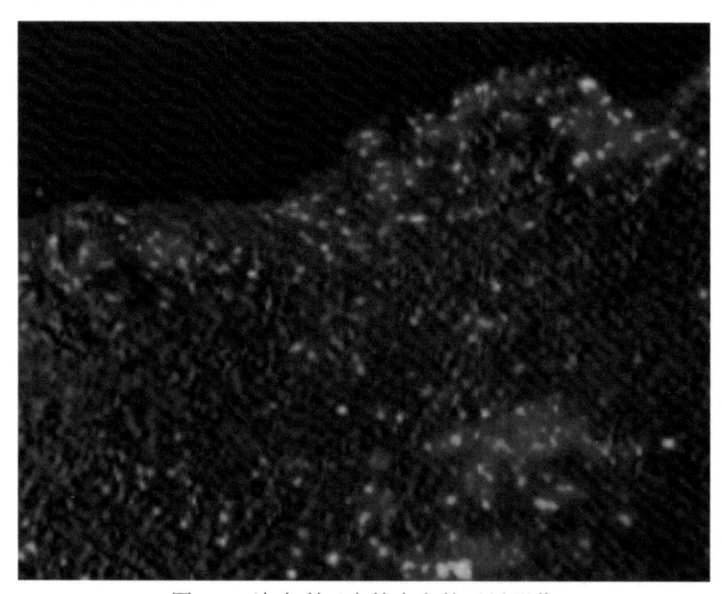

图 8.1 澳大利亚森林火灾的卫星影像

8.2.3 智能交通系统

智能交通系统是依靠各种特定的视频采集设备实时获取交通线上的视频信息，利用计算机在只需要很少的交通管理人员干预甚至不需要交通管理人员干预的情况下，对视频中的交通参与者进行目标检测、目标识别、目标跟踪，并对目标的行为进行分析和判断，给出目标行为的语义描述，并在必要情况下进行报警。在传统的交通系统中，视频信息采集设备的监视范围总有限，且各个设备监视的范围之间不连续，给交通违法行为留下了空挡，也给交通状况的监控留下了漏洞，而卫星视频大尺度的监控范围恰恰能弥补传统交通系统的这一不足。传统交通监视设备和卫星视频相结合的遥感智能交通系统是未来智能交通管理系统发展的方向，是世界各国交通运输和管理领域竞相研究和开发的热点技术，它集遥感技术、计算机视觉、通信、电子传感、信息等技术于一身，具有实时、准确、高效等优点。在这种智能交通系统中，卫星视频监测技术是进一步发展亟须突破的技术难题，它是大尺度目标行为判断和分析、目标行为语义描述、目标行为预警的前提和关键，是遥感智能交通系统可靠运行的保障。

8.2.4 武器精确制导

近几十年来的现代战争大多是小规模的局部战争，精确制导武器在这种集约式的局部战争中发挥着越来越重要的作用。比如，红外成像技术获取的目标红外影像具有分辨率高、抗干扰能力强等特点，基于前视红外成像技术制导的精确制导武器就比普通武器拥有更高的打击精度。精确制导武器的精准能力主要得益于精确制导系统对目标跟踪技术和信号处理系统的整合。目标跟踪技术让精确制导系统能够对目标进行跟踪，在线实时获取目标的运动速度、位置、面积等数据，从而在线实时修正自己的飞行轨道，达到对目标进行精确打击的目的。而与卫星视频监测技术的结合将进一步提高跟踪的精度和鲁棒性，并具有防御特殊情况的能力。

8.2.5 虚拟现实

虚拟现实技术利用传感器采集现实世界的信息，将信息输入计算机，通过计算机软件和硬件投射系统将现实世界的信息映射到一个虚拟空间中，以此来模拟现实世界。计算机通过算法生成跟现实世界相应的模拟环境，在该模拟环境中，现实世界的实体行为和场景变化通过信息融合及用户与计算机的动态交互都逼真地再现，用户能够更加真切地感受到现实世界的信息，容易融入其中。基于卫星视频的虚拟现实技术不但可以构造出三维虚拟环境，还可以构造出虚拟人物，并可以通过构造出的虚拟人物模拟现实场景，辅助决策、进行有关科学实验和军事战争等。基于卫星遥感采集信息的方式，可以节省实地采样的有关费用，而且更便于大规模建模。但目前精确度还远远不足，还需要更多实地资料或者分辨率更高的卫星视频数据作为辅助。

8.2.6 宇宙探测

在人类对宇宙探索的过程中，各种航天器、深空探测器，例如“嫦娥一号”“火星一号”“水手号”等已经成为主要的探测手段和载体。对这些航天器的发射、控制和监管，以往的手段是依靠地面控制中心和航天器的通信，根据彼此的信息传输结果和各种运行数据来了解航天器的状态，从而对航天器下达合适的指令。但上述方法并不直观，且过于依赖系统运行的状态数据。有了视频卫星以后，可以从外太空对航天器进行摄像，利用目标跟踪技术，自动追踪航天器，既可以看到航天器真实的运行状态，又能直观了解航天器的运行是否正常，如图 8.2 所示。

图 8.2 “吉林一号”视频 03 星拍摄的月球表面组图

目前，视频卫星监测技术主要应用于以上 6 个方向。国外正在积极研制米级分辨率的静止轨道光学成像卫星，且具备长时间视频拍摄能力，在海洋监视和环境监视领域有广阔的应用前景，能够对大型的动态军事目标进行监测。低轨卫星由于速度过快，单颗视频卫星对某一目标区域的持续观测时间一般在 1 min 左右，凭借单颗卫星难以对目标进行业务化的持续监视。但目前发展的视频小卫星多采用微卫星平台，质量为 10 kg 量级，因此成本较低，可以通过星座部署的方式实现近实时的目标监视。低轨视频卫星已经从试验研究向业务化应用转变，分辨率已从 5 m 左右发展到 1 m，结合低轨亚米级空间分辨率的光学成像卫星，可以实现对动态目标的快速识别、检测、跟踪。除了以上应用，高光谱视频卫星也正在研究当中，借助于高光谱图像强大的地物分类能力和以后可能发展的更高时间分辨率的视频帧，视频卫星监测技术的发展有望登上更高峰。

8.3 本章小结

本章主要从视频卫星监测技术和相关应用做出展望。

8.1 节分别从获取卫星视频数据的质量、多源多模态数据融合、卫星视频小样本或者自监督卫星视频学习等角度进行讨论，其中还介绍了元学习和强化学习在视频卫星监测技术上应用，展望了视频卫星监测技术下一阶段的主要研究内容和研究方向。

8.2 节主要介绍了视频卫星监测的相关应用前景。但事实上，这些应用大多还在起步阶段，大量视频卫星相关的应用标准还有待规范。但不难看出，视频卫星监测有着巨大应用前景和应用价值，可以为人民生活和国家富强稳定做出突出贡献。

参 考 文 献

[1] 李贝贝, 韩冰, 田甜, 等. 吉林一号视频卫星应用现状与未来发展. 卫星应用, 2018, 75(3): 25-29.

[2] GOODMAN J W. Introduction to Fourier optics. New York: McGraw-Hill, 1968.

[3] TSAI R Y. Multi-frame image restoration and registration. Advance Computer Visual and Image Processing, 1984, 1: 317-339.

[4] 谢伟. 多帧影像超分辨率复原重建关键技术研究. 武汉: 武汉大学出版社, 2014.

[5] 杨欣. 图像超分辨率技术原理及应用. 北京: 国防大学出版社, 2013.

[6] 石爱业, 徐枫, 徐梦溪. 图像超分辨率重建方法及应用. 北京: 科学出版社, 2016.

[7] PARK S C, PARK M K, KANG M G. Super-resolution image reconstruction: A technical overview. IEEE Signal Processing Magazine, 2003, 20(3): 21-36.

[8] FRIEDEN B R, AUMANN H H G. Image reconstruction from multiple 1-D scans using filtered localized projection. Applied Optics, 1987, 26(17): 3615-3621.

[9] HARRIS J L. Diffraction and resolving power. Journal of the Optical Society of America (JOSA), 1964, 54(7): 931-936.

[10] DANELLJAN M, HÄGER G, SHAHBAZ KHAN F, et al. Learning spatially regularized correlation filters for visual tracking. Proceedings of the IEEE International Conference on Computer Vision, 2015: 4310-4318.

[11] DANELLJAN M, HÄGER G, KHAN F S, et al. Discriminative scale space tracking. IEEE Transactions on Pattern Analysis and Machine Intelligence, 2017, 39(8): 1561-1575.

[12] BERTINETTO L, VALMADRE J, HENRIQUES J F, et al. Fully-convolutional Siamese networks for object tracking. European Conference on Computer Vision, 2016: 850-865.

[13] LI B, WU W, WANG Q, et al. SiamRPN++: Evolution of siamese visual tracking with very deep networks. 2019 IEEE/CVF Conference on Computer Vision and Pattern Recognition (CVPR), 2019: 4277-4286.

[14] HARE S, GOLODETZ S, SAFFARI A, et al. Struck: Structured output tracking with kernels. International Conference on Computer Vision, 2011: 263-270.

[15] The Electronic Frontier Foundation. Measuring the Progress of AI Research. https: //www. eff. org/files/ AI-progress-metrics. html#Vision, 2017-10-15.

[16] HINTON G E, OSINDERO S, TEH Y W. A fast learning algorithm for deep belief nets. Neural Comput, 2006, 18(7): 1527-1554.

[17] ZHANG H, YANG Z, ZHANG L, et al. Super-resolution reconstruction for multi-angle remote sensing images considering resolution differences. Remote Sensing, 2014, 6(1): 637-657.

[18] 马冬冬, 李金宗, 朱兵, 等. 遥感图像复原与超分辨算法及其并行实现. 光电子激光, 2009, 20(10): 1365-1370.

[19] FEI X, WEI Z, XIAO L. Iterative directional total variation refinement for compressive sensing image reconstruction. IEEE Signal Processing Letters, 2013, 20(11): 1070-1073.

[20] HUANG W, XU Y, HU X, et al. Compressive hyperspectral image reconstruction based on spatial-spectral residual dense network. IEEE Geoscience and Remote Sensing Letters, 2019, 17(5): 884-888.

[21] LIU H, GU Y, WANG T, et al. Satellite video super-resolution based on adaptively spatiotemporal neighbors and nonlocal similarity regularization. IEEE Transactions on Geoscience and Remote Sensing, 2020, 58(12): 8372-8383.

[22] HE Z, HE D. A Unified network for arbitrary scale super-resolution of video satellite images. IEEE Transactions on Geoscience and Remote Sensing, 2020, 12(10): 1-14.

[23] YANG X, LI F, LU M, et al. Moving object detection method of video satellite based on tracking correction detection. ISPRS Annals of the Photogrammetry, Remote Sensing and Spatial Information Sciences, 2020, 3: 701-707.

[24] KOPSIAFTIS G, KARANTZALOS K. Vehicle detection and traffic density monitoring from very high resolution satellite video data. 2015 IEEE International Geoscience and Remote Sensing Symposium, 2015: 1881-1884.

[25] 袁益琴, 何国金, 江威, 等. 遥感视频卫星应用展望. 国土资源遥感, 2018, 30(3): 1-8.

[26] 卜丽静, 郑新杰, 张正鹏. 顾及运动估计误差的“凝视”卫星视频运动场景超分辨率重建. 测绘学报, 2020, 49(2): 214-224.

[27] 刘韬. 国外视频卫星发展研究. 国际太空, 2014(9): 50-56.

[28] 卜丽静, 郑新杰, 肖一鸣, 等. 吉林一号卫星视频影像超分辨率重建. 国土资源遥感, 2017, 29(4): 64-72.

[29] 张过. 卫星视频处理与应用进展. 应用科学学报, 2016, 34(4): 361-370.

[30] TSAI R. Multiframe image restoration and registration. Advance Computer Visual and Image Processing, 1984, 1: 317-339.

[31] LEDIG C, THEIS L, HUSZÁR F, et al. Photo-realistic single image super-resolution using a generative adversarial network. Proceedings of the IEEE Conference on Computer Vision and Pattern Recognition, 2017: 4681-4690.

[32] CABALLERO J, LEDIG C, AITKEN A, et al. Real-time video super-resolution with spatio-temporal networks and motion compensation. Proceedings of the IEEE Conference on Computer Vision and Pattern Recognition, 2017: 4778-4787.

[33] YANG W, ZHANG X, TIAN Y, et al. Deep learning for single image super-resolution: A brief review. IEEE Transactions on Multimedia, 2019, 21(12): 3106-3121.

[34] KEYS R. Cubic convolution interpolation for digital image processing. IEEE Transactions on Acoustics, Speech, and Signal Processing, 1981, 29(6): 1153-1160.

[35] WANG X, CHAN K, YU K, et al. Video restoration with enhanced deformable convolutional networks. 2019 IEEE/CVF Conference on Computer Vision and Pattern Recognition Workshops (CVPRW), 2019: 1954-1963.

[36] DUCHON C E. Lanczos filtering in one and two dimensions. Journal of Applied Meteorology, 1979, 18(8): 1016-1022.

[37] RAJAN D, CHAUDHURI S. Generalized interpolation and its application in super-resolution imaging.

Image and Vision Computing, 2001, 19(13): 957-969.
[38] IRANI M, PELEG S. Motion analysis for image enhancement: Resolution, occlusion, and transparency. Journal of Visual Communication and Image Representation, 1993, 4(4): 324-335.
[39] SUN J, XU Z, SHUM H Y. Image super-resolution using gradient profile prior. 2008 IEEE Conference on Computer Vision and Pattern Recognition, 2008: 1-8.
[40] SHEN H, ZHANG L, HUANG B, et al. A MAP approach for joint motion estimation, segmentation, and super resolution. IEEE Transactions on Image Processing, 2007, 16(2): 479-490.
[41] FREEMAN W T, JONES T R, PASZTOR E C. Example-based super-resolution. IEEE Computer Graphics and Applications, 2002, 22(2): 56-65.
[42] SCHULTER S, LEISTNER C, BISCHOF H. Fast and accurate image upscaling with super-resolution forests. Proceedings of the IEEE Conference on Computer Vision and Pattern Recognition, 2015: 3791-3799.
[43] YANG J, WRIGHT J, HUANG T S, et al. Image super-resolution via sparse representation. IEEE Transactions on Image Processing, 2010, 19(11): 2861-2873.
[44] DONG C, LOY C C, HE K, et al. Learning a deep convolutional network for image super-resolution. European Conference on Computer Vision, 2014: 184-199.
[45] DONG C, LOY C C, TANG X. Accelerating the super-resolution convolutional neural network. European Conference on Computer Vision, 2016: 391-407.
[46] KIM J, LEE J K, LEE K M. Accurate image super-resolution using very deep convolutional networks. Proceedings of the IEEE Conference on Computer Vision and Pattern Recognition, 2016: 1646-1654.
[47] KIM J, LEE J K, LEE K M. Deeply-recursive convolutional network for image super-resolution. Proceedings of the IEEE Conference on Computer Vision and Pattern Recognition, 2016: 1637-1645.
[48] SHI W, CABALLERO J, HUSZÁR F, et al. Real-time single image and video super-resolution using an efficient sub-pixel convolutional neural network. Proceedings of the IEEE Conference on Computer Vision and Pattern Recognition, 2016: 1874-1883.
[49] LAI W S, HUANG J B, AHUJA N, et al. Deep Laplacian pyramid networks for fast and accurate super-resolution. Proceedings of the IEEE Conference on Computer Vision and Pattern Recognition, 2017: 624-632.
[50] TONG T, LI G, LIU X, et al. Image super-resolution using dense skip connections. Proceedings of the IEEE International Conference on Computer Vision, 2017: 4799-4807.
[51] TAI Y, YANG J, LIU X. Image super-resolution via deep recursive residual network. Proceedings of the IEEE Conference on Computer Vision and Pattern Recognition, 2017: 3147-3155.
[52] TSAI R. Multiple frame image restoration and registration. Advances in Computer Vision and Image Processing, 1989, 1: 1715-1989.
[53] BROWN J. Multi-channel sampling of low-pass signals. IEEE Transactions on Circuits and Systems, 1981, 28(2): 101-106.
[54] ALAM M S, BOGNAR J G, HARDIE R C, et al. Infrared image registration and high-resolution reconstruction using multiple translationally shifted aliased video frames. IEEE Transactions on Instrumentation and Measurement, 2000, 49(5): 915-923.

[55] TOM B C, KATSAGGELOS A K. Resolution enhancement of video sequences using motion compensation. Proceedings of 3rd IEEE International Conference on Image Processing, 1996: 713-716.

[56] STARK H, OSKOUI P. High-resolution image recovery from image-plane arrays, using convex projections. Journal of the Optical Society of America A-Optics Image Science and Vision, 1989, 6(11): 1715-1726.

[57] HONG M C, KANG M G, KATSAGGELOS A K. Regularized multichannel restoration approach for globally optimal high-resolution video sequence. Visual Communications and Image Processing'97, 1997: 1306-1316.

[58] ELAD M, FEUER A. Superresolution restoration of an image sequence: Adaptive filtering approach. IEEE Transactions on Image Processing, 1999, 8(3): 387-395.

[59] BAKER S, KANADE T. Limits on super-resolution and how to break them. IEEE Transactions on Pattern Analysis and Machine Intelligence, 2002, 24(9): 1167-1183.

[60] SCHULTZ R R, STEVENSON R L. Extraction of high-resolution frames from video sequences. IEEE Transactions on Image Processing, 1996, 5(6): 996-1011.

[61] TOM B C, KATSAGGELOS A K. Reconstruction of a high-resolution image by simultaneous registration, restoration, and interpolation of low-resolution images. Proceedings. International Conference on Image Processing, 1995: 539-542.

[62] HUANG Y, WANG W, WANG L. Bidirectional recurrent convolutional networks for multi-frame super-resolution. Advances in Neural Information Processing Systems, 2015, 28: 235-243.

[63] HUANG Y, WANG W, WANG L. Video super-resolution via bidirectional recurrent convolutional networks. IEEE Transactions on Pattern Analysis and Machine Intelligence, 2017, 40(4): 1015-1028.

[64] DONG C, LOY C C, HE K, et al. Image super-resolution using deep convolutional networks. IEEE Transactions on Pattern Analysis and Machine Intelligence, 2015, 38(2): 295-307.

[65] LI S, HE F, DU B, et al. Fast spatio-temporal residual network for video super-resolution. Proceedings of the IEEE/CVF Conference on Computer Vision and Pattern Recognition, 2019: 1052-1053.

[66] WANG Z, BOVIK A C, SHEIKH H R, et al. Image quality assessment: From error visibility to structural similarity. IEEE Transactions on Image Processing, 2004, 13(4): 600-612.

[67] WANG Z, SIMONCELLI E P, BOVIK A C. Multiscale structural similarity for image quality assessment. The Thrity-seventh Asilomar Conference on Signals, Systems & Computers, 2003, 2: 1398-1402.

[68] SIMONYAN K, ZISSERMAN A. Very deep convolutional networks for large-scale image recognition. International Conference on Learning Representations, 2015: 1-14.

[69] HE K, ZHANG X, REN S, et al. Deep residual learning for image recognition. Proceedings of the IEEE Conference on Computer Vision and Pattern Recognition, 2016: 770-778.

[70] BISHOP C M. Neural networks for pattern recognition. Oxford: Oxford University Press, 1995.

[71] RIPLEY B D. Pattern recognition and neural networks. Cambridge: Cambridge University Press, 2007.

[72] VENABLES W N, RIPLEY B D. Modern applied statistics with S-PLUS. Berlin: Springer Science & Business Media, 2013.

[73] NAIR V, HINTON G E. Rectified linear units improve restricted Boltzmann machines. International Conference on Machine Learning, 2010: 807-814.

[74] YANG C Y, MA C, YANG M H. Single-image super-resolution: A benchmark. European Conference on Computer Vision. Cham: Springer, 2014: 372-386.

[75] CUI Z, CHANG H, SHAN S, et al. Deep network cascade for image super-resolution. European Conference on Computer Vision. Cham: Springer, 2014: 49-64.

[76] FREEDMAN G, FATTAL R. Image and video upscaling from local self-examples. ACM Transactions on Graphics (TOG), 2011, 30(2): 1-11.

[77] GLASNER D, BAGON S, IRANI M. Super-resolution from a single image. 2009 IEEE 12th International Conference on Computer Vision, 2009: 349-356.

[78] HUANG J B, SINGH A, AHUJA N. Single image super-resolution from transformed self-exemplars. Proceedings of the IEEE Conference on Computer Vision and Pattern Recognition, 2015: 5197-5206.

[79] YANG J, LIN Z, COHEN S. Fast image super-resolution based on in-place example regression. Proceedings of the IEEE Conference on Computer Vision and Pattern Recognition, 2013: 1059-1066.

[80] CHANG H, YEUNG D Y, XIONG Y. Super-resolution through neighbor embedding. Proceedings of the 2004 IEEE Computer Society Conference on Computer Vision and Pattern Recognition, 2004: 1063-1070.

[81] DAI D, TIMOFTE R, VAN GOOL L. Jointly optimized regressors for image super-resolution. Computer Graphics Forum, 2015: 95-104.

[82] FREEMAN W T, PASZTOR E C, CARMICHAEL O T. Learning low-level vision. International Journal of Computer Vision, 2000, 40(1): 25-47.

[83] JIA K, WANG X, TANG X. Image transformation based on learning dictionaries across image spaces. IEEE Transactions on Pattern Analysis and Machine Intelligence, 2012, 35(2): 367-380.

[84] KIM K I, KWON Y. Single-image super-resolution using sparse regression and natural image prior. IEEE Transactions on Pattern Analysis and Machine Intelligence, 2010, 32(6): 1127-1133.

[85] TIMOFTE R, DE S V, VAN G L. Anchored neighborhood regression for fast example-based super-resolution. Proceedings of the IEEE International Conference on Computer Vision, 2013: 1920-1927.

[86] TIMOFTE R, DE S V, VAN G L. A+: Adjusted anchored neighborhood regression for fast super-resolution. Asian Conference on Computer Vision, 2014: 111-126.

[87] YANG J, WANG Z, LIN Z, et al. Coupled dictionary training for image super-resolution. IEEE Transactions on Image Processing, 2012, 21(8): 3467-3478.

[88] ZEYDE R, ELAD M, PROTTER M. On single image scale-up using sparse-representations. International Conference on Curves and Surfaces, 2010: 711-730.

[89] YANG J, WRIGHT J, HUANG T, et al. Image super-resolution as sparse representation of raw image patches. 2008 IEEE Conference on Computer Vision and Pattern Recognition, 2008: 1-8.

[90] AHARON M, ELAD M, BRUCKSTEIN A. K-SVD: An algorithm for designing overcomplete dictionaries for sparse representation. IEEE Transactions on Signal Processing, 2006, 54(11): 4311-4322.

[91] LECUN Y, BOTTOU L, BENGIO Y, et al. Gradient-based learning applied to document recognition. Proceedings of the IEEE, 1998, 86(11): 2278-2324.

[92] JAIN V, SEUNG S. Natural image denoising with convolutional networks. Advances in Neural

Information Processing Systems, 2008, 21: 769-776.

[93] HE K, ZHANG X, REN S, et al. Delving deep into rectifiers: Surpassing human-level performance on imagenet classification. Proceedings of the IEEE International Conference on Computer Vision, 2015: 1026-1034.

[94] MATHIEU M, COUPRIE C, LECUN Y. Deep multi-scale video prediction beyond mean square error. International Conference on Learning Representations, 2016: 1-14.

[95] JOHNSON J, ALAHI A, FEI-FEI L. Perceptual losses for real-time style transfer and super-resolution. European Conference on Computer Vision, 2016: 694-711.

[96] GOODFELLOW I, POUGET-ABADIE J, MIRZA M, et al. Generative adversarial nets. Advances in Neural Information Processing Systems, 2014: 2672-2680.

[97] HE K, ZHANG X, REN S, et al. Identity mappings in deep residual networks. European Conference on Computer Vision, 2016: 630-645.

[98] IOFFE S, SZEGEDY C. Batch normalization: Accelerating deep network training by reducing internal covariate shift. International Conference on Machine Learning. PMLR, 2015: 448-456.

[99] LI C, WAND M. Combining markov random fields and convolutional neural networks for image synthesis. Proceedings of the IEEE Conference on Computer Vision and Pattern Recognition, 2016: 2479-2486.

[100] RADFORD A, METZ L, CHINTALA S. Unsupervised representation learning with deep convolutional generative adversarial networks. International Conference on Learning Representations, 2016: 11-25.

[101] ALY H A, DUBOIS E. Image up-sampling using total-variation regularization with a new observation model. IEEE Transactions on Image Processing, 2005, 14(10): 1647-1659.

[102] ZEILER M D, FERGUS R. Visualizing and understanding convolutional networks. European Conference on Computer Vision, 2014: 818-833.

[103] YOSINSKI J, CLUNE J, NGUYEN A, et al. Understanding neural networks through deep visualization. International Conference on Machine Learning, 2015: 1-12.

[104] MAHENDRAN A, VEDALDI A. Visualizing deep convolutional neural networks using natural pre-images. International Journal of Computer Vision, 2016, 120(3): 233-255.

[105] BEVILACQUA M, ROUMY A, GUILLEMOT C, et al. Low-complexity single-image super-resolution based on nonnegative neighbor embedding. British Machine Vision Conference, 2012: 135. 1-135. 10.

[106] MARTIN D, FOWLKES C, TAL D, et al. A database of human segmented natural images and its application to evaluating segmentation algorithms and measuring ecological statistics. Proceedings Eighth IEEE International Conference on Computer Vision. ICCV 2001, 2001: 416-423.

[107] KAPPELER A, YOO S, DAI Q, et al. Video super-resolution with convolutional neural networks. IEEE Transactions on Computational Imaging, 2016, 2(2): 109-122.

[108] TAO X, GAO H, LIAO R, et al. Detail-revealing deep video super-resolution. Proceedings of the IEEE International Conference on Computer Vision, 2017: 4472-4480.

[109] HARIS M, SHAKHNAROVICH G, UKITA N. Recurrent back-projection network for video super-resolution. Proceedings of the IEEE Conference on Computer Vision and Pattern Recognition, 2019: 3897-3906.

[110] SAJJADI M S M, VEMULAPALLI R, BROWN M. Frame-recurrent video super-resolution. Proceedings of the IEEE Conference on Computer Vision and Pattern Recognition, 2018: 6626-6634.

[111] JO Y, OH S W, KANG J, et al. Deep video super-resolution network using dynamic upsampling filters without explicit motion compensation. Proceedings of the IEEE Conference on Computer Vision and Pattern Recognition, 2018: 3224-3232.

[112] XIE Y, XIAO J, TILLO T, et al. 3D video super-resolution using fully convolutional neural networks. 2016 IEEE International Conference on Multimedia and Expo (ICME), 2016: 1-6.

[113] LIM B, SON S, KIM H, et al. Enhanced deep residual networks for single image super-resolution. Proceedings of the IEEE Conference on Computer Vision and Pattern Recognition Workshops, 2017: 136-144.

[114] LIU D, WANG Z, FAN Y, et al. Learning temporal dynamics for video super-resolution: A deep learning approach. IEEE Transactions on Image Processing, 2018, 27(7): 3432-3445.

[115] LIU D, WANG Z, WEN B, et al. Robust single image super-resolution via deep networks with sparse prior. IEEE Transactions on Image Processing, 2016, 25(7): 3194-3207.

[116] WANG Z, LIU D, YANG J, et al. Deep networks for image super-resolution with sparse prior. Proceedings of the IEEE International Conference on Computer Vision, 2015: 370-378.

[117] TAI Y, YANG J, LIU X, et al. Memnet: A persistent memory network for image restoration. Proceedings of the IEEE International Conference on Computer Vision, 2017: 4539-4547.

[118] JI S, XU W, YANG M, et al. 3D convolutional neural networks for human action recognition. IEEE Transactions on Pattern Analysis and Machine Intelligence, 2012, 35(1): 221-231.

[119] TRAN D, WANG H, TORRESANI L, et al. A closer look at spatiotemporal convolutions for action recognition. Proceedings of the IEEE Conference on Computer Vision and Pattern Recognition, 2018: 6450-6459.

[120] XIE S, SUN C, HUANG J, et al. Rethinking spatiotemporal feature learning for video understanding. arXiv preprint arXiv: 1712. 04851, 2017, 1(2): 5.

[121] SRIVASTAVA N, HINTON G, KRIZHEVSKY A, et al. Dropout: A simple way to prevent neural networks from overfitting. The Journal of Machine Learning Research, 2014, 15(1): 1929-1958.

[122] LIU C, SUN D. on Bayesian adaptive video super resolution. IEEE Transactions on Pattern Analysis and Machine Intelligence, 2013, 36(2): 346-360.

[123] PROTTER M, ELAD M, TAKEDA H, et al. Generalizing the nonlocal-means to super-resolution reconstruction. IEEE Transactions on Image Processing, 2008, 18(1): 36-51.

[124] TAKEDA H, MILANFAR P, PROTTER M, et al. Super-resolution without explicit subpixel motion estimation. IEEE Transactions on Image Processing, 2009, 18(9): 1958-1975.

[125] TIMOFTE R, ROTHE R, VAN G L. Seven ways to improve example-based single image super resolution. Proceedings of the IEEE Conference on Computer Vision and Pattern Recognition, 2016: 1865-1873.

[126] KINGMA D P, BA J. Adam: A method for stochastic optimization. International Conference on Machine Learning, 2015: 31-43.

[127] ZHANG Y, TIAN Y, KONG Y, et al. Residual dense network for image super-resolution. Proceedings of

the IEEE Conference on Computer Vision and Pattern Recognition, 2018: 2472-2481.
[128] CHAN W, JAITLY N, LE Q, et al. Listen, attend and spell: A neural network for large vocabulary conversational speech recognition. 2016 IEEE International Conference on Acoustics, Speech and Signal Processing (ICASSP), 2016: 4960-4964.
[129] XU K, BA J, KIROS R, et al. Show, attend and tell: Neural image caption generation with visual attention. International Conference on Machine Learning, 2015: 2048-2057.
[130] VASWANI A, SHAZEER N, PARMAR N, et al. Attention is all you need. Advances in Neural Information Processing Systems, 2017, 30: 5998-6008.
[131] WANG F, JIANG M, QIAN C, et al. Residual attention network for image classification. Proceedings of the IEEE Conference on Computer Vision and Pattern Recognition, 2017: 3156-3164.
[132] HU J, SHEN L, SUN G. Squeeze-and-excitation networks. Proceedings of the IEEE Conference on Computer Vision and Pattern Recognition, 2018: 7132-7141.
[133] ZHANG Y, LI K, LI K, et al. Image super-resolution using very deep residual channel attention networks. Proceedings of the European Conference on Computer Vision (ECCV), 2018: 286-301.
[134] DAI T, CAI J, ZHANG Y, et al. Second-order attention network for single image super-resolution. Proceedings of the IEEE Conference on Computer Vision and Pattern Recognition, 2019: 11065-11074.
[135] WANG N, SHI J, YEUNG D Y, et al. Understanding and diagnosing visual tracking systems. IEEE International Conference on Computer Vision, 2016: 3101-3109.
[136] NANNI L, GHIDONI S, BRAHNAM S. Handcrafted vs. non-handcrafted features for computer vision classification. Pattern Recognition, 2017, 71: 158-172.
[137] 董文会, 常发亮, 李天平. 融合颜色直方图及 SIFT 特征的自适应分块目标跟踪方法. 电子与信息学报, 2013, 35(4): 770-776.
[138] LOWE D G. Distinctive image features from scale-invariant keypoints. International Journal of Computer Vision, 2004, 60(2): 91-110.
[139] 何林远, 毕笃彦, 马时平, 等. 基于SIFT和MSE的局部聚集特征描述新算法. 电子学报, 2014, 42(8): 1619-1623.
[140] DALAL N, TRIGGS B. Histograms of oriented gradients for human detection. 2005 IEEE Computer Society Conference on Computer Vision and Pattern Recognition (CVPR'05), 2005: 886-893.
[141] LECUN Y, BOSER B, DENKER J S, et al. Backpropagation applied to handwritten zip code recognition. Neural Computation, 1989, 1(4): 541-551.
[142] KRIZHEVSKY A, SUTSKEVER I, HINTON G E. ImageNet classification with deep convolutional neural networks. International conference on neural information processing systems. Curran Associates Inc., 2012: 1097-1105.
[143] DANELLJAN M, KHAN F, FELSBERG M, et al. Adaptive color attributes for real-time visual tracking. IEEE Conference on Computer Vision and Pattern Recognition, 2014: 1090-1097.
[144] VAN DE WEIJER J, SCHMID C, VERBEEK J, et al. Learning color names for real-world applications. IEEE Transactions on Image Processing, 2009, 18(7): 1512-1523.
[145] BERLIN B, KAY P. Basic color terms: Their universality and evolution. International Journal of American Linguistics, 1999, 6(4): 151-162.

[146] KHAN F S, VAN DE WEIJER J, VANRELL M. Modulating shape features by color attention for object recognition. International Journal of Computer Vision, 2012, 98(1): 49-64.

[147] KHAN F S, ANWER R M, VAN DE WEIJER J, et al. Color attributes for object detection. IEEE Conference on Computer Vision and Pattern Recognition, 2012: 3306-3313.

[148] KHAN F S, RAO M A, WEIJER J, et al. Coloring action recognition in still images. International Journal of Computer Vision, 2013, 105(3): 205-221.

[149] HORN B, SCHUNCK B. Determining optical flow. Cambridge: Massachusetts Institute of Technology, 1980.

[150] BAKER S, SCHARSTEIN D, LEWIS J P, et al. A database and evaluation methodology for optical flow. International Journal of Computer Vision, 2011, 92(1): 1-31.

[151] 胡瑞卿，田杰荣. 基于光流法的运动目标检测算法研究. 电子世界, 2019, 10(5): 58-61.

[152] 李明法，李媛媛. 基于光流和超声波的智能小车障碍物检测系统. 传感器与微系统，2020，33(8): 103-106.

[153] 刘夏轩德，沈丹峰，张旭祥，等. 改进 LK 光流法在复杂环境中对移动小球目标追踪. 计算机系统应用, 2019, 28(7): 221-227.

[154] LUCAS B D, KANADE T. An Iterative image registration technique with an application to stereo vision. Proceedings of the 7th International Joint Conference on Artificial Intelligence, 1981: 674-679.

[155] 张鸿阳，韩建峰. 基于改进 LK 光流法的车流量检测. 内蒙古工业大学学报, 2019, 38(1): 45-50.

[156] 周灵娟. 视频中异常事件检测与特征稀疏表示研究. 杭州：杭州电子科技大学, 2016.

[157] 于仕琪，珣瑞祯. 学习 OpenCV. 北京：清华大学出版社, 2009.

[158] 王松. 抗遮挡的光流场估计算法研究. 合肥：中国科学技术大学, 2019.

[159] DANELLJAN M, BHAT G, KHAN F S, et al. ECO: Efficient convolution operators for tracking. IEEE Conference on Computer Vision and Pattern Recognition, 2017: 1160-1168.

[160] DANELLJAN M, HÄGER G, KHAN F S, et al. Convolutional features for correlation filter based visual tracking. IEEE International Conference on Computer Vision Workshop, 2015: 621-629.

[161] MA C, HUANG J B, YANG X, et al. Hierarchical convolutional features for visual tracking. IEEE International Conference on Computer Vision, 2015: 3074-3082.

[162] DANELLJAN M, ROBINSON A, KHAN F S, et al. Beyond correlation filters: Learning continuous convolution operators for visual tracking. European Conference on Computer Vision, 2016: 472-488.

[163] 王兵学，雍杨，黄自力. 一种在线学习的目标跟踪与检测方法. 光电工程, 2013, 10(8): 19-23.

[164] WAX N. Signal-to-noise improvement and the statistics of track populations. Journal of Applied Physics, 1955, 26(5): 586-595.

[165] PETERS L, WEIMER F. Concerning the assumption of a random distribution of scatterers as a model of an aircraft for tracking radars. IRE Transactions on Antennas and Propagation, 1961, 9(1): 110-111.

[166] TEWELL J R, TOBEY W H. Gemini orbital tracking. IEEE Transactions on Aerospace and Electronic Systems, 1966, 2(3): 346-352.

[167] SINGER R A. Estimating optimal tracking filter performance for manned maneuvering targets. IEEE Transactions on Aerospace and Electronic Systems, 1970, 6(4): 473-483.

[168] VOJIR T, NOSKOVA J, MATAS J. Robust scale-adaptive mean-shift for tracking. Pattern Recognition

Letters, 2014, 49: 250-258.

[169] HENRIQUES J, CASEIRO R, MARTINS P, et al. High speed tracking with kernelized correlation filters. IEEE Transactions on Pattern Analysis and Machine Intelligence, 2015, 37(3): 583-595.

[170] BOLME D S, BEVERIDGE J R, DRAPER B A, et al. Visual object tracking using adaptive correlation filters. IEEE Computer Society Conference on Computer Vision and Pattern Recognition, 2010: 2544-2550.

[171] PEARSON K L. on lines and planes of closest fit to systems of points in space. Philosophical Magazine, 1901, 2(11): 559-572.

[172] KREUTZDELGADO K, MURRAY J, RAO B, et al. Dictionary learning algorithms for sparse representation. Neural Computation, 2003, 15(2): 349-396.

[173] ROSS D A, LIM J, LIN R S, et al. Incremental learning for robust visual tracking. International Journal of Computer Vision, 2008, 77(1): 125-141.

[174] HU W, LI X, ZHANG X, et al. Incremental tensor subspace learning and its applications to foreground segmentation and tracking. International Journal of Computer Vision, 2011, 91(3): 303-327.

[175] BAO C, WU Y, LING H, et al. Real time robust 11 tracker using accelerated proximal gradient approach. 2012 IEEE Conference on Computer Vision and Pattern Recognition, 2012: 1830-1837.

[176] JIA X, LU H, YANG M H. Visual tracking via adaptive structural local sparse appearance model. 2012 IEEE Conference on Computer Vision and Pattern Recognition, 2012: 1822-1829.

[177] KALAL Z, MIKOLAJCZYK K, MATAS J. Tracking-learning-detection. IEEE Transactions on Pattern Analysis and Machine Intelligence, 2012, 34(7): 1409-1422.

[178] WU Y, LIM J, YANG M H. Object tracking benchmark. IEEE Conference on Computer Vision and Pattern Recognition, 2015: 1834-1848.

[179] PÉREZ P, HUE C, VERMAAK J, et al. Color-based probabilistic tracking. European Conference on Computer Vision, 2002: 661-675.

[180] COMANICIU D, RAMESH V, MEER P. Real-time tracking of non-rigid objects using mean shift. IEEE Conference on Computer Vision and Pattern Recognition, 2000: 142-149.

[181] KALAL Z, MATAS J, MIKOLAJCZYK K. P-N learning: Bootstrapping binary classi ers by structural constraints. IEEE Conference on Computer Vision and Pattern Recognition, 2010: 49-56.

[182] ZHANG K H, ZHANG L, YANG M H. Real-time compressive tracking. European Conference on Computer Vision, 2012: 864-877.

[183] VALMADRE J, BERTINETTO L, HENRIQUES J, et al. End-to-end representation learning for correlation filter based tracking. IEEE Conference on Computer Vision and Pattern Recognition, 2017: 5000-5008.

[184] BERTINETTO L, VALMADRE J, GOLODETZ S, et al. Staple: Complementary learners for real-time tracking. IEEE Conference on Computer Vision and Pattern Recognition, 2016: 1401-1409.

[185] LI B, YAN J, WU W, et al. High performance visual tracking with siamese region proposal network. Conference on Computer Vision and Pattern Recognition, 2018: 651-659.

[186] WANG Q, ZHANG L, BERTINETTO L, et al. Fast online object tracking and segmentation: A Unifying Approach. Conference on Computer Vision and Pattern Recognition, 2019: 1672-1680.

[187] HENRIQUES J F, CASEIRO R, MARTINS P, et al. High-speed tracking with kernelized correlation filters. IEEE Conference on Computer Vision and Pattern Recognition, 2014: 583-596.

[188] FELZENSZWALB P, GIRSHICK R, MCALLESTER D, et al. Object detection with discriminatively trained part-based models. IEEE Transactions on Pattern Analysis and Machine Intelligence, 2010, 32(9): 1627-1645.

[189] LI Y, ZHU J. A Scale adaptive kernel correlation filter tracker with feature integration. European Conference on Computer Vision, 2014: 254-265.

[190] LUKEZIC A, VOJIR T, CHOVIN L, et al. Discriminative correlation filter with channel and spatial reliability. International Journal of Computer Vision, 2018, 7(126): 671-688.

[191] HONG Z, CHEN Z, WANG C, et al. Multi-store tracker (MUSTer): A cognitive psychology inspired approach to object tracking. IEEE Conference on Computer Vision and Pattern Recognition, 2015: 749-758.

[192] MA C, YANG X, ZHANG C, et al. Long-term correlation tracking. IEEE Conference on Computer Vision and Pattern Recognition, 2015: 5388-5396.

[193] REN S, HE K, GIRSHICK R, et al. Faster R-CNN: Towards real-time object detection with region proposal networks. IEEE Transactions on Pattern Analysis and Machine Intelligence, 2017, 39(6): 1137-1149.

[194] HENRIQUES J F, CASEIRO R, MARTINS P, et al. Exploiting the circulant structure of tracking-by-detection with kernels. European Conference on Computer Vision, 2012: 702-715.

[195] GRAY R M. Toeplitz and Circulant Matrices: A review. Foundations and Trends in Communications and Information Theory, 2006, 2(3): 155-239.

[196] DAVIS P J. Circulant matrices. Mathematics of Computation, 1979, 35(152): 522-616.

[197] RIFKIN R, YEO G, POGGIO T. Regularized least-squares classification. Acta Electronica Sinica, 2003, 190(1): 93-104.

[198] RUSSAKOVSKY O, DENG J, SU H, et al. ImageNet large scale visual recognition challenge. International Journal of Computer Vision, 2015, 115(3): 211-252.

[199] WANG Q, ZHANG L, BERTINETTO L, et al. Fast online object tracking and segmentation: A unifying approach. Proceedings of the IEEE/CVF Conference on Computer Vision and Pattern Recognition, 2019: 1328-1338.

[200] WU Y, LIM J, YANG M H. Online object tracking: A benchmark. Proceedings of the IEEE Conference on Computer Vision and Pattern Recognition, 2013: 2411-2418.

[201] DU B, CAI S, WU C. Object tracking in satellite videos based on a multiframe optical flow tracker. IEEE Journal of Selected Topics in Applied Earth Observations and Remote Sensing, 2019, 12(8): 3043-3055.

[202] SMITH A R. Color gamut transform pairs. ACM SIGGRAPH Computer Graphics, 1978, 12(3): 12-19.

[203] 邹建华. 基于 HSV 颜色空间的低照度图像增强技术研究. 绵阳: 西南科技大学, 2010.

[204] 陈钊, 王子辉, 赵玉清, 等. 基于多层卷积滤波与 HSV 颜色提取的茶轮斑病识别研究. 农业科学, 2018, 57(11): 107-110.

[205] 邓安良, 任明武. 基于 HSV 空间的纸币面额识别算法研究. 现代电子技术, 2015(2): 88-91, 95.

[206] 杨奥博，盛家川，李玉芝，等. 基于 HSV 空间的颜色特征提取. 电脑知识与技术，2017，13(18): 193-195.
[207] ZIMMER H, BRUHN A, WEICKERT J, et al. Complementary optic flow. International Workshop on Energy Minimization Methods in Computer Vision and Pattern Recognition, 2009: 207-220.
[208] BAKER S, SCHARSTEIN D, LEWIS J P, et al. A database and evaluation methodology for optical flow. International Journal of Computer Vision, 2007: 1-31.
[209] CROW F. Summed-area tables for texture mapping. SIGGRAPH Computer Graphics, 1984, 18(3): 207-212.
[210] LEWIS J P. Fast template Matching. Vision Interface. 1995: 15-19.
[211] 周虹伯，金烨，沙力. 视频中群体行为自动分析方法. 自动化仪表, 2015, 36(12): 8-11.
[212] ZHENG Y, ZHENG P. Hand segmentation based on improved gaussian mixture model. International Conference on Computer Science and Applications, 2015: 168-171.
[213] FRIEDMAN N, RUSSELL S. Image segmentation in video sequences: A probabilistic approach. Proceedings of the Thirteenth Conference on Uncertainty in Artificial Intelligence, 1997: 175-181.
[214] STAUFFER C, GRIMSON W E L. Adaptive background mixture models for real-time tracking. Conference on Computer Vision and Pattern Recognition, 1999(2): 246-252.
[215] HAYMAN E, EKLUNDH J O. Statistical background subtraction for a mobile observer. Proceedings Ninth IEEE International Conference on Computer Vision, 2003: 67-74.
[216] XIE X, HUANG W, WANG H H, et al. Image de-noising algorithm based on Gaussian mixture model and adaptive threshold modeling. International Conference on Inventive Computing and Informatics, 2017: 226-229.
[217] 齐登钢. 基于背景剪除和隐马尔可夫模型的人体动作识别. 合肥：安徽大学, 2011.
[218] 代雪涵. 基于高斯混合模型的机械臂运动规划和路径优化研究. 哈尔滨：哈尔滨工业大学, 2019.
[219] 姜艳娜. 基于混合高斯模型的杂波抑制方法研究. 西安：西安电子科技大学, 2018.
[220] 强继平. 复杂环境下运动目标检测技术. 长沙：国防科学技术大学, 2009.
[221] 宋杨. 基于高斯混合模型的运动目标检测算法研究. 大连：大连理工大学, 2009.
[222] SAHO J, DU B, WU C, et al. Can we track targets from space? A hybrid kernel correlation filter tracker for satellite video. IEEE Transactions on Geosience and Remote Sensing, 2019, 57(11): 8719-8731.
[223] SAHO J, DU B, WU C, et al. HR Siam: High-resolution Siamese network, towards space-borne satellite video tracking. IEEE Transactions on Image Processing, 2021, 30: 3056-3068.
[224] SZEGEDY C, LIU W, JIA Y, et al. Going deeper with convolutions. Conference on Computer Vision and Pattern Recognition, 2015: 1-9.
[225] HUANG G, LIU Z, VAN DER MAATEN L, et al. Densely connected convolutional networks. 2017 IEEE Conference on Computer Vision and Pattern Recognition (CVPR), 2017: 2261-2269.
[226] NEWELL A, YANG K, DENG J. Stacked hourglass networks for human pose estimation. Conference on Computer Vision and Pattern Recognition, 2016: 864-891.
[227] RONNEBERGER O, FISCHER P, BROX T, et al. U-Net: Convolutional networks for biomedical image segmentation. Medical Image Computing and Computer Assisted Intervention, 2015: 234-241.
[228] SUN K, XIAO B, LIU D, et al. Deep high-resolution representation learning for human pose estimation.

Conference on Computer Vision and Pattern Recognition, 2019: 5693-5703.

[229] SHAO J, DU B, WU C, et al. Tracking objects from satellite videos: A velocity feature based correlation filter. IEEE Transactions on Geoscience and Remote Sensing, 2019, 57(10): 7860-7871.

[230] KALMAN R E. A new approach to linear filtering and prediction problems. Journal of Basic Engineering, 1960, 82(1): 35-45.

[231] 刘惟锦, 章毓晋. 基于 Kalman 滤波和边缘直方图的实时目标跟踪. 清华大学学报, 2008, 48(7): 1104-1107.

[232] 向前. 基于自适应卡尔曼滤波的光信号多参量协同估计研究. 哈尔滨: 哈尔滨工业大学, 2018.

[233] GALOOGAHI H K, FAGG A, LUCEY S. Learning background-aware correlation filters for visual tracking. IEEE International Conference on Computer Vision, 2017: 1144-1152.

[234] LI Y, FU C, DING F, et al. AutoTrack: Towards high-performance visual tracking for UAV with automatic spatio-temporal regularization. IEEE Conference on Computer Vision and Pattern Recognition, 2020: 11920-11929.

[235] HUANG Z, FU C, LI Y, et al. Learning aberrance repressed correlation filters for real-time UAV tracking. IEEE International Conference on Computer Vision, 2019: 2891-2900.

[236] 周志华. 机器学习. 北京: 清华大学出版社, 2016.

[237] 唐春生, 金以慧. 基于全信息矩阵的多分类器集成方法. 软件学报, 2003(6): 1103-1109.

[238] WANG Z, HE K, FU Y, et al. Multi-task deep neural network for joint face recognition and facial attribute prediction. ACM on International Conference on Multimedia Retrieval, 2017: 365-374.

[239] YUN S, CHOI J, YOO Y, et al. Action-decision networks for visual tracking with deep reinforcement learning. IEEE Conference on Computer Vision and Pattern Recognition, 2017: 2711-2720.

[240] REN L, YUAN X, LU J, et al. Deep reinforcement learning with iterative shift for visual tracking. Proceedings of the European Conference on Computer Vision, 2018: 684-700.

[241] SANTORO A, BARTUNOV S, BOTVINICK M, et al. Meta-learning with memory-augmented neural networks. Proceedings of the 33rd International Conference on Machine Learning, 2016: 1842-1850.

[242] ANDRYCHOWICZ M, DENIL M, GOMEZ S, et al. Learning to learn by gradient descent. In Advances in Neural Information Processing Systems, 2016: 3981-3989.

[243] WANG G, LUO C, SUN X, et al. Tracking by instance detection: A meta-learning approach. IEEE Conference on Computer Vision and Pattern Recognition, 2020: 6287-6296.

[244] HUANG L, ZHAO X, HUANG K. Bridging the gap between detection and tracking: A unified approach. IEEE International Conference on Computer Vision, 2019: 3999-4009.

[245] VOIGTLAENDER P, LUITEN J, TORR P H S, et al. Siam r-cnn: Visual tracking by re-detection. IEEE Conference on Computer Vision and Pattern Recognition, 2020: 6578-6588.